21世纪普通高校计算机公共课程系列教材

U0662522

C/C++
程序设计与实训

阎红灿 谷建涛 主 编

郭小雨 刘盈 李伟芳 副主编

清华大学出版社

北京

内 容 简 介

C/C++语言作为目前最为流行的通用程序设计语言之一,不仅是计算机专业人员和爱好者的首选学习对象,也是高等院校计算机专业课程的重要教学内容,更是大学生程序设计大赛的首选编程工具。本书在全面介绍 C/C++程序设计的基础知识、数据表示和程序控制流程的基础上,深入讲解数组的使用,函数的定义和调用,指针的概念及其操作,复杂数据结构——结构体和共用体应用及文件读写操作,典型算法应用和算法评价,程序调试方法,C++面向对象编程和 STL 模板应用。

本书注重教材的可读性、实用性和教育性,将理论知识融入教学案例,将实践应用融入实训工程案例,案例、实训和习题遥相呼应于知识点;每章开头都给出知识学习目标和思政目标,案例程序由浅入深,强化了知识点、算法、编程方法与技巧,并给出详细的解释,对关键知识点进行详细说明,并附有大量的图表;每章还列举出了初学者在编程过程中常见的错误,方便读者正确、直观地对问题进行理解。教书育人是本书的特色之一,每章都有明确的思政目标和经典思政案例设计,将思政教学春风化雨般融入知识讲授中。

本书适合高校计算机类基础课程和通识课程使用,也可以作为计算机专业的本专科生及研究生教材使用。为了更好地辅助教学和学习,书中还配套提供了知识点和作业解析小视频链接,提供教学电子课件、全部案例和实训源程序文件,极大地方便了教师的备课和学生的学习。

图书在版编目(CIP)数据

C/C++程序设计与实训 / 阎红灿,谷建涛主编. -- 北京 : 清华大学出版社,2025.9.
(21 世纪普通高校计算机公共课程系列教材). -- ISBN 978-7-302-70315-0

Ⅰ. TP312.8

中国国家版本馆 CIP 数据核字第 20253ED052 号

责任编辑:贾 斌 薛 阳
封面设计:刘 键
责任校对:韩天竹
责任印制:刘 菲

出版发行:清华大学出版社
   网 址:https://www.tup.com.cn,https://www.wqxuetang.com
   地 址:北京清华大学学研大厦 A 座   邮 编:100084
   社 总 机:010-83470000   邮 购:010-62786544
   投稿与读者服务:010-62776969,c-service@tup.tsinghua.edu.cn
   质量反馈:010-62772015,zhiliang@tup.tsinghua.edu.cn
   课件下载:https://www.tup.com.cn,010-83470236
印 装 者:三河市君旺印务有限公司
经 销:全国新华书店
开 本:185mm×260mm 印 张:19.5   字 数:487 千字
版 次:2025 年 9 月第 1 版   印 次:2025 年 9 月第 1 次印刷
印 数:1~3000
定 价:59.80 元

产品编号:111972-01

前　言

　　本书将教学经典案例、工程应用案例和课程思政三方面有机融合，面向完全零基础入门的学生，采用由浅入深、循序渐进、学练结合的方式激发学生的编程兴趣，注重培养学生的计算思维和逻辑思维、算法设计能力、良好的程序设计风格和习惯，以达到熟练掌握 C/C++ 语言的目的。每章的实训案例提供与专业紧密结合的工程案例，让学生在应用训练中感受计算机编程对专业的赋能作用。本书概念清晰、内容简练，适合作为高等院校"C/C++ 程序设计"课程用书。

　　计算机编程语言中，C/C++ 无疑是主流的程序设计语言，只要掌握了 C 结构化程序设计语言，再学习其他语言就会轻而易举。而 C++ 是 C 语言的扩充，为学习面向对象的程序设计奠定了基础。市面上有关 C/C++ 的教材和参考书很多，基本都是讲授和训练分开，没有专门针对在机房授课、讲练一体的教材，本书即是针对这一点，力求将知识点有机融入案例中，通过教学案例贯通理论和应用，机房授课，达到"知行合一"的教学效果。首先，本书注重 C/C++ 语言的基础知识，通过案例与习题的呼应强化训练，让学生牢记基本知识点；知识内容高度概括，知识点描述简洁，通过案例凸显重点和应用；利用实训培养学生的编程能力和综合应用能力；以国家二级典型题型作为案例题或习题，以 ACM 竞赛典型算法作为提升训练，引导学生参加课外学习和各类创新竞赛。全书体系按照计算机语言的学习顺序编排，力争言简意赅，通俗易懂，案例和知识点环环相扣，以达到教学目标。

　　本书的特色主要体现在以下三点。

　　第一，适合机房授课。

　　本书对知识点的叙述简洁精练，将重点和难点嵌入教学案例，适合机房授课，以学生练习为主，教师讲授为辅，学生边听边学边练，可迅速实现对知识从感性认识到理性认识的飞跃。

　　第二，注重立德树人。

　　本书注重学生的创新应用能力培养和品德修养培塑。程序调试能力和算法设计能力是计算机编程创新应用的关键技能。在系统讲授数据定义、表达式计算和程序控制之后，专门设计"第 6 章　程序调试与算法评价"，系统讲授程序的常用调试方法，并分类讲解枚举法、迭代法、递推法的典型应用，与"第 7 章　数组"中介绍的排序查找算法、"第 8 章　函数"中介绍的递归算法互成一体，通过实训的工程案例算法应用，让学生在学习中感受知识，在训练中应用知识，并在每章最后一节给出常见错误列表，以方便学生调试程序、查询参考。

　　每章设计有明确的思政目标和思政点，通过丰富的思政案例培养学生"为人、为学、为事、为民"的优秀道德素养。首先是本本分分为人（有纪律）的个人素养，然后是勤勤恳恳为学（有知识）的学生素养，将来兢兢业业为事（有理想）的职业素养，终生堂堂正正为民（有担当）的国民素养。

为人："勿以善小而不为，勿以恶小而为之"为核心的个人素养。

为学："书山有路勤为径，学海无涯苦作舟"为核心的学习素养。

为事："春蚕到死丝方尽，蜡炬成灰泪始干"为核心的职业素养。

为民："先天下之忧而忧，后天下之乐而乐"的国民素养。

第三，"三点一线，知识迂回"教学模式。

本书的教学案例、实训的工程案例和章节习题均紧扣知识点，教学中将教学案例的"讲"、实训案例的"练"和习题的"用"三个环节串成一线，实现"三点一线，知识迂回"，帮助学生由简及繁、由浅入深地掌握知识、巩固知识、升华知识。

本书中案例实现的源代码均采用 C/C++ 的标准格式书写，案例、实训和课程设计算法都在 Dev-C++ 平台上编译并运行。

本书由阎红灿、谷建涛任主编，郭小雨、刘盈、李伟芳任副主编。其中，第 1、2 章由谷建涛编写，第 6、11、12 章由阎红灿编写，第 8～10 章由郭小雨编写，第 5、7 章由刘盈编写，第 3、4 章由李伟芳编写，全书由阎红灿统稿。

本书中的内容参考了大量相关教材和文献资料，在此表示诚挚的感谢。如果教材中没有列全参阅的参考文献，请您谅解我们的疏漏，您的资料给予我们很多提示和帮助，在此表示诚挚的感谢！

由于编者水平有限，书中难免存在疏漏或不足之处，敬请广大读者批评指正。

编　者

2025 年 6 月

目 录

V

IX

第1章 C/C++ 程序设计概述

C 语言是一种面向过程的通用高级语言,最初是为开发 UNIX 操作系统而设计的,以 B 语言为基础。20 世纪 80 年代,C 语言开始进入 Windows 操作系统,很快成为应用最广泛的程序设计语言。

学习目的和要求

- 识记 C/C++ 语言的发展及特点。
- 辨析 C 语言的基本结构和语法规则。
- 识记主流的 C/C++ 开发工具。
- 解析 C 语言和 C++ 语言的区别。

思政目标和思政点

"Hello World"程序虽然简单,却完整地体现了 C 语言的语法规则、逻辑结构、编写和执行过程,可以培养学生的科学思维以及严谨的科学态度。通过简单程序快速体验编程的乐趣,可激发学生对程序设计的学习兴趣和勇攀高峰的科学精神。通过编程语言的学习,学生将了解计算机科学的发展历程,感受我们国家在这一领域取得的进步和成就,增强文化自信和民族自豪感。

1.1 C/C++ 语言的发展及特点

20 世纪 70 年代,在美国的贝尔实验室诞生了 C 语言。贝尔实验室的丹尼斯·里奇在 B 语言的基础上最终设计出了一种新的语言,用 BCPL 的第二个字母作为这种语言的名字,这就是 C 语言。后来由美国国家标准学会(American National Standards Institute,ANSI)在此基础上于 1989 年制定了第一个 C 语言标准,通常称为 ANSI C,也称为"C89"。

早期的 C 语言主要用于 UNIX 系统。由于 C 语言的强大功能和各方面的优点逐渐为人们认识,到了 20 世纪 80 年代,C 开始进入其他操作系统,并很快在各类大、中、小和微型计算机上得到了广泛的使用,成为当代最优秀的程序设计语言之一。早期流行的 C 语言版本主要有 Microsoft C(MS C)、Borland Turbo C(Turbo C)、AT&T C 等,这些 C 语言版本不仅实现了 ANSI C 标准,而且各自做了一些扩充。

1.1.1 C 语言的特点

C 语言具有自己的特点。

(1) 简洁、紧凑,使用方便、灵活。ANSI C(C89)共有 32 个关键字,9 种控制语句,程序书写自由。

（2）共有 34 种运算符。C 语言把括号、赋值、逗号等都作为运算符处理，使 C 语言的运算符极为丰富，可以实现其他程序设计语言难以实现的运算。

（3）数据结构类型丰富。

（4）结构化的控制语句。

（5）语法限制不严格，程序设计自由度大。

（6）允许直接访问物理地址，能进行位（bit）操作，能实现汇编语言的大部分功能，可以直接对硬件进行操作。正因为 C 语言的这个特点，有人把它称为中级语言。

（7）生成目标代码质量高，程序执行效率高。

（8）与汇编语言相比，程序可移植性好。

但是，C 语言对程序员要求也高，程序员用 C 语言写程序会感到限制少、灵活性大、功能强，但较其他高级语言在学习上要困难。

1.1.2　C 语言的基本结构和语法规则

C 语言的基本结构如下。

（1）一个 C 语言源程序可以由一个或多个源文件组成。

（2）每个源文件可以由一个或多个函数组成。

（3）一个源程序不论由多少个文件组成，都有且只有一个 main 函数，即主函数。

（4）源程序中可以有预处理命令，预处理命令通常应放在源文件或源程序的最前面。

（5）每个声明、每个语句都必须以分号结尾。但预处理命令、函数头和花括号"}"之后不能加分号。

（6）标识符、关键字之间必须至少用一个空格（或其他明显的间隔符）隔开。

（7）注释符有两种：多行注释"/ * 注释内容 * /"和单行注释"//注释内容"。程序编译时，不对注释内容做任何处理。注释可出现在程序中的任何位置，用来解释语句或程序的功能作用。

从书写清晰、便于阅读的角度来看，书写程序时应遵循以下规则。

（1）一个声明或一条语句占一行。

（2）用{}括起来的部分，通常表示程序的某一层次结构。{}一般与该结构语句的第一个字母对齐，并单独占一行。

（3）低一层次的语句或声明可比高一层次的语句或声明缩进若干空格后书写，这样的程序看起来更加清晰，增加了程序的可读性。

在编程时应力求遵循这些规则，以养成良好的编程风格。

1.2　程序的基本结构

为了说明 C 语言源程序结构的特点，下面首先看一个程序。这个程序表现了 C 语言源程序在组成结构上的特点，从中可了解到组成一个 C 语言源程序的基本部分和书写格式。本书中例题程序均在 Dev-C++环境下运行。

【**案例 1.1**】　"Hello World!"的 C 语言源程序。

```
# include < stdio.h >
```

```
int main()
{
    printf("Hello World!\n");
    return 0;
}
```

程序中,include 称为文件包含命令,扩展名为.h 的文件称为头文件。main 是主函数的函数名,表示这是一个主函数。每一个 C 源程序都必须有且只能有一个主函数(main 函数)。printf 函数是一个由系统定义的标准函数,其功能是把要输出的内容送到显示器去显示,可在程序中直接调用。

"Hello World"程序是计算机编程的零起点案例,万丈高楼平地起,麻雀虽小五脏俱全,它完整地体现了 C 语言语法规则和整体结构。正是这个简单的"初次见面",开启了计算机算法设计和大学生程序设计大赛的大门,通过自己坚持不懈的学习和练习,"小白"终会蜕变为"大神"。通过展示每一个符号缺失(如;)引出的错误,可培养学生严谨的科学思维和科学态度。激发学生对程序设计的学习兴趣以及勇攀高峰的科学精神。

1.3　认识 C 与 C++

在 C 语言的基础上,1983 年由贝尔实验室的 Bjarne Stroustrup 推出了 C++。C++进一步扩充和完善了 C 语言,成为一种面向对象的程序设计语言。C++目前流行的版本是 Dev-C++、C++ Builder 和 Microsoft Visual C++。

C++提出了一些更为深入的概念,它所支持的这些面向对象的概念容易将问题空间直接地映射到程序空间,为程序员提供了一种与传统结构化程序设计不同的思维方式和编程方法。因此也增加了整个语言的复杂性,学习起来有难度。

C 语言和 C++的区别主要有以下几点。

(1) 过程语言和对象语言。

C 语言是面向过程的计算机编程语言,其核心概念是函数;C++语言是面向对象的计算机编程语言,其核心概念是类和对象,具有继承、多态、重载等特征。

C 语言编译速度快,容易学习,显式描述程序细节;C++的语法简洁,自动地实现 OOP(Object Oriented Programming,面向对象程序设计),STL(Standard Template Library,标准模板库)库函数功能强大。

C 语言有 29 个标准库头文件。C++标准库的内容分为 10 类,总共在 50 个标准头文件中定义。C 语言的 API(Application Programming Interface,应用程序接口)比 C++简洁,更易供其他语言程序调用。

(2) 源程序扩展名不同。

C 语言源程序的扩展名是.c,C++语言源程序的扩展名是.cpp。

(3) 函数返回值不同。

C 语言程序 main()函数的返回值为 void 类型,C++语言程序 main()函数的返回值类型为 int 类型。

(4) 输入输出控制不同,头文件不同。

C 语言程序输入输出用 scanf()和 printf()控制,头文件用"#include < stdio.h >";C++语

言程序用 cin 和 cout 表示输入输出流,相应的头文件为"♯include<iostream>""♯include<iomanip>"和"using namespace std;"。

C 语言是 C++的基础,C++语言和 C 语言在很多方面是兼容的。因此,掌握了 C 语言,再进一步学习 C++,就能以一种熟悉的语法来学习面向对象的语言,从而达到事半功倍的目的。

【案例 1.2】 "Hello World!"的 C++源程序。

```
#include<iostream>
using namespace std;
int main()
{
  cout <<"Hello World!"<< endl;          //endl 表示换行
  return 0;
}
```

1.4 主流的 C/C++开发工具

1. 纯 C 语言软件 Notepad+GCC 编译器

Notepad++是 Windows 操作系统下的一套文本编辑器,有完整的中文化接口及支持多国语言编写的功能。Notepad++不仅支持语法高亮度显示,也具有语法折叠功能,并且支持宏以及扩充基本功能的外挂模组。

Notepad++支持多种计算机程序语言:C、C++、Java、Python、Pascal、C♯、XML、SQL、HTML、PHP、JavaScript 等。

2. C/C++语言软件 Microsoft Visual C++编译器

Microsoft Visual C++(简称为 Visual C++、MSVC、VC++或 VC)是微软公司的 C++开发工具,具有集成开发环境,可编辑 C 语言、C++以及 C++/CLI 等编程语言。VC++集成了微软 Windows 视窗操作系统应用程序接口(Windows API)、三维动画 DirectX API、Microsoft .NET 框架。

Visual C++以拥有"语法高亮"、IntelliSense(自动完成功能)以及高级除错功能而著称。例如,它允许用户进行远程调试、单步执行等,还允许用户在调试期间重新编译被修改的代码,而不必重新启动正在调试的程序。其编译及建置系统以预编译头文件、最小重建功能及累加连接著称。这些特征明显缩短了程序编辑、编译及连接所花费的时间,在大型软件设计上尤其显著。

3. C/C++语言软件 Microsoft Visual Studio

Microsoft Visual Studio(简称为 VS)是美国微软公司的开发工具包系列产品。VS 是一个基本完整的开发工具集,它包括整个软件生命周期中所需要的大部分工具,如 UML 工具、代码管控工具、集成开发环境(IDE)等。所写的目标代码适用于微软支持的所有平台,包括 Microsoft Windows、Windows Mobile、Windows CE、.NET Framework、.NET Compact Framework 和 Microsoft Silverlight 以及 Windows Phone。

Visual Studio 是目前最流行的 Windows 平台应用程序的集成开发环境。主要有 VS2013 中文版、VS2015 中文版,Visual Studio 2017 版本,基于.NET Framework 4.5.2。

4. Dev-C++

Dev-C++是一个 Windows 环境下的一个适合初学者使用的轻量级 C/C++集成开发环境(IDE)。它集合了 MinGW 中的 GCC 编译器、GDB 调试器和 Astyle 格式整理器等众多自由软件。原公司 Bloodshed 在开发完 4.9.9.2 后停止,由 Orwell 公司继续更新到 5.11版本。

1.5　在 Dev-C++中实现 C 和 C++程序

以案例 1.1 为例,在 Dev-C++中实现 C 程序。

第一步:启动 Dev-C++。

第二步:单击"文件"→"新建"→"源代码"命令,如图 1.1 所示。

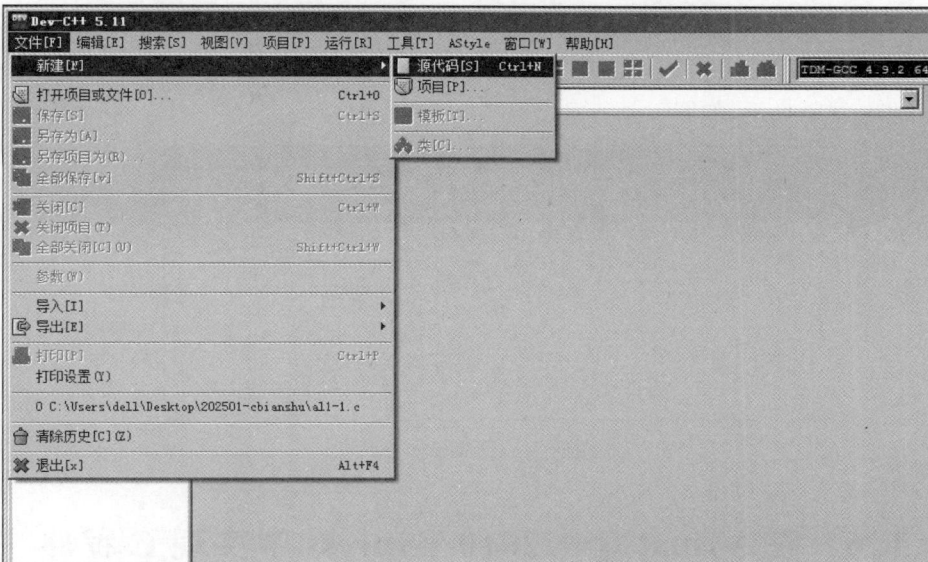

图 1.1　"新建"源文件

第三步:输入程序语句,保存文件,如图 1.2 所示。

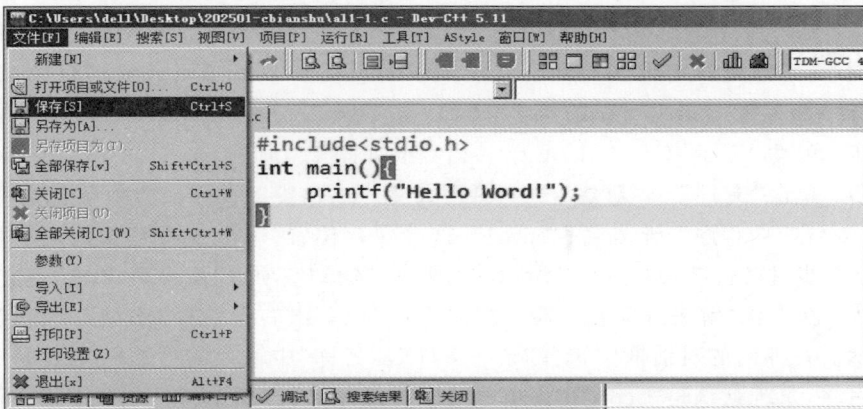

图 1.2　"保存"源文件

C/C++程序设计概述

第四步：编译、运行程序，如图 1.3 所示。

图 1.3　编译、运行程序

第五步：结果显示，如图 1.4 所示。

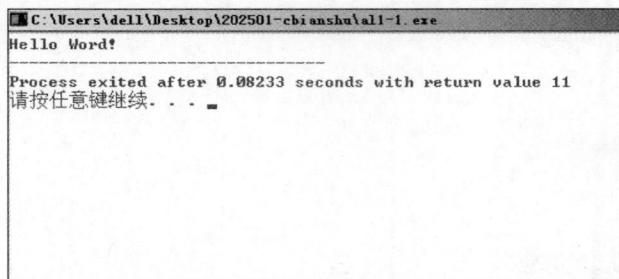

图 1.4　结果显示窗口

1.6　在 Visual C++ 2010 Express 中实现 C 程序

2018 年版全国计算机等级考试二级 C 语言程序设计考试大纲要求在 Visual C++ 集成环境下，能够编写简单的 C 程序，并具有基本的纠错和调试程序的能力。C 语言的开发环境由 VC++ 6.0 更新为 Microsoft Visual C++ 2010 Express。由于新的编译器与原来的相比有一定的难度，在考试过程中很多同学不会使用 Visual C++ 2010 Express 进行调试和运行，这里给准备参加二级 C 语言考试的同学介绍一下 Visual C++ 2010 Express。

第一步：启动 Visual C++ 2010 Express，界面如图 1.5 所示。

第二步：单击"文件"→"新建"→"项目"命令，如图 1.6 所示。选择黄色着重表示的"Win32 控制台应用程序"，输入名称"pro1"，选择保存位置，单击"确定"按钮之后弹出对话框，单击"下一步"按钮，进入如图 1.7 所示的对话框，选择"空项目"复选框，单击"完成"按钮。

第三步：在左侧"解决方案管理器"中"源文件"处单击右键选择"添加"→"新建项"，如图 1.8 所示。在弹出的对话框中选择"C++ 文件"，"名称"中输入的后缀一定要是". c"。如果没有写后缀，系统默认是". cpp"即 C++ 文件。最后单击"添加"按钮，一个工程文件就添加成功了。

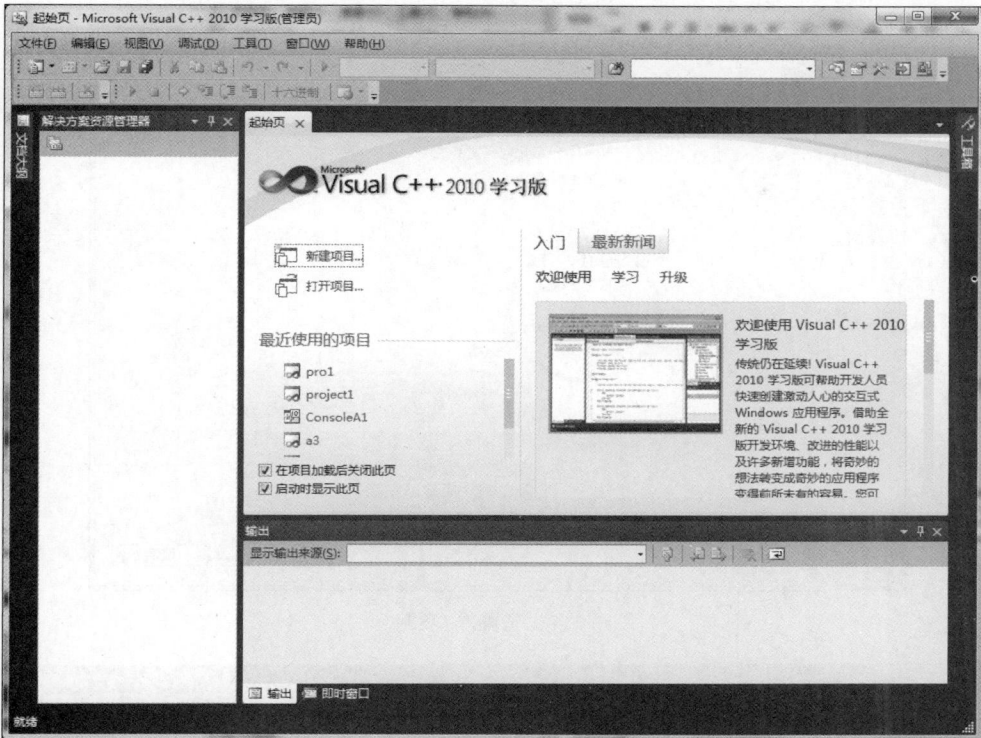

图 1.5 启动 Visual C++ 2010 Express

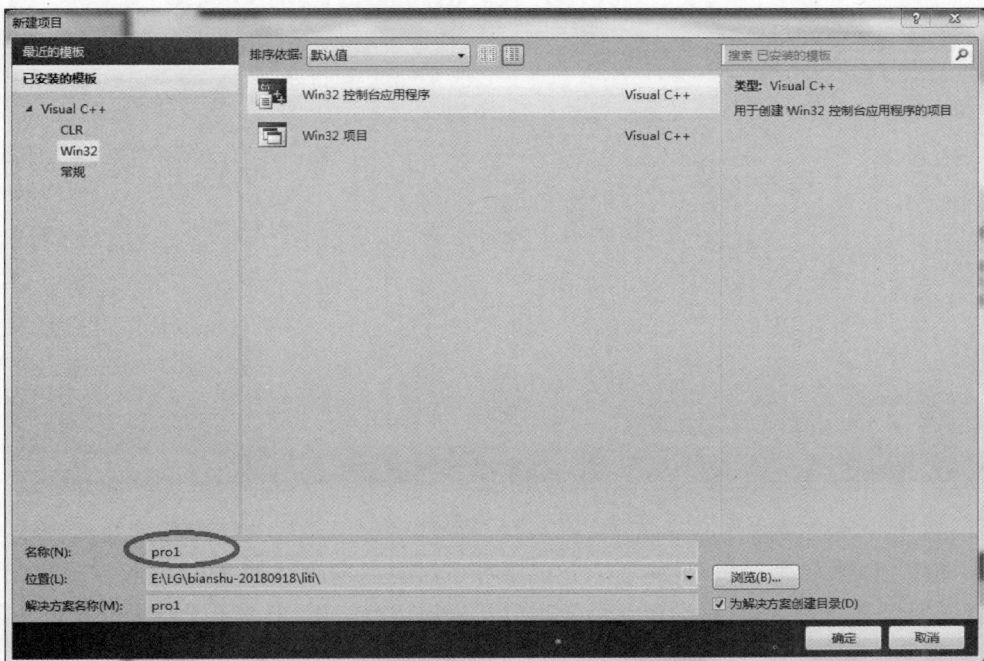

图 1.6 新建项目

第 1 章

C/C++程序设计概述

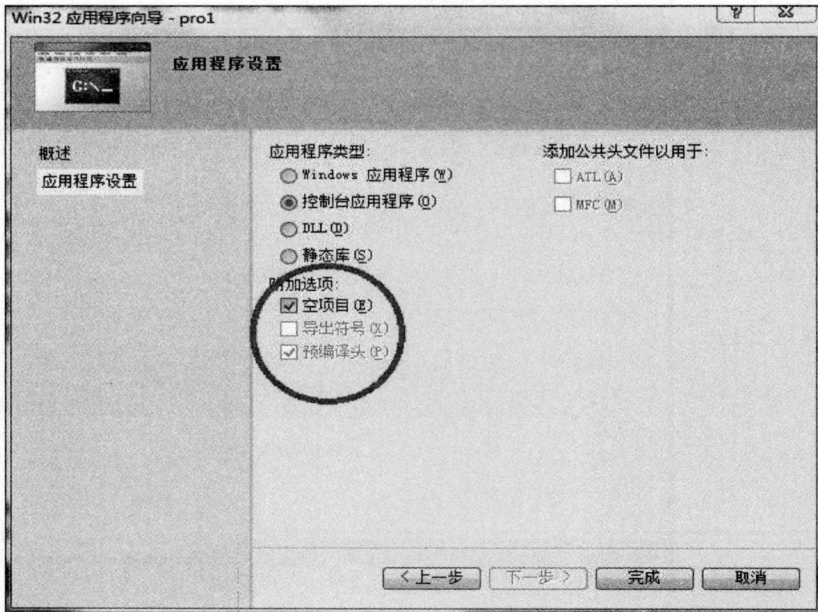

图 1.7　选择"空项目"

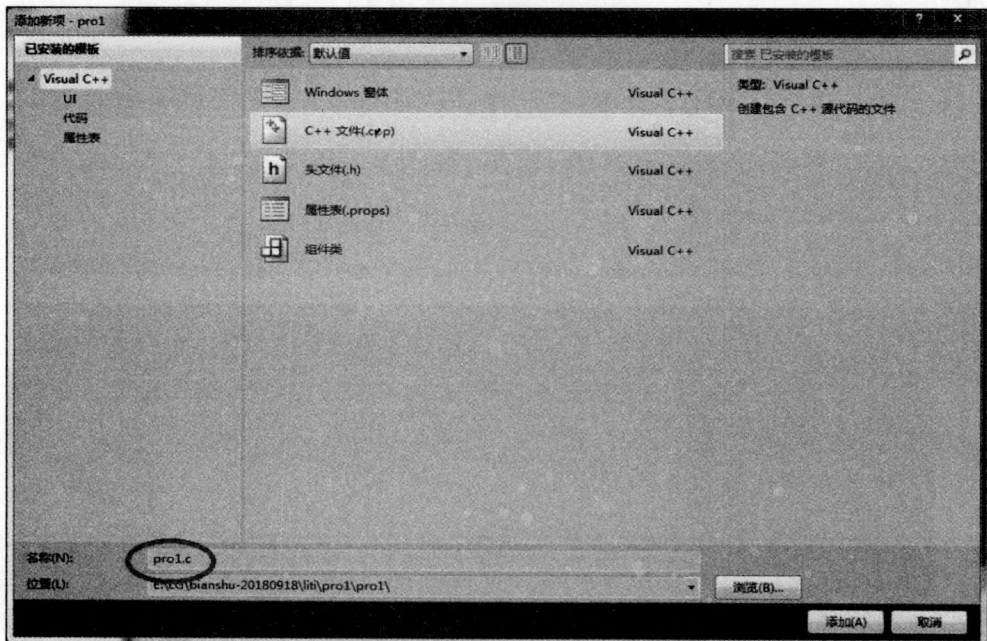

图 1.8　新建项

第四步：以案例 1.1 为例，编写一个 C 语言小程序，如图 1.9 所示。

在"调试"菜单中选择"启动调试"，发现虽然程序运行正确，但是显示结果的窗口一闪而过，什么都看不到。这是 Visual C++ 2010 Express 的最大特点，必须对输出进行控制。通常情况下，可以使用 Ctrl＋F5 组合键，或者在"return 0;"的上面加上"getchar();"，程序会停留在输出结果上，如图 1.10 所示。这也是同学们最常遇到的问题。

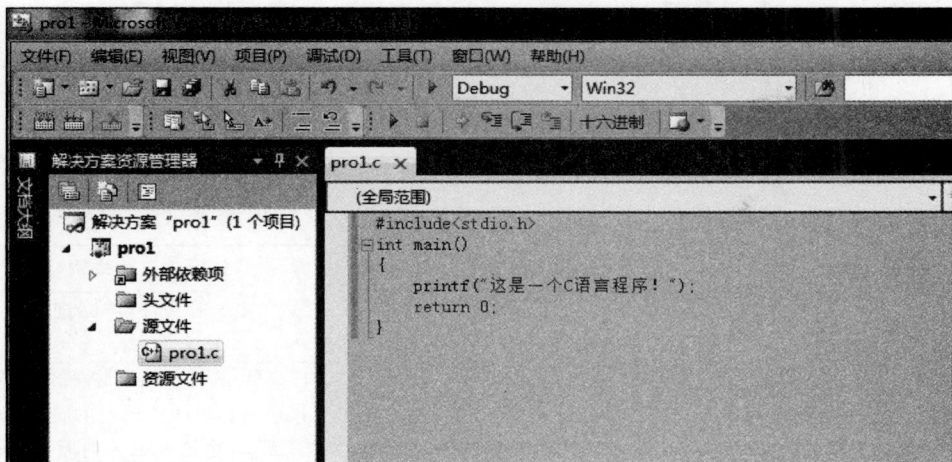

图 1.9 简单 C 程序

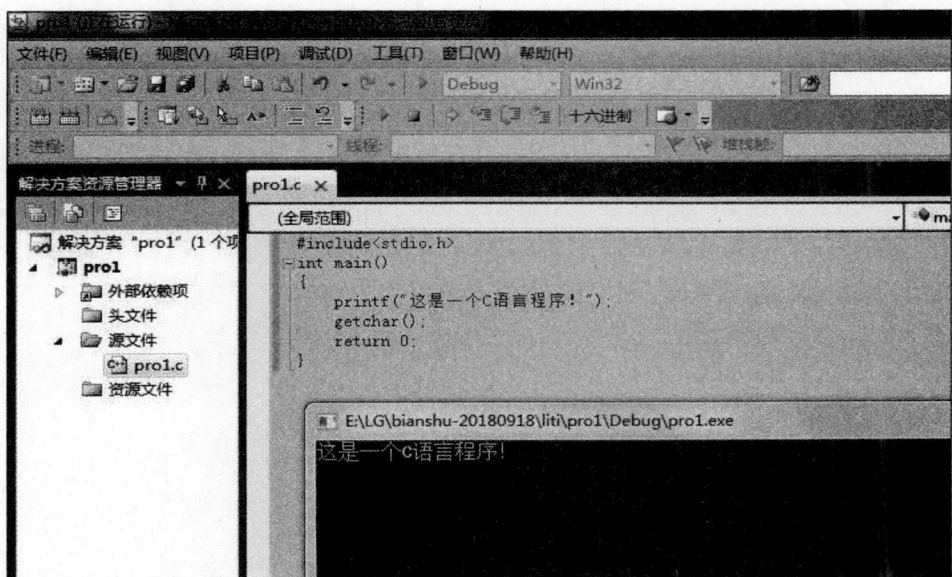

图 1.10 结果显示

用 Visual C++ 2010 Express 打开 C 程序时,不能直接打开".c"文件,这样打开无法进行程序调试,而是要找到".sln"文件,也就是项目方案文件打开,从方案里找到".c"文件。这也是在考试过程中由于对编译环境不熟悉容易出现问题的地方。

1.7 知识要点和常见错误列表

本章知识要点如下。

(1) 计算机语言是人与计算机之间交流的语言,它是人与计算机之间传递信息的媒介。

(2) 计算机语言通常分为三类,即机器语言、汇编语言和高级语言。C 和 C++是高级语言,其程序要编译成机器语言程序才能执行。

C/C++程序设计概述

（3）VC++ 6.0 是一个可以进行 C/C++程序设计的集成开发环境，在其中实现一个 C/C++程序需要三步：编辑、调试、运行。

（4）上机操作更重要的是各种错误查找和修改。语法错误和警告错误可以参考提示进行修改，运行错误和逻辑错误需要各种调试工具和实践经验。

上机常见错误列表如表 1.1 所示。

表 1.1　上机常见错误列表

序号	错误类型	错误举例	分析或正确举例
1	编辑文件类型错误	源文件的扩展名写成 .h 或 .txt 或无扩展名	保存为 *.cpp 源文件，才能进一步编译、运行
2	输入程序时拼写错误	#include < stdio. h > Void main() {}	C 语言是区分大小写的，Void 的首字母 V 应该小写；程序中成对的符号，如" "、< >、() 或{}，建议在输入时就成对输入，否则容易遗失另一半
3	C/C++ 6.0 系统操作不熟练	做完一个题目后，直接编译第二个程序，导致一个工程里有两个 main 函数；或只编译、运行第一个程序，结果不是新题的结果	做完一题，准备编辑下一题时，一定要先关闭当前工作区，或者直接关闭软件再重新打开，再"新建"下一个文件
4	不存盘	只等输入结束后才存盘	在编辑修改过程中，建议多次存盘
5	语句结尾没有分号";"	int n,m n=10	分号";"在 C/C++语句中表示一个语句的结束，在单独的语句中一定要加";"
6	预处理命令后加分号";"	#include < iostream. h >;	预处理命令不是语句，不能用分号";"

实训 1　C 程序的调试和运行

一、实训目的
（1）识记 C 源文件的创建、编辑和保存。
（2）分析 Dev-C++中 C 程序的编译、连接和运行过程。
（3）掌握 C 语言程序的书写规范。

二、实训任务
根据圆柱体的底面半径 r 和高 h，计算圆柱体的体积 v。圆周率 PI=3.14。

三、实训步骤
在 Dev-C++中实现，底面半径 r 和高 h 用 scanf()函数输入，圆柱体的体积 v 用 printf()函数输出。体验 C 语言程序的编辑、调试和运行过程。

参考源程序 sx1. c 如下。

```
#include < stdio. h >
int main()
{
    float r,h,v;
    const float PI = 3.14f;
    printf("请输入圆柱体的底面半径 r 和高 h 的值,空格隔开: ");
    scanf(" %f %f",&r,&h);
```

```
        v = PI * r * r * h;
        printf("圆柱体的体积 V = %.2f\n",v);
        return 0;
}
```

运行结果:

请输入圆柱体的底面半径 r 和高 h 的值,空格隔开: 2 3 ↙
圆柱体的体积 V = 37.68

Process exited after 5.182 seconds with return value 0
请按任意键继续...

四、思考

请同学们把该实训任务用 C++语言实现,用 cin 和 cout 表示输入输出流。

参考源程序 sx1.cpp 如下。

```
# include < iostream >
using namespace std;
int main()
{
    float r, h, v;
    const float PI = 3.14f;
    cout <<"请输入圆柱体的底面半径 r 和高 h 的值: ";
    cin >> r >> h;
    v = PI * r * r * h;
    cout <<"圆柱体的体积"<< v;
    return 0;
}
```

习　题　1

一、选择题

1. 以下叙述正确的是(　　)。

   A. C 语言比其他语言高级

   B. C 语言程序可以不用编译就能被计算机识别执行

   C. C 语言是结构化程序设计语言,是面向过程的语言

   D. C 语言是面向对象的语言

2. 以下叙述正确的是(　　)。

   A. C 语言比其他语言高级

   B. C 语言可以不用编译就能被计算机识别执行

   C. C 语言以接近英语国家的自然语言和数学语言作为语言的表达形式

   D. C 语言出现的最晚,具有其他语言的一切优点

3. 以下是 C 语言保留字的是(　　)。

   A. sizeof   B. include

   C. scanf   D. sqrt

C/C++程序设计概述

4. C 语言源程序文件经过 C 编译程序编译连接之后生成一个可执行文件,后缀为( )。

    A. .c   B. .obj   C. .exe   D. .bas

5. C 语言程序是由( )。

    A. 一个主程序和若干子程序组成   B. 函数组成

    C. 若干过程组成   D. 若干子程序组成

二、简答题

1. 程序设计语言发展到今天出现了很多种类,C 语言为什么经久不衰?它和其他高级语言相比的优势在哪里?

2. C 语言以函数为程序的基本单位,其优点有哪些?

第 2 章　C 语言基础知识

编写 C 语言程序,首先要了解程序的基本组成要素。一个程序应包括对数据的描述(即数据结构)和对操作的描述(即算法),也就是说,程序＝数据结构＋算法。本章主要介绍构成程序的基本语法要素,包括标识符与关键字、基本数据类型、常量与变量、运算符以及表达式等。

学习目的和要求

- 识记 C 语言的基本数据类型、变量的定义及赋值。
- 辨析运算符的优先级和结合性。
- 辨析各种运算符组成的表达式。
- 掌握 C 语言数据类型转换。

思政目标和思政点

自增、自减运算符的应用,自增运算比作个人的成长过程,每一次进步都是对自身的"自增",知识的积累,就是个人能力的迭代成长;不进则退,意味着能力的自减。自增、自减运算常用于循环结构中的步长更新,"一步一步"的变化过程,蕴含着脚踏实地、循序渐进,运算符前置或后置的细微差别会带来截然不同的结果,警示我们在学习和生活中要注重细节,养成仔细认真的良好习惯,细节决定成败。

2.1　标识符与关键字

自然语言有语法规则,C 语言也有自身的语法规则。C 语言规定了基本词法和基本语法。词法符号是由若干字符组成的有意义的最小语法单位,包括标识符、关键字、运算符和分隔符等。

2.1.1　标识符

标识符是由字母(区分大小写)、数字和下画线组成的字符序列,用于标识程序中的变量、符号常量、数组、函数和数据类型等操作对象的名字。标识符以字母或下画线开头,不能是数字,C 语言的关键字也不能作为标识符。C 语言本身没有规定标识符的最大长度,其长度的限制是由编译器决定的,通常为 31～63 个字符。

C 语言中的标识符可以分为预定义标识符和用户定义标识符。

1. 预定义标识符

预定义标识符是 C 语言中系统预先定义的、具有特定含义的标识符,包括系统标准函数名和编译预处理命令等,如 printf、scanf、define 和 include 等都是预定义标识符。预定义标识符允许用户重新定义作为用户标识符使用,当重新定义以后将会改变它们原来的含义,使用不当会造成程序错误。为了避免造成混乱,一般还是把预定义标识符作为保留字使用,不作为用户标识符。

2. 用户定义标识符

用户定义标识符用于对用户使用的变量、数组和函数等操作对象进行命名。

用户定义标识符在命名时应注意以下几点。

(1) 命名应当直观并可以直接拼读,做到望文知义,便于记忆和阅读。不要使用模糊的缩写或随意的字符命名标识符。

(2) 字母区分大小写。C 语言编译系统将英文大写字母和小写字母认为是两个不同的字符。例如,sum 和 Sum 是两个不同的标识符。

(3) 标识符必须由字母或下画线开头,且除了字母、数字、下画线外不能含有其他字符。

(4) 标识符的有效长度随系统而异,建议长度最好不超过 8 个字符。

合法的标识符举例:name、Student、_temp、num8、total_sum。

非法的标识符举例:5age、goto、-num、total sum、total-sum。

2.1.2 关键字

关键字是由系统预定义的、具有特定含义的词法符号。C 语言的关键字用小写字母表示,关键字不能作为预定义标识符和用户自定义标识符使用。C 语言定义了 32 个关键字(C89),包括类型说明符、语句定义符、预处理命令等。国际标准化组织(International Standard Organization,ISO)发布的 C99 新增了 5 个 C 语言关键字,C11 新增了 7 个 C 语言关键字,分别如下。

C89 关键字:

auto	break	case	char	const	continue	default	do
double	else	enum	extern	float	for	goto	if
int	long	register	return	short	signed	sizeof	static
struct	switch	typedef	union	unsigned	void	volatile	while

C99 新增关键字:

inline restrict _Bool _Complex _Imaginary

C11 新增关键字:

_Alignas _Alignof _Atomic _Generic _Noreturn _Static_assert _Thread_local

2.2 基本数据类型

C 语言的数据类型分为基本类型、构造类型、指针类型和空类型,如图 2.1 所示。基本数据类型是其值不可以再分解为其他类型、由 C 系统预先定义好的数据类型,在 C 语言中,基本类型是构建程序的基础;构造类型是在基本类型的基础上由用户自定义构造出来的类型,包括数组类型、结构体类型、共用体类型和枚举类型;指针类型是一种特殊的数据类型,同时具有重要的意义,其值用来表示某个变量的内存地址;空类型意思是无类型,主要用来表示函数没有返回值或表示无类型指针。

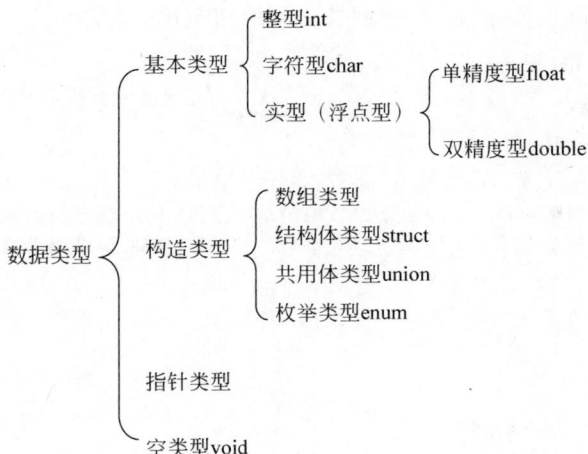

```
                            ┌ 整型int
                    ┌ 基本类型 ┤ 字符型char
                    │         │              ┌ 单精度型float
                    │         └ 实型（浮点型）┤
                    │                        └ 双精度型double
                    │
                    │         ┌ 数组类型
          数据类型 ┤ 构造类型 │ 结构体类型struct
                    │         │ 共用体类型union
                    │         └ 枚举类型enum
                    │
                    │ 指针类型
                    │
                    └ 空类型void
```

图 2.1 C 语言的数据类型

本章主要介绍基本数据类型,其余类型将在后续章节中分别介绍。

C 语言的基本数据类型主要包括整型(int)、字符型(char)、实型(单精度型(float)和双精度型(double))。整型(int)和字符型(char)之前加上 signed(有符号的)、unsigned(无符号的)、long(长的)、short(短的)修饰词后,可以得到其他类型的整型数。组合后的全部基本数据类型及各类型数据的取值范围如表 2.1 所示。

表 2.1 C 语言的基本数据类型

数 据 类 型	类型标识符	长度/B	取 值 范 围
字符型	char	1	$-128\sim127$
无符号字符型	unsigned char	1	$0\sim255$
整型	int	4	$-2\,147\,483\,648\sim2\,147\,483\,647$
无符号整型	unsigned(或 unsigned int)	4	$0\sim4\,294\,967\,295$
短整型	short 或(short int)	2	$-32\,768\sim32\,767$
无符号短整型	unsigned short	2	$0\sim65\,535$
长整型	long 或(long int)	4	$-2\,147\,483\,648\sim2\,147\,483\,647$
无符号长整型	unsigned long	4	$0\sim4\,294\,967\,295$
单精度实型	float	4	$-3.4\times10^{-38}\sim3.4\times10^{38}$
双精度实型	double	8	$-1.7\times10^{-308}\sim1.7\times10^{308}$
长双精度实型	long double	16	$-1.2\times10^{-4932}\sim1.2\times10^{4932}$

1. 字符型

字符型数据在计算机内存中用 ASCII 码(详见附录 B)表示。每个字符型数据被分配一个字节的内存空间,因此只能存放一个字符。C 语言的字符型数据有 signed 和 unsigned 两种类型说明符。C 语言把字符当作整数,即 ASCII 码值,可以进行算术和比较运算等。

2. 整型

整型数据类型 int 在不同的编译系统中所占字节不同,Dev-C++ 中用 4B 表示,而在 Turbo C 中用 2B 表示。短整型在所有编译器里都是按 2B 来处理的,长整型在所有编译器里都是按 4B 来处理的。

可以使用 sizeof()运算符得到某个类型或某个变量在某个平台上的存储字节大小。

C 语言基础知识

【**案例 2.1**】 获取当前系统 int 类型长度和取值范围。

```
# include < stdio. h>
# include < limits. h>                      //定义各种数据类型的限制
int main()
{
    printf("int 类型长度: % d\n", sizeof(int));
    printf("int 类型最小值: % ld\n", INT_MIN);   //INT_MIN,整型类型常量,表示最小 int 型值
    printf("int 类型最大值: % ld\n", INT_MAX);   //INT_MAX,整型类型常量,表示最大 int 型值
    return 0;
}
```

程序运行结果:

```
int 类型长度: 4
int 类型最小值: − 2147483648
int 类型最大值: 2147483647
```

3. 实型

实型也称为浮点型,C 语言中实型数据类型有三种:float、double 和 long double。一般而言,float 型占用 4B,有效数字位数为 7 位;double 型占用 8B,有效数字位数为 15～16位;long double 型占用 16B,有效数字位数为 19 位。

【**案例 2.2**】 验证 float 类型数据有效位数。

```
# include < stdio. h>
int main()
{
    float float_a = 1.23456789,float_b = 5,float_c;
    float_c = float_a + float_b;
    printf("float_a =% f\n",float_a);
    printf("float_b =% f\n",float_b);
    printf("float_c =% f\n",float_c);
    return 0;
}
```

程序运行结果:

```
float_a = 1.234568
float_b = 5.000000
float_c = 6.234568
```

2.3 常量与变量

2.3.1 常量

常量(constant)是指在程序运行过程中其值不能被改变的量。结合数据类型常量区分为整型常量、实型常量、字符型常量和字符串常量等。

1. 整型常量

在 C 语言中,整型常量可以采用十进制、八进制和十六进制等表示。

(1) 十进制整数:十进制整数没有前缀,其数码为 0～9,如 1024、−128。

(2) 八进制整数:八进制整数必须以数字 0 开头,其数码为 0～7,如 01024(十进制为

532)、01010(十进制为 532)。

(3) 十六进制整数:十六进制整数必须以 0X 或 0x 开头,其数码为 0~9、A~F(或 a~f),如 0xFFFF(十进制为 65535)、-0X1A2B(十进制为 6699)。

(4) 长整型整数:用来表示更大范围的整数,用后缀"L"或"l"(小写的 L)来表示,如 123L、0123L、-0x1A2BL、123l、0123l、-0x1A2Bl。

(5) 无符号型整数:后缀为"U"或"u",如 123U、0123U、0x1A2BU、123u、0123u、0x1A2Bu。

前缀、后缀可同时使用,如 0X1ALu 表示十六进制无符号长整数 1A,其十进制为 26。在程序中书写的整型量,默认数据类型是 int 型。

2. 实型常量

实型常量也称为实数或者浮点数,采用十进制表示,在内存中以浮点数形式存放,有以下两种书写形式。

(1) 小数形式:小数点必须有,如 3.14、3.、.14 均是合法的实型常量。

(2) 指数形式:由十进制数、阶码标志"e"或"E"以及阶码组成,如 2.35×10^5 和 2.35×10^{-5} 在程序中可以书写成 1.23e4(1.23×10^4)和 1.23E-4(1.23×10^{-4})。阶码必须是整数,可以带符号。

C 语言中实型常量的默认数据类型是 double 型。如果想把一个实型常量表示成 float 型常量,可加后缀 F 或 f,如 1.23e4F、1.23e-4f、3.14F 和 3.14f。

3. 字符型常量

用单引号括起来的一个字符称为字符型常量,如'A'、'+'、'5'。字符型常量在内存中存储的是其对应的 ASCII 码值。字符常量具有以下特点。

(1) 字符常量只能用单引号括起来。

(2) 字符常量只能是单个字符。

(3) 字符值取自 ASCII 码。'5'和 5 是不同的,'5'是字符,对应 ASCII 码值 53。

(4) 字符型数据和整型数据可以通用。C 语言中每个字符都对应 ASCII 码值,这个值是一个整数。

C 语言还允许使用一种特殊形式的字符类型常量,以"\"开头的字符序列,后跟一个或几个字符,它们就具有特殊的含义,不同于字符原有的意义,称为转义字符。常用的转义字符及其含义见表 2.2。

表 2.2　常用转义字符及其含义

转 义 字 符	意　　义	ASCII 码值(十进制)
\a	响铃(BEL)	007
\b	退格(BS)	008
\f	换页(FF)	012
\n	换行(LF)	010
\r	回车(CR)	013
\t	水平制表(HT)	009
\v	垂直制表(VT)	011
\\	反斜线(\)字符	092
\'	单引号(')字符	039

C 语言基础知识

转 义 字 符	意 义	ASCII 码值(十进制)
\"	双引号(")字符	034
\?	问号(?)字符	063
\0	空字符(NULL)	000
\ooo	1~3 位八进制数	三位八进制
\xhh	1~2 位十六进制	二位十六进制

【案例 2.3】 体会转义字符在下列程序中的输出结果。

```c
# include < stdio.h>
int main()
{
    printf("\105\x46G\n");
    printf("\"Hello World\"\n");
    return 0;
}
```

程序运行结果:

```
EFG
"Hello World"
```

程序中,八进制'\105'转换成十进制是 69,再根据 ASCII 码表对应字符'E';十六进制 '\x46'转换成十进制是 70,再根据 ASCII 码表对应字符'F'。如果把语句"printf("\105\ x46G\n");"中的"G"写成"F",运行结果会怎样?

4. 字符串常量

字符串常量是用双引号括起来的字符序列,含一个或多个字符(普通字符、转义字符 等),如"c""12.34 $""Hello World\n"等。字符串常量在内存中按顺序存放其字符,并以 '\0'作为字符串的结束标志。因此,字符串常量占的内存字节数等于字符串中字节数加 1。

字符串常量"a"和字符常量'a'不同,字符串常量"a"在内存中占 2B,而字符常量'a'在内 存中占 1B。因此,字符串常量与字符常量主要有以下区别。

(1) 字符常量由单引号括起来,字符串常量由双引号括起来。

(2) 字符常量只能是单个字符,字符串常量则可以含一个或多个字符。

(3) 字符常量在内存中存储的是 ASCII 码值并占 1B,字符串常量在内存中存储其连续 字符并以'\0'作为字符串的结束标志。

5. 符号常量

在 C 语言中,可以用一个符号来代替一个常量,称为符号常量。符号常量在使用之前 必须定义,形式为

#define 标识符 常量

例如,#define PI 3.14,习惯上,符号常量使用大写,变量使用小写。符号常量不是变 量,符号常量一旦定义,就不能在程序中再赋值,如 PI=3.14159;是错误的。

【案例 2.4】 符号常量的使用。

```c
# include < stdio.h>
#define R 2
```

```
#define H 3
#define PI 3.14
int main()
{
    float v;
    v = PI * R * R * H;
    printf("圆柱体的体积 V=%.2f\n",v);
    return 0;
}
```

程序运行结果:

圆柱体的体积 V = 37.68

使用符号常量可以见名知义,并且在需要改变数值的时候只需要在开始处修改一次即可。

除了使用#define 定义的符号常量外,C 语言还提供了 const 关键字来定义常量。其定义形式为

const 数据类型 常量名 = 值;

例如,const float PI=3.14f;。与#define 定义的符号常量相比,const 定义的常量有类型检查因而更安全,#define 仅进行简单的替换。

2.3.2 变量

变量是指在程序运行过程中其值可以改变的量。通常用来保存程序运行过程中的原始数据、计算过程中获得的中间结果和程序运行的最终结果。

变量有两个基本要素:变量名和变量类型。变量名的命名方式遵循标识符的命名规则。变量类型包括字符型变量、整型变量、实型变量等,不同类型的变量其存储空间是不同的,在存储空间中存放变量值。在程序中,通过变量名来引用变量的值。C 语言中,所有变量必须先定义,后使用。

1. 变量的定义

变量定义的一般格式为

数据类型标识符 变量名 1,变量名 2,…,变量名 n;

例如,int a,b;表示定义了整型变量 a 和 b,程序编译时由编译系统分别分配 4B 的存储空间,用于存放变量 a 和变量 b 的值。

2. 变量的初始化

在 C 语言中定义变量的同时为其赋值,称为变量的初始化。

变量初始化的一般格式为

数据类型标识符 变量 1 = 值 1,变量 2 = 值 2,…,变量 n = 值 n;

例如:

```
int int_a = 20;
char char_c = 'c';
float pi = 3.14159;
```

2.4 运 算 符

对常量或变量进行运算或处理的符号称为运算符,参与运算的对象称为操作数。C语言的运算符非常丰富,按功能可以分为算术运算符、关系运算符、逻辑运算符、赋值运算符、位运算符、逗号运算符、条件运算符、指针运算符、求字节数运算符(sizeof())和其他特殊运算符等,按照操作数的个数还可以分为单目运算符、双目运算符、三目运算符等。

C语言的运算符不仅有优先级,还有结合性。表达式含有多个不同级别的运算符,则按优先级高低顺序进行运算,类似数学的先乘除后加减;表达式中含有多个相同级别的运算符,则按C语言规定的结合性进行运算,从左向右运算称为"左结合",从右向左运算称为"右结合"。

下面对C语言的常用运算符分别进行介绍。

2.4.1 算术运算符和赋值运算符

1. 算术运算符

算术运算符包括加"+"、减"−"、乘"*"、除"/"、求余(求模)"%"、自增"++"、自减"−−"共7种。关于算术运算符应注意以下几点。

(1)加"+"、减"−"、乘"*"运算符的运算法则与数学相同。

(2)除法运算符"/",若两边的操作数均为整数时,结果仍为整数,舍去小数;若操作数中有一个是实型,则运算结果为double型。

【案例2.5】 除法运算符的使用。

```
#include <stdio.h>
int main()
{
    int int_a = 9, int_b = 4;
    float float_m = 9, float_n = 4;
    printf("int_a/int_b=%d\n", int_a/int_b);
    printf("float_m/int_b=%f\n", float_m/int_b);
    return 0;
}
```

程序运行结果:

```
int_a/int_b = 2
float_m/int_b = 2.250000
```

(3)求余运算符"%"也称为求模,要求两个操作数必须均为整数,余数的符号与被除数符号相同。

【案例2.6】 求余运算符的使用。

```
#include <stdio.h>
int main()
{
    int int_a = 9, int_b = 5;
    printf("int_a%%int_b=%d\n", int_a%int_b);
    printf("(-int_a)%%int_b=%d\n", (-int_a)%int_b);
```

```
    printf("int_a%%(-int_b)=%d\n",int_a%(-int_b));
    return 0;
}
```

程序运行结果：

```
int_a%int_b=4
(-int_a)%int_b=-4
int_a%(-int_b)=4
```

2. 赋值运算符

赋值运算符"="具有右结合性,计算右边表达式的值赋给左边变量。赋值运算符左边必须是变量,不能是常量或表达式;赋值号右边可以是常量、变量或表达式,但一定能取得确定的数值。例如,x+1=y是错的,y=x+1就是正确的表达。

加"+"、减"-"、乘"*"、除"/"、求余(求模)"%"可以与赋值符号"="组成复合赋值运算符:+=、-=、*=、/=和%=。例如,a=a+1可以写成 a+=1,以此类推,这样书写简练,执行效率高,运行速度快。

【案例 2.7】 赋值运算符的应用。

```
#include<stdio.h>
int main()
{ int num1=25,num2=36,temp;
  temp=num1;
  num1=num2;
  num2=temp;
  printf("num1=%d, num2=%d \n",num1,num2);
  return 0;
}
```

程序运行结果：

```
num1=36, num2=25
```

3. 自增"++"、自减"--"运算符

自增"++"、自减"--"运算符的功能是使变量的当前值加1或者减1后再赋给该变量自己,要求操作数只能是变量,而不能是常量或表达式,兼有算术运算和赋值的功能。

自增"++"、自减"--"运算符是单目运算符,既可以出现在变量前(前置),也可以出现在变量后(后置),运算符位置不同,运算法则也不一样。

- 前置运算：++i、--i,先让 i 的值加 1 或减 1,再使用 i 的值。
- 后置运算：i++、i--,先使用 i 的值,再让 i 的值加 1 或减 1。

例如,当 i=2 时,执行 j=++i,则 j=3、i=3;而执行 j=i++,则 j=2、i=3。

自增"++"、自减"--"运算符的优先级高于算术运算符,-x++相当于-(x++)。

【案例 2.8】 自增自减运算符的使用。

```
#include<stdio.h>
int main()
{
    int i=2,j=5,k;
    printf("++i=%d,j--=%d\n", ++i,j--);
    k=++i-j--;
    printf("k=%d\n",k);
```

```
    return 0;
}
```

程序运行结果:

```
++i = 3,j--= 5
k = 0
```

自增和自减运算"一步一步"的变化过程,蕴含工作学习中要脚踏实地、循序渐进,不能急于求成的大道理。运算符前置、后置的细微差别会得到完全不同的结果,在学习中要注重细节,细节决定成败。自增运算可比作个人成长的过程,每一次的进步都是对自身的"自增",学习中应不断积累知识,提升分析问题、解决问题的能力和创新思维。

2.4.2 关系运算符和逻辑运算符

1. 关系运算符

用来比较两个操作数的大小的运算符称为关系运算符。关系运算符包括小于"＜"、小于或等于"＜＝"、大于"＞"、大于或等于"＞＝"、等于"＝＝"和不等于"！＝",其运算结果为真(整数 1)或假(整数 0),表示关系成立或不成立,是一个逻辑值。

关于关系运算符有以下几点说明。

(1) 关系运算符比较两个字符的大小,实质上是两个字符的 ASCII 码值作比较。例如'A'＞'B',结果为假(也就是整数 0)。

(2) 等于"＝＝"是比较两个操作数是否相等,注意和赋值运算符"＝"的区别。"＝＝"的结果只有 0 或 1,"＝"可以是任意值。

(3) 关系运算符的前 4 种(＞、＞＝、＜、＜＝)的优先级相同,后两种(＝＝、！＝)的优先级相同,且前 4 种优先级高于后两种。

2. 逻辑运算符

对两个逻辑量进行操作的运算符称为逻辑运算符。逻辑运算符包括与运算"＆＆"、或运算"||"和非运算"！",逻辑运算的操作数和运算结果均为逻辑值。C 语言中没有专门的逻辑量,各种类型数据或表达式均可当成逻辑量参与运算,C 语言把所有的非 0 当成 1(真),只有 0 才是 0(假)。逻辑运算符的运算规则如表 2.3 所示。

表 2.3 逻辑运算符的运算规则

p	q	p＆＆q	p||q	！p
0	0	0	0	1
0	1	0	1	1
1	0	0	1	0
1	1	1	1	0

(1) 逻辑与"＆＆":当两个条件都满足时结果才成立,运算规则是"见 0 为 0,否则为 1"。

(2) 逻辑或"||":当两个条件中的任意一个满足时结果就成立,运算规则是"见 1 为 1,否则为 0"。

(3) 逻辑非"！":取反,运算规则是"1 变 0,0 变 1"。

(4) 三种逻辑运算的优先级由高到低依次为"！"→"＆＆"→"||"。

(5) 短路求值:对于逻辑与运算"＆＆",如果左侧操作数结果为假(0),那么整个运算的

结果就为假,右侧操作数不运行;对于逻辑或运算"||",如果左侧操作数结果为真(1),那么整个运算的结果就为真,右侧操作数也不运行。短路求值可以避免不必要的计算,提高程序效率。

【案例 2.9】 体会逻辑运算符短路问题。

```c
# include < stdio. h>
int main()
{
  int i = 2,j = 3,k = 4,m,n;
  m = (++i == j)||(k++);
  n = (k == 5)&&(i++);
  printf("m =% d,k =% d\n",m,k);
  printf("n =% d,k =% d,i =% d\n",n,k,i);
  return 0;
}
```

程序运行结果:

```
m = 1,k = 4
n = 0,k = 4,i = 3
```

2.4.3 条件运算符

条件运算符"?:"是 C 语言中唯一的一个三目运算符,是一对运算符,不能分开单独使用。其一般形式为

表达式 1?表达式 2:表达式 3

其运算规则:计算表达式 1 的值,如果为真,则将表达式 2 的值作为整个表达式的值,否则以表达式 3 的值作为整个表达式的值。

条件运算符的结合性为右结合。当一个表达式中出现多个条件运算符时,先将最右边的"?"与":"作为一组条件表达式,以此类推。例如,a>b?c:d>e?f:g 等价于 a>b?c:(d>e?f:g),再进行运算。

【案例 2.10】 输入一个整数,判断是奇数还是偶数。

```c
# include < stdio. h>
int main()
{
  int num;
  scanf(" % d",&num);
  num % 2 == 0?printf(" % d 是偶数",num):printf(" % d 是奇数",num);
  return 0;
}
```

程序运行结果:

```
5 ↙
5 是奇数
```

2.4.4 逗号运算符

C 语言中的逗号","称为逗号运算符。逗号运算符的优先级是所有运算符中最低的,它

的结合性为左结合。用逗号运算符连接起来的式子称为逗号表达式,其格式为

表达式 1,表达式 2,…,表达式 n

运算规则:先求表达式 1 的值,再求表达式 2 的值,以此类推,最后求表达式 n 的值,表达式 n 的值即作为整个逗号表达式的值。例如,a=1+2,a*3,a+4,5,整个逗号表达式的值为 5,a 的值为 3。

不是所有出现逗号的地方都是逗号表达式,在变量说明中、函数参数表中,逗号只是各变量之间的分隔符。

【案例 2.11】 逗号运算符的使用。

```c
#include <stdio.h>
int main()
{
    int a = 2,b = 3,c = 4,m,n;
    m = ((n = c--) == b,a)?a + c:b + c;
    printf("m = %d,n = %d\n",m,n);
    return 0;
}
```

程序运行结果:

m = 5,n = 4

2.4.5 位运算符

位运算符是对二进制位进行运算,逐位执行操作。位运算符是 C 语言区别于其他高级语言的又一大特色,通过位运算,C 能够实现一些底层操作,如对硬件编程或系统调用。

位运算的操作数只能是整型数据(包括 int、short int、unsigned int 和 long int)或字符型数据,不能是其他的数据类型。

C 语言的位运算符包括按位与"&"、按位或"|"、按位异或"^"、求反"~"、左移"<<"和右移">>"。位运算规则如表 2.4 所示

表 2.4 位运算规则

p	q	p&q	p|q	p^q
0	0	0	0	0
0	1	0	1	1
1	0	0	1	1
1	1	1	1	0

1. 按位与运算

按位与运算"&"是双目运算符,其功能是将两个操作数的对应位逐一进行按位逻辑与运算,对应位均为 1 时,结果位才为 1,否则为 0。参与运算的操作数以补码方式出现。

例如,十进制整数 7&5 可写成如下算式。

$$
\begin{array}{r}
00000111 \\
\&\quad 00000101 \\
\hline
\text{结果}\quad 00000101
\end{array}
$$

程序验证代码如下。

```
#include <stdio.h>
int main()
{
    int a = 7;                    //二进制: 0000 0111
    int b = 5;                    //二进制: 0000 0101
    int result;
    result = a&b;                 //结果为 5,二进制: 0000 0101
    printf("a&b=% d\n",result);
    return 0;
}
```

程序运行结果：

a&b = 5

2. 按位或运算

按位或运算"|"是双目运算符,其功能是将参与运算的两个操作数各自对应位执行逻辑或运算,只要对应的两个二进制位有一个为 1 时,结果位就为 1。参与运算的操作数以补码方式出现。

例如,十进制整数 7|5 可写成如下算式。

$$
\begin{array}{r}
00000111 \\
|\quad 00000101 \\
\hline
\text{结果}\quad 00000111
\end{array}
$$

程序验证代码如下。

```
#include <stdio.h>
int main()
{
    int a = 7;                    //二进制: 0000 0111
    int b = 5;                    //二进制: 0000 0101
    int result;
    result = a|b;                 //结果为 7,二进制: 0000 0111
    printf("a|b=% d\n",result);
    return 0;
}
```

程序运行结果：

a|b = 7

3. 按位异或运算

按位异或运算"^"是双目运算符,其功能是参与运算的两个操作数对应位执行逻辑异或操作,若相同,则结果位为 0；若不同,则该位结果为 1。参与运算的操作数以补码方式出现。

例如,十进制整数 7^5 可写成如下算式。

$$
\begin{array}{r}
00000111 \\
^\wedge\quad 00000101 \\
\hline
\text{结果}\quad 00000010
\end{array}
$$

程序验证代码如下。

```
#include <stdio.h>
```

C 语言基础知识

```
int main()
{
    int a = 7;                      //二进制: 0000 0111
    int b = 5;                      //二进制: 0000 0101
    int result;
    result = a^b;                   //结果为2,二进制: 0000 0010
    printf("a^b =% d\n",result);
    return 0;
}
```

程序运行结果：

a^b = 2

4. 求反运算

求反运算"～"是单目运算符,具有右结合性,其功能是对参与运算的操作数的各二进制位按位取反(即1变成0,0变成1)。

例如,7的二进制数为00000111,按位取反为11111000,按照补码规则解释,值为－8。

程序验证代码如下。

```
# include < stdio. h >
int main()
{
    int a = 7;                      //二进制: 0000 0111
    int result;
    result = ～a;                    //结果为 - 8,二进制: …1111 1000
    printf("～a =% d\n",result);
    return 0;
}
```

程序运行结果：

～a = - 8

5. 左移运算

左移运算符"<<"是双目运算符,左移表达式的一般格式为

整型表达式<<移位的位数

其功能是把"<<"左边的整型表达式值的二进制形式中每一位向左移动若干位,移出的最高位丢失(溢出),右端补入0。

例如,7的二进制数为00000111,左移2位,变成00011100,即十进制数28。

程序验证代码如下：

```
# include < stdio. h >
int main()
{
    int a = 7;                      //二进制: 0000 0111
    int result;
    result = a << 2;                //结果为28,二进制: 0001 1100
    printf("a << 2 =% d\n",result);
    return 0;
}
```

程序运行结果：

a << 2 = 28

对于无符号整数,每左移 1 位相当于该数乘以 2,左移 n 位相当于乘以 2 的 n 次方。

6. 右移运算

右移运算符"">>"是双目运算符,右移表达式的一般格式为

整型表达式>>移位的位数

其功能是把>>左边的整型表达式值的二进制形式中每一位向右移动若干位,符号位不变,移出的最低位将丢失,数值位最高位以符号位填充。

例如,39 的二进制数为 00100111,右移 2 位,变成 00001001,即十进制数 9。

程序验证代码如下:

```
#include <stdio.h>
int main()
{
    int a = 39;                    //二进制: 0010 0111
    int result;
    result = a >> 2;               //结果为9,二进制: 0000 1001
    printf("a >> 2 = %d\n", result);
    return 0;
}
```

程序运行结果:

a >> 2 = 9

对于无符号整数,每右移 1 位相当于该数除以 2,右移 n 位相当于除以 2 的 n 次方(向下取整)。

2.5 表达式计算

2.5.1 运算符优先级和结合性

运算符的优先级和结合性将影响表达式如何计算。C 语言各运算符中,单目运算符优先级较高、赋值运算符优先级较低,算术运算符优先级较高、关系和逻辑运算符优先级较低,等等。大多数运算符左结合,单目运算符、三目运算符、赋值运算符右结合。C 语言各运算符的优先级和结合性详见附录 C。

2.5.2 表达式

表达式就是由运算符将一个或多个运算对象连接起来,组成的符合 C 语言语法规则的式子。表达式一般由运算符、圆括号和操作数构成,有一个确定的值和类型。操作数可以是常量、变量或函数等。不同的运算符可以构成不同类型的表达式,如算术表达式、赋值表达式、关系表达式、逻辑表达式等。多种运算符混合也可以构成混合表达式。表达式求值顺序按运算符的优先级和结合性进行。

关于赋值表达式有以下几点说明。

(1)赋值表达式的值就是被赋值变量的值。例如,表达式 x = 2 + 3 中被赋值变量 x 的值 5 就是整个表达式的值 5。

（2）当赋值运算符两边的类型不一致时,要按被赋值变量的类型进行赋值。实型数据（float 或 double 型）赋值给整型变量时,舍去小数部分,例如,int a＝2.71,a 的值为 2；整型数据赋值给实型变量时,以实数形式赋值,例如,float f＝2,f 的值为 2.000000。

关系表达式在 C 语言中的连续表达和数学中连续表达解释不同。例如,x 大于 1 小于 5,用数学关系式可写成"1＜x＜5",但用 C 语言解释"1＜x＜5"时,x 可以取任意值而不是 1～5 的值,在 C 语言中表示 x 大于 1 小于 5 应该为"x＞1 && x＜5",是由关系运算符和逻辑运算符组成的混合表达式。

【案例 2.12】 y 是整型变量,解析表达式 y%4＝＝0&&y%100!＝0||y%400＝＝0 所表达的含义。

y%4＝＝0 表示能被 4 整除,y%100!＝0 表示不能被 100 整除,两个条件逻辑与 && 表示同时满足,y%400＝＝0 表示能被 400 整除,与前两个条件逻辑或||,表示二者居其一。

此条件表达式是判断 y(year)是否闰年的表示,请写出判断闰年的源程序。

2.5.3　数据类型转换

在 C 语言中,不同类型的数据可以进行混合运算,当参与运算的各操作数具有不同数据类型时,需要进行类型转换。类型转换方式有两种,一种是自动类型转换,另一种是强制类型转换。

1. 自动类型转换

自动类型转换就是当参与运算的各操作数具有不同类型时,编译程序会自动将它们转换成同一类型的量,然后再进行运算。

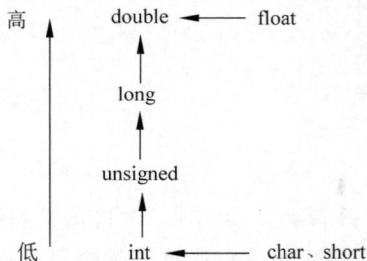
图 2.2　转换规则

转换规则是按数据长度增加的方向进行,自动将精度低、表示范围小的类型向精度高、表示范围大的类型转换、保证精度不降低,然后再按同类型进行运算,这种转换是由编译系统自动完成的。转换规则见图 2.2。

图中横向向左的箭头为必须转换的类型,也就是 char 或 short 型,必须先转换成 int 型；float 型必须先转换为 double 型再进行运算,所有的浮点运算都以双精度进行。纵向向上的箭头表示当参与运算的数据类型不同时要转换的方向,由精度低向精度高进行。

【案例 2.13】 自动类型转换。

```c
#include<stdio.h>
int main()
{
    int r=2,h=3,v;
    float PI=3.14;
    v=PI*r*r*h;
    printf("圆柱体的体积 V=%d\n",v);
    return 0;
}
```

程序运行结果：

圆柱体的体积 V=37

程序中,PI 为实型,r、h、v 为整型。执行 v＝PI＊r＊r＊h 语句时,r、h 和 PI 都转换成 double 型,结果也为 double 型。由于 v 为整型,赋值结果仍为整型,舍去小数部分。

2. 强制类型转换

除了自动类型转换外,C 语言还提供了强制类型转换功能,可以通过强制类型转换说明符对操作对象进行类型强制转换。强制类型转换是通过类型转换运算来实现的。

强制类型转换的一般形式为

(类型说明符)(表达式)

其功能是把表达式的运算结果强制转换成类型说明符所表示的类型,表达式是单个变量时可以不加括号。

例如,a＝(int)2.56 结果为 a＝2,(int)2.5＋3.8 结果为 5.8,(int)(2.5＋3.8)结果为 6。

无论是自动类型转换还是强制类型转换,都只是临时性转换,并不改变变量的类型。

【**案例 2.14**】 强制类型转换应用。

```c
# include < stdio. h>
int main()
{
    int i = 7;
    char c = 'a';                    //'a'的 ASCII 值是 97
    float f = 2.7;
    printf("% f,% d\n",i + c + f,(int)(i + c + f));
}
```

程序运行结果:

```
106.699997,106
```

2.6　知识要点和常见错误列表

本章知识要点如下。

(1) 本章主要学习了 C 语言中的基本数据类型及常量、变量和表达式。在 C 语言的初学阶段,首先要掌握 4 种最基本也是最常用的数据类型:int、float、double 和 char。再熟悉了 C 编程的基本技巧之后,读者完全可以根据需要去使用各种类型的数据。

(2) 标识符是 C 语言中所有名称的总称,一般要按规则取名。

(3) C 语言编程中有特定含义的 32 个关键字和 12 个保留字,不能再作为表示其他含义的标识符。

(4) 常量是程序运行过程中其值固定不变的量,有数值常量(整数、实数)、字符常量和字符串常量三大类型。

(5) 变量是程序运行过程中其值可变的量,最常用的变量有整型(int)、单精度实型(float)、双精度实型(double)和字符型变量(char)。

(6) 运算符及表达式是编程者实现编程要求的基本手段,读者要在充分掌握各类运算符的情况下,综合运用它们以达到自己的编程目的。

本章常见错误列表如表 2.5 所示。

表 2.5　常见错误列表

序号	常见错误	错误举例	分析
1	不注意程序的书写格式	除以"#"开头的预处理命令不是 C 语句外,C 语言的每个单语句均以分号";"结束,否则会有"missing:"错误提示	将程序代码逐行输入计算机时,多使用 Tab、Home、End 键,模仿例题每行的语句认真输入,并注意各行之间的对齐方式,凡包含在内部的,一定要用缩进式
2	标识符不规范	随意起名为 111 或 aaa	应该不与系统内保留字重名,并"见名知义":通常,整型变量用 i、j、k、m、n 等,实型变量用 f、x、y,字符型变量用 ch,字符串型常用 str、string 这些约定成俗的名字,初学者不宜乱改。另外,C 语言中常用一个小写单词作标识符,如和用 sum,平均值用 average 或 ave,个数用 cnt 或 n;C++则用多个单词间以大写字母组成标识符,如 curLen 代表当前长度(current length),用 maxLen 代表最大长度,用 maxStr 代表最长字符等
3	定义变量数据类型时出错	float i;j;k;l;m;,;	在同时定义多个变量时,中间要用","进行间隔。若变量比较多,要换行,就必须重新定义,第二行要有数据类型定义符
4	变量在使用之前没有定义	int m; m=n+1;	这里 n 没有定义是不能够使用的,在编译的时候会有"undeclared identifier"的错误提示。所有变量都要"先定义、后使用"
5	变量在使用之前没有赋值	int m,n; m=n+1;	这里 n 有定义但是没有赋值,在编译时会提示警告,但不提示出错,运行结果会是一个不确定的数,如−858 993 458

6	除号使用错误	float x
		int m=5,n;
		x=2/m+3/m+4/m;
			这里的每一项都是 0,如 2/m 的结果是 0 而不是 0.4…,所以此语句执行之后,x 为 0,不是实际需要的结果。
			一边有实数时,即 2.0/m+3.0/m+4.0/m 才能算出实际的实数结果赋给 x

7	关系表达式写错	3<x<10	C 语言中不能如此表示,需要借助逻辑运算符 x>3&&x<10。 这一点在 if、while、do…while 语句中尤其重要
8	在表达式中的表达方式不能够达到自己想要的结果	x1=−b+sqrt(dlt)/(2*a); 或 x1=−b+sqrt(dlt)/(2*a);	正确的表达式应该是 x1=(−b+sqrt(dlt))/(2*a); 要正确使用括号"()"

9	if 语句条件不正确	if(score=100) n++;
		本意是统计得 100 分的同学的个数
		if(score>60)
		　cout<<"及格";
		else
		　cout<<"不及格";
			错用赋值号"="代替了相等比较号"==",编译系统不会"错想",它是忠实地将 100 先赋给 score,然后判断它不是 0,就执行其后的 n++,不管原来的 score 是多少,都被覆盖掉了,并使 n 值加了 1,这是学习者常犯的错误。
			条件应该写成 if(score>=60),否则 60 分的同学就被统计成不及格的了

序号	常见错误	错误举例	分析
10	不注意数据类型的值域	如求阶乘,若阶乘结果定义为短整型变量,最大只能是32 767	阶乘的结果应该定义成长整型或实型,否则结果很容易溢出

11	变量未初始化或while语句前未做好准备工作	void main()
		{ int i,sum;
		    i=1;
		    while(i<=3)
		  { sum=sum+I;
		    i++;
		    }
		    …
		}
			这是初学者最易犯的错,结果出错,不是6,原因是和变量sum忘记初始化了。犹如选票箱在选举前未清空,即求和时的基数是内存中的随机数,所以结果可能是一个不确定的数,如−858993460

实训2 多运算符的混合运算

一、实训目的
(1) 掌握各种数据类型的特点。
(2) 辨析各种运算符的运算规则、结合性及优先级。
(3) 掌握多运算符混合运算的特点。

二、实训任务
输入一个三位数的整数,分离出个位、十位和百位,再求出三个位的立方并求和,当三位数是153时有什么特别之处?

三、实训步骤
程序清单 sx2.c 如下。

```
#include <stdio.h>
int main()
{
    int num,sum,dig_1,dig_2,dig_3;
    scanf("%d",&num);
    dig_3 = num/100;
    dig_2 = num%100/10;
    dig_1 = num%10;
    sum = dig_3*dig_3*dig_3 + dig_2*dig_2*dig_2 + dig_1*dig_1*dig_1;
    printf("%d,%d,%d\n",dig_3,dig_2,dig_1);
    printf("sum=%d\n",sum);
}
```

运行程序,输入 153 后回车,运行结果:

```
1,5,3
sum=153
```

习　题　2

一、选择题

1. 合法的字符常量是（　　　）。

    A. '\t'　　　　　　　B. "A"　　　　　　　C. '\018'　　　　　　D. B

2. 在 C 语言中,要求参加运算的数必须是整数的运算符是（　　　）。

    A. /　　　　　　　　B. *　　　　　　　　C. %　　　　　　　　D. =

3. 在 C 语言中,字符型数据在内存中以（　　　）形式存放。

    A. 原码　　　　　　B. BCD 码　　　　　C. 反码　　　　　　D. ASCII 码

4. （　　　）是非法的 C 语言转义字符。

    A. '\b'　　　　　　B. '\0xf'　　　　　C. '\037'　　　　　D. '\"

5. 对于语句"f=(3.0,4.0,5.0),(2.0,1.0,0.0);"的判断中,（　　　）是正确的。

    A. 语法错误　　　　B. f 为 5.0　　　　C. f 为 0.0　　　　D. f 为 2.0

6. 与代数式 $(x*y)/(u*v)$ 不等价的 C 语言表达式是（　　　）。

    A. x*y/u*v　　　B. x*y/u/v　　　C. x*y/(u*v)　　D. x/(u*v)*y

7. 对于"char cx='\039';"语句,正确的是（　　　）。

    A. 不合法　　　　　　　　　　　　B. cx 的 ASCII 值是 33

    C. cx 的值为 4 个字符　　　　　　D. cx 的值为 3 个字符

8. 若"int k=7,x=12;"则能使值为 3 的表达式是（　　　）。

    A. x%=(k%=5)　　　　　　　　B. x%=(k−k%5)

    C. x%=k−k%5　　　　　　　　D. (x%=k)−(k%=5)

9. 为了计算 s=10!(即 10 的阶乘),则 s 变量应定义为（　　　）。

    A. int　　　　　　　　　　　　　B. unsigned

    C. long　　　　　　　　　　　　 D. 以上三种类型均可

10. 假定 x 和 y 为 double 型,则表达式 x=2,y=x+3/2 的值是（　　　）。

    A. 3.500000　　　B. 3　　　　　C. 2.000000　　　D. 3.000000

11. 设以下变量均为 int 类型,则值不等于 7 的表达式是（　　　）。

    A. (x=y=6,x+y,x+1)　　　　　B. (x=y=6,x+y,y+1)

    C. (x=6,x+1,y=6,x+y)　　　　D. (y=6,y+1,x=y,x+1)

12. 字符串"ABC"在内存中占用的字节数为（　　　）。

    A. 3　　　　　　　B. 4　　　　　　C. 5　　　　　　　D. 8

13. 设 a,b,c,d 均为 0,执行(m=a==b)&&(n=c||d)后,m,n 的值是（　　　）。

    A. 0,0　　　　　　B. 0,1　　　　　C. 1,0　　　　　　D. 1,1

14. 设 a,b,c 均为 int 型变量,且 a=3,b=4,c=5,则下面的表达式中值为 0 的是（　　　）。

    A. 'a'&&'b'　　　　　　　　　　B. a<=b

    C. a||b+c&&b−c　　　　　　　　D. !((a<b)&&!c||1)

二、填空题

1. 能表述"20＜X＜30 或 X＜−100"的 C 语言表达式是_____。

2. 若已知 a＝10,b＝20,则表达式!a＜b 的值是_____。

3. 在内存中存储"A"要占用_____字节,存储'A'要占用_____字节。

4. 在 C 语言中,不同运算符之间运算次序存在_____的区别,同一运算符之间运算次序存在_____的规则。

5. 设 x＝2.5,a＝7,y＝4.7,则 x＋a％3 * (int)(x＋y)％2/4 为_____。

6. 表达式(!10＞3)?2＋4:1,2,3 的值是_____。

7. 设 int a;float f;double i;则表达式 10＋'a'＋i * f 值的数据类型是_____。

8. 已知 a、b、c 是一个十进制数的百位、十位、个位,则该数的表达式是_____。

9. 定义"double x＝3.5,y＝3.2;",则表达式(int)x * 0.5 的值是_____,表达式 y＋＝x＋＋的值是_____。

10. 表达式 5％(−3)的值是_____,表达式−5％(−3)的值是_____。

三、程序阅读题

1. 写出以下程序运行的结果。

```
main ()
{
    char c1 = 'a',c2 = 'b',c3 = 'c',c4 = '\101',c5 = '116';
    printf("a%c b%c\tc%c\tabc\n",c1,c2,c3);
    printf("\t\b%c %c",c4,c5);
}
```

2. 写出以下程序运行的结果。

```
main ()
{
    int i,j,m,n;
    i = 8;
    j = 10;
    m = ++i;
    n = j++;
    printf("%d,%d,%d,%d",i,j,m,n);
}
```

3. 写出以下程序运行的结果。

```
#include <stdio.h>
main()
{
    int a,b;
    a = 2147483647;          /* VC++环境下 −2147483647～2147483647 */
    printf("%d,%d",a,b);
}
```

四、编程题

1. 假设 m 是一个三位数,写出将 m 的个位、十位、百位反序而成的三位数(例如,123 反序为321)的 C 语言表达式。

2. 已知 int x＝10,y＝12;,写出将 x 和 y 的值互相交换的表达式。

C 语言基础知识

第3章 顺序结构程序设计

学习目的和要求

- 辨别程序的三种控制结构及其特点,能对任何一种结构绘制流程图。
- 掌握数据的定义和表达式赋值方式,能够设计顺序结构的应用程序。
- 灵活应用 C 语言基本输入/输出函数的基本格式及其主要用法。
- 认识 C++ 中简单的输入/输出控制。
- 理解 C/C++ 语言提供的预处理命令:宏定义和文件包。

思政目标和思政点

在解三角形的过程中,如何利用三条边直接求面积是一个比较难的问题。中国宋代的数学家秦九韶在 1247 年独立提出了"三斜求积术"。"三斜求积术"与海伦公式虽然在形式上有所不同,但与海伦公式完全等价,填补了中国数学史中的一个空白,通过此案例引导学生体会数学的简洁美与中国古代数学的辉煌成就,厚植爱国主义情怀。

结构化程序设计是面向过程程序设计的基本原则。其观点是采用"自顶向下、逐步细化、模块化"的程序设计方法,任何程序都由顺序、选择、循环三种基本结构程序构造而成。C 语言提供了丰富的语句,来实现程序的各种结构方式。

顺序结构是最简单、最常用的基本结构,学好顺序结构程序设计,能够为后续学习选择结构和循环结构程序设计打下坚实的基础。顺序结构的程序是自上而下顺序执行各条语句。本章介绍 C 语言提供的几种常用语句、预处理命令及其在顺序结构程序中的应用,读者可对 C 程序有一个初步的认识,为后面各章的学习打下基础。

3.1　C 语言常见的数据处理语句

一个 C 语言程序结构如图 3.1 所示,即 C 程序可以由若干源程序文件组成,一个源文件可以由若干函数和预处理命令以及全局变量声明部分组成,一个函数由数据定义部分和执行语句组成。C 程序对用到的所有数据都必须先定义,并且需要指定其数据类型。在 C 程序中,程序算法处理的对象是数据,数据是以常量或变量的形式表示的。执行部分是由语句组成的,程序的功能是由执行语句实现的。

C 语言中提供了丰富的语句,可分为以下几类。

(1) 表达式语句。

(2) 复合语句。

(3) 空语句。

(4) 控制语句:C 语言提供了 9 种控制语句,在后续章节会陆续介绍。

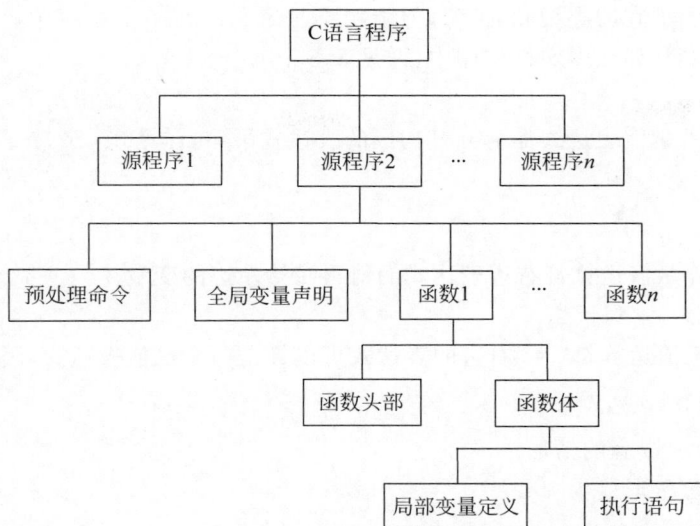

图 3.1　C 语言程序结构

3.1.1　数据定义和赋值语句

在 C 语言中,最常用的语句是赋值语句和输入/输出语句,其中最基本的是赋值语句。程序中的计算功能大部分是由赋值语句实现的,几乎每一个有实用价值的程序都包括赋值语句,有的程序中的大部分语句都是赋值语句。

1. 数据定义

这里仅以变量定义为例进行介绍。

C 语言中,要求对所有的变量,必须先定义后使用;在定义变量的同时可以给变量赋初值的操作称为变量的初始化。

变量定义的一般格式为

[存储类型]　数据类型　变量名 1 [,变量名 2,…];

例如:

```
float radius, length, area;
```

变量初始化的一般格式为

[存储类型]　数据类型　变量名 1[= 初值 1] [,变量名 2[= 初值 2] …];

例如:

```
float radius = 2.5,length,area;
```

说明:

(1) 对变量的定义,可以出现在函数中的任何行,也可以放在函数之外(详见 8.5 节)。

(2) 变量定义和变量声明的区别。

① 变量定义:用于为变量分配空间,还可以为变量初始化。程序中,变量有且仅有一次定义。

② 变量声明:用于向程序表明变量的类型和名字,不分配空间。定义也是声明(因为

定义变量时也声明了它的类型和名字),但声明不是定义。在一个程序中,变量只能定义一次,却可以声明多次(如在多文件程序中,详见 8.5 节)。

2. 赋值语句

赋值语句是由赋值表达式加上分号构成的表达式语句,详见 3.1.2 节。

一般格式为

变量 = 表达式;

功能:先计算赋值运算符右边表达式的值再赋给左边的变量。

几点注意:

(1) 由于在赋值运算符"="右边的表达式可以又是一个赋值表达式,因此下述形式:

变量 1 = (变量 2 = 表达式);

是成立的,从而形成嵌套的情形。

其展开后的等价形式为

变量 1 = 变量 2 = … = 表达式;

例如:

a = b = c = d = 5;

由于赋值运算符的优先级最低,其结合性为右结合,因此实际上等价于:

a = (b = (c = (d = 5)));

或者理解为

d = 5;
c = d;
b = c;
a = b;

(2) 注意逗号运算符的使用。

x = a = 5, b = 6,c = 7;　　　　　　为逗号表达式语句,表达式的结果为 7,变量 x = 5,a = 5
x = a = 5;b = 6,c = 7;　　　　　　为两条语句:赋值语句 x = a = 5;和逗号表达式语句 b = 6,c = 7;
x = (a = 5,b = 6,c = 7);　　　　　　为赋值语句,变量 x = 7,a = 5

(3) 在变量定义中给变量赋初值和赋值语句的区别。

给变量赋初值是变量定义的一部分,赋初值后的变量与其后的其他同类变量之间仍必须用逗号间隔,而赋值语句则必须用分号结尾。

例如:

int a = 5,b,c;

在变量定义中,不允许连续给多个变量赋初值。如下述变量定义是错误的。

int a = b = c = 5;

必须写为

int a = 5,b = 5,c = 5;

而赋值语句允许给已定义变量连续赋值。例如:

a = b = c = d = 5;

（4）赋值表达式和赋值语句的区别。

赋值表达式是一种表达式，它可以出现在任何允许表达式出现的地方，而赋值语句则不能。

如下语句是合法的。

```
if((x = y + 5)> 0) z = x;
```

语句的功能是：若表达式 x＝y＋5 大于 0，则 z＝x。

而如下语句就是非法的。

```
if((x = y + 5;)> 0) z = x;
```

因为 x＝y＋5;是语句，不能出现在表达式中。

【案例 3.1】 变量的定义与赋值。

```
# include < stdio.h >
# define M 0                                   //定义符号常量(详见 3.3 节)
int n;                                         //变量 n 定义在函数外
int main()
{ int x;                                       //变量 x 定义在函数内
  int a = M,b,c = 5;                           //变量定义和赋值语句
  b = a + c;                                    //赋值语句
  printf("a = % d,b = % d,c = % d\n",a,b,c);   //输出语句(详见 3.2 节)
  printf("x = % d\n",x);
  printf("n = % d\n",n);
  printf("y = % d\n",y);
  return 0;
}
```

程序运行时出现如图 3.2 所示的错误，在源程序的第 11 行，提示变量 y 没有定义。对于 C 语言中所有的变量，必须先定义后使用。

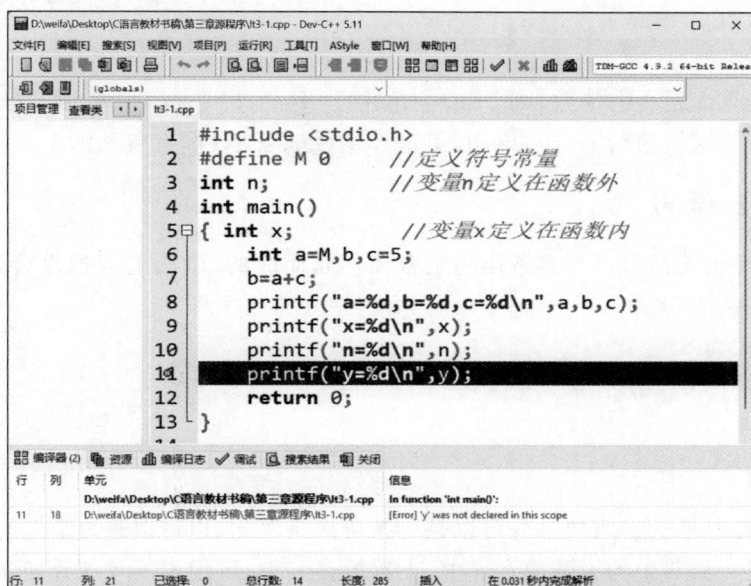

图 3.2 运行结果

顺序结构程序设计

3.1.2 表达式语句

C 语言规定：一个表达式后面加上分号";"就是一条表达式语句。

其一般格式为

表达式;

执行表达式语句就是计算表达式的值。

表达式语句有多种，包括赋值语句、关系表达式语句、逻辑表达式语句、函数调用语句等。

例如：

```
x = 6;                赋值语句
x == 6;               关系表达式语句
x = x == 6;           赋值语句
i--;                  自减 1 语句,i 值减 1;
printf("hello world");函数调用语句
```

3.1.3 空语句

空语句仅由一个分号";"组成,不做任何操作。在程序中,空语句可用来作空循环体。

例如：

```
while((getchar())!= '\n')
    ;
```

本循环语句的功能是,只要从键盘输入的字符不是回车则重新输入。这里的循环体为空语句。

又如：

```
if(a%3==0);
    i++;
```

本意是,如果 a 是 3 的倍数,则 i 加 1。但由于 if(a%3==0)后多加了分号,则 if 语句到此结束,程序将继续执行 i++;语句,不论 3 是否整除 a,i 都将自动加 1。

3.1.4 复合语句

复合语句是由花括号{}将多条语句组合在一起而成的,语法上应把复合语句看成一条语句,而不是多条语句。

其一般格式为

```
{
  [说明部分]
   语句部分
}
```

说明部分可以任选。语句部分可以是一条或多条语句,也可以是嵌套复合语句。

例如,要把 a 和 b 中的大数放在 a 中,小数放在 b 中,可用如下程序片段实现。

```
int a=5,b=6;          //定义变量
if(a<b)               //if 语句,当 a 小于 b 成立时,执行复合语句
```

```
{
    int t;
    t = a;
    a = b;
    b = t;
}
printf(" % d % d\n",a,b);          //函数调用语句
```

复合语句中包含变量 t 的声明和多条执行语句

复合语句内的各语句都必须以分号结尾,在}括号后不能再加分号。

3.2　常用的输入/输出库函数

为了让计算机处理各种数据,首先应该把源数据输入计算机中;计算机处理结束后,再将目标数据信息以人能够识别的方式输出。C 语言没有自己的输入/输出语句,输入/输出操作是由 C 语言编译系统提供的库函数来实现的。C 语言在头文件 stdio.h 中提供了输入/输出函数:putchar()、getchar()、printf()和 scanf()。因此,在使用输入/输出函数前必须要用文件包含命令:

　　# include < stdio.h>　　表示要使用的函数,包含在标准输入/输出头文件 stdio.h 中。

或

　　# include "stdio.h"

3.2.1　格式输入/输出函数

1. 格式输出函数 printf( )

printf()函数称为格式输出函数,其功能是按用户指定的格式,把指定的一个或多个任意类型的数据输出到显示器屏幕上。

1)一般格式

printf()的一般格式为

　　printf("格式控制字符串" [,输出项表]);

其中,"格式控制字符串"用于指定输出格式。它包含格式字符串、普通字符及转义字符三种信息。输出项表是可选的。

(1)格式字符串是以"%"开头的字符串。在"%"后面跟有各种格式字符,以说明输出数据的类型、形式、长度、小数位数等。例如,%d 表示按十进制整型输出;%ld 表示按十进制长整型输出;%c 表示按字符型输出等。

(2)普通字符是需要原样输出的字符,在显示中起提示作用。例如:

　　printf(" % d, % c\n",a,c);

其中,双引号内的","就是普通字符,调用函数时会原样输出。

(3)转义字符用于控制输出的样式,如常用到的\n、\t、\b 等。

输出项表中给出了各个输出项,要求格式字符串和各输出项在数量和类型上应该一一对应。如果要输出的数据不止一个,相邻两个之间用逗号分开。例如:

　　printf("a = % f,b = % 5d\n", a, b);

顺序结构程序设计

2) printf()的格式字符

格式字符的一般形式为

% [标志][输出最小宽度][.精度][长度]类型

其中,方括号[]中的项为可选项。下面分别介绍各项的意义。

(1) 类型:类型字符用以表示输出数据的类型,其格式符和意义如表 3.1 所示。

表 3.1 printf()函数格式字符及举例

格式字符	意　义	举　例	输出结果
d	以十进制形式输出带符号整数(正数不输出符号)	int a=567; printf("%d",a);	567
o	以八进制形式输出无符号整数(不输出前缀 0)	int a=65; printf("%o",a);	101
x,X	以十六进制形式输出无符号整数(不输出前缀 0x)	int a=255; printf("%x",a);	ff
u	以十进制形式输出无符号整数	int a=567; printf("%u",a);	567
f	以小数形式输出单、双精度实数,系统默认输出 6 位小数	float a=567.789; printf("%f",a);	567.789000
e,E	以指数形式输出单、双精度实数	float a=567.789; printf("%e",a);	5.677890e+02
g,G	以%f 或%e 中较短的输出宽度输出单、双精度实数	float a=567.789; printf("%g",a);	567.789
c	输出单个字符	char a=65 printf("%c",a);	A
s	输出字符串	printf("%s","ABC")	ABC

(2) 标志:常用标志字符有－、＋、#、空格 4 种,其意义如表 3.2 所示。

表 3.2 printf()函数标志字符

标志字符	意　义
m	输出数据域宽。若数据长度小于 m,左边补空格,否则按实际输出
.n	对于实数,指定小数点后的位数(四舍五入);对于字符串,指定实际输出位数
－	输出数据左对齐,右边填空格(默认则为右对齐)
＋	指定在有符号数的正数前面显示正号(＋)
0	输出数据时指定左边不使用的空位自动填 0
空格	输出值为正时冠以空格,为负时冠以负号
#	对 c、s、d、u 类无影响;对 o 类,在输出时加前缀 0;对 x 类,在输出时加前缀 0x;对 e、g、f 类,当结果有小数时才给出小数点
l 或 h	在 d、o、x、u 格式字符前,指定输出精度为 long 型; 在 e、f、g 格式字符前,指定输出精度为 double 型

【案例 3.2】 输出函数举例。

```
# include < stdio.h>
int main()
{   int a = 15;
    float b = 123.1234567;
```

```
double c = 12345678.1234567;
char d  =  'p';
printf("a = % d, % 5d, % o, % x\n",a,a,a,a);
printf("b = % c, % 8c\n",b,b);
printf("c = % f, % lf, % 5.4lf, % e\n",c,c,c,c);
printf("d = % lf, % f, % 8.4lf\n",d,d,d);
printf(" % f%%\n",1.0/5);            //输出字符'%',格式控制中连续出现两个%%
return 0;
}
```

运行结果:

```
a = 15,   15,17,f
b = p,         p
c = 123.123459,123.123459,123.1235,1.231235e + 002
d = 12345678.123457,12345678.123457,12345678.1235
0.200000 %
```

2. 格式输入函数 scanf()

1) scanf()的一般格式

scanf()的一般格式为

scanf("格式控制字符串",地址表列);

(1) 格式控制字符串:与 printf() 函数含义相同,但不能显示非格式字符串,也就是不能显示提示字符串。

(2) 地址表列:是由若干地址组成的表列,可以是变量的地址,也可以是字符串首地址。变量的地址由地址运算符"&"后跟变量名组成。

例如,scanf("%d%d", &a,&b);中 &a、&b 分别表示变量 a 和变量 b 的地址。

至于地址表列为字符串首地址的示例,在介绍了字符数组后会用到。

2) scanf()的格式字符

格式字符的一般形式为

%[*][输入数据宽度][长度]类型

其中有方括号[]的项为任选项。各项的意义如表 3.3 所示。

表 3.3 scanf()格式字符

格 式 字 符	字 符 意 义
d	输入十进制整数
o	输入八进制整数(前缀 o 不输入)
X,x	输入十六进制整数(前缀 OX 不输入,大小写作用相同)
u	输入无符号十进制整数
f	输入实型数(用小数形式或指数形式)
e、E、g、G	与格式字符 f 作用相同,e 与 f、g 可以相互替换(大小写作用相同)
c	输入单个字符
s	输入字符串

有关 scanf()函数的使用有以下几点说明。

(1) scanf()函数可以一次输入多个数据,如 scanf("%f%f%f",&a,&b,&c)。scanf()函数的格式控制串"%f%f%f "之间没有非格式字符,输入数据时,不应连续给出,应以空格、回车或 Tab 键来隔开这三个十进制数(键盘输入 3.0 4.0 5.0),否则系统不知道应该怎样区分这三个数。

(2) scanf()函数中可以包含普通字符,如 scanf("a=%d,b=%d,c=%d)函数的格式控制串"a=%d,b=%d,c=%d "中除了格式字符外还有其他普通字符"a=,b=,c=",则在输入数据时,要在对应位置输入与这些字符相同的字符。键盘输入数据时应为

a=3,b=4,c=5↙

(3) 当输入的数据有字符时,如 scanf("%d%c%d%c",&a,&c1,&b,&c2),应当按照以下输入方式输入。

3a5b↙

此时,系统把 3 赋值给变量 a,字符'a'赋值给变量 c1,5 赋值给变量 b,字符'b'赋值给变量 c2。在使用%c 作为格式控制字符输入数据时,空格字符和转义字符都作为有效字符处理。

说明:当输入的数据全部是数值数据时,在两个数字之间需要插入空格、回车或 Tab键,以使系统能区分两个数值。当输入的数据有字符时,系统可以识别数字和字符,因此不再需要以空格来区分数字和字符。

(4) 输入数据时不能指定精度,如下面的写法是错误的。

scanf("%6.2f",&a);

(5) 可以指定输入数据所占的列数,系统将自动按指定列宽来截取所需数据。如下所示。

scanf("%2d%3d%2d",&a,&b,&c);
printf("%d, %d, %d\n",a,b,c);

若输入 123456789,则输出结果为 12,456,78。a 为 12,b 为 456,c 为 78。

(6) 赋值抑制字符"*"。

"*"表示本输入项对应的数据读入后,不赋给相应的变量(该变量由下一个格式指示符输入)。

例如:

scanf("%2d%*2d%3d",&num1,&num2);
printf("num1=%d,num2=%d\n",num1,num2);

假设输入 123456789,则系统将读取"12"并赋值给 num1;读取"34"但舍弃掉("*"的作用);读取"567"并赋值给 num2。所以,printf()函数的输出结果为 num1=12,num2=567。

(7) 在输入数值数据时,遇到字母等非数值符号系统认为该数据结束。

【案例 3.3】 交换变量 a 和 b 的值。

```c
#include<stdio.h>
int main()
{   int a,b;                        //变量定义
    scanf("a=%d,b=%d",&a,&b);       //输入数据
    a=a+b;
    b=a-b;
    a=a-b;
    printf("a=%d b=%d\n",a,b);
```

```
        return 0;
}
```

运行结果:

```
a = 3,b = 5 ↙
a = 5 b = 3
```

【案例 3.4】 输入函数举例。

```
# include < stdio. h >
int   main()
{int a,b,c;
 scanf("%2d%3d%2d",&a,&b,&c);
 printf("%d, %d, %d \n",a,b,c);
 fflush(stdin);                  //清空输入缓冲区
 scanf("%d",&a);
 printf("%d\n",a);
 return 0;
}
```

运行结果:

```
123456789 ↙
12,345, 67
123 ↙
123
```

思考:若去掉 fflush(stdin);这条语句,结果如何?

3.2.2 字符输入/输出函数

1. putchar()函数

putchar()函数是单个字符输出函数,其功能是在显示器上输出一个字符。
其一般格式为

```
putchar(ch);
```

ch 可以是一个字符变量或整型变量或常量,也可以是一个转义字符。
例如:

```
putchar('a');        输出小写字母 a
putchar(c);          输出字符变量 c 的值
putchar('\101');     输出大写字母 A
putchar('\n');       输出转义字符换行
```

对控制字符则执行控制功能,不在屏幕上显示。

2. getchar()函数

getchar()函数的功能是从键盘上输入一个字符。它是一个无参函数,其一般格式为

```
getchar();
```

通常把输入的字符赋予一个字符变量,构成赋值语句,例如:

```
char c;
c = getchar();
```

注意:getchar()函数只能接收单个字符,输入的数字也按字符处理。输入多于一个字

符时,只接收第一个字符。用 getchar()函数得到的字符可以赋给一个字符变量或整型变量,也可以不赋值给任何变量,仅作为表达式的一部分。例如:

```
putchar(getchar());        输入一个字符并输出
```

【案例 3.5】 字符输入/输出。

```
# include < stdio. h >
main()
{ char c1,c2,c3,c4,c5,c6;
  scanf("%c%c%c%c",&c1,&c2,&c3,&c4);
  c5 = getchar();        c6 = getchar();
  putchar(c1);        putchar(c2);
  printf("%c%c\n",c5,c6);
}
```

运行结果:

```
123 ↙
45678 ↙
1245
```

说明:在用键盘输入信息时,并不是在键盘上输入一个字符,该字符就立即送到计算机中的。这些字符先暂存在键盘的缓冲区中,只有按了 Enter 键才把这些字符一起输入计算机中,按先后顺序分别赋给相应的变量。上例中,字符'1'赋值给变量 c1,字符'2'赋值给变量 c2,字符'3'赋值给变量 c3,换行符赋值给变量 c4,字符'4'赋值给变量 c5,字符'6'赋值给变量 c6,字符'7'、字符'8'、字符'9'没有赋值给任何变量。

【案例 3.6】 编程从键盘先后输入 int 型、char 型和 float 型数据,要求每输入一个数据就显示出这个数据的类型和数据值。

```
# include < stdio. h >
int main()
{
    int a;
    char b;
    float c;
    printf("Please input an integer:");
    scanf("%d",&a);
    printf("integer: %d\n",a);
    printf("Please input a character:");
    scanf("%c",&b);
    printf("character: %c\n",b);
    printf("Please input a float number:");
    scanf("%f",&c);
    printf("float: %f\n",c);
    return 0;
}
```

运行结果:

```
Please input an integer:5 ↙
integer:5
Please input a character:character:

Please input a float number:3.5 ↙
float:3.500000
```

这个程序的运行结果显然有问题,为什么会输出这样的结果呢?

错误的原因在于第二个字符数据没有正确读入。接下来分析是如何输入数据的。程序首先提示输入第一个整型数据,执行输入整数5,紧接着输入一个回车符,这时,系统把输入的回车符作为一个有效字符赋值给变量b,所以当执行到语句printf("character:%c\n", b);时,此时变量b是回车符,执行换行操作,运行结果的第四行是空行,执行的是转义字符'\n'。接着程序提示输入一个浮点型数据,输入数据3.5,实际上这是第二次输入数据。

这个问题的解决方法有以下两种。

方法1:用函数getchar()将数据输入时存入缓冲区中的回车符读入,以避免被后面的字符型变量作为有效字符读入。

```c
#include <stdio.h>
int main()
{
    int a;
    char b;
    float c;
    printf("Please input an integer:");
    scanf("%d",&a);
    printf("integer:%d\n",a);
    getchar();        //将存于缓冲区中的回车符读入,避免在后面作为有效字符读入
    printf("Please input a character:");
    scanf("%c",&b);
    printf("character:%c\n",b);
    printf("Please input a float number:");
    scanf("%f",&c);
    printf("float:%f\n",c);
    return 0;
}
```

方法2:在%c前面加一个空格,忽略前面数据输入时存入缓冲区中的回车符,避免被后面的字符型变量作为有效字符读入。与方法1相比,方法2更简单,程序可读性也更好。

```c
#include <stdio.h>
int main()
{
    int a;
    char b;
    float c;
    printf("Please input an integer:");
    scanf("%d",&a);
    printf("integer:%d\n",a);
    printf("Please input a character:");
    scanf(" %c",&b);          //在%c前面加一个空格,将存于缓冲区中的回车符读入
    printf("character:%c\n",b);
    printf("Please input a float number:");
    scanf("%f",&c);
    printf("float:%f\n",c);
    return 0;
}
```

以上两个程序的运行结果均为

顺序结构程序设计

```
Please input an integer:5
integer:5
Please input a character:a
character:a
Please input a float number:3.5
float:3.500000
```

3.2.3 C++的输入/输出控制

C++中数据的输入/输出是通过 I/O 流来实现的。所谓"流",是指数据从一个位置流向另一个位置。流的操作包括建立流、删除流、提取(读操作/输入)、插入(写操作/输出)。流在使用前要被建立,使用后要被删除。从流中获取数据称为提取操作,向流中插入数据称为插入操作。cin 和 cout 是 C++中预定义的流类对象,cin 用来处理标准输入,cout 用来处理标准输出,有关流对象 cin、cout 和流运算符的定义等存放在 C++的输入/输出流库(iostream . h)中。

1. 预定义的插入符"<<"

"<<"是预定义的流插入运算符,其作用是将需要输出的数据插入输出流中,默认的输出设备是显示器。一般的屏幕输出是将插入符作用在流类对象 cout 上。其语法形式为

cout <<表达式 1 <<表达式 2 <<…<<表达式 *n*;

在上面的输出语句中,可以串联多个插入运算符,输出多个数据项。在插入运算符后面可以写任意复杂的表达式,系统自动计算出它的值并传给插入符。例如:

cout <<"Hello the world! " << endl;

将字符串"Hello the world!"输出到屏幕上并换行。

cout <<"2 + 8 = "<< 2 + 8 <<"\n";

将字符串"2+8="和表达式 2+8 的计算结果 10 显示在屏幕上并换行。

2. 预定义的提取符">>"

">>"是预定义的流提取运算符,其作用是从默认的输入设备(一般为键盘)的输入流中提取若干字节送到计算机内存中指定的变量。一般的键盘输入是将提取符作用在流类对象 cin 上。其语法形式为

cin >>变量 1 >>变量 2 >>…>>变量 *n*;

在上面的输入语句中,提取符后边可以有多个,每个后面跟一个变量。例如:

int a,b;
cin >> a >> b;

先要求从键盘上输入两个整型数,两个数间用空格分隔。若键盘输入

5   6

这时变量 a 的值为 5,变量 b 的值为 6。

再执行语句 cout << a <<" + "<< b <<" = "<< a+b << endl;

输出结果为

5 + 6 = 11

3. 简单的 I/O 格式控制(iomanip.h)

C++中要实现输出数据的格式控制需要使用相关函数来实现。如表 3.4 所示。

表 3.4 常用的 I/O 流类库格式操纵符

操 纵 符	作 用
dec	设置数值数据的基数为 10
hex	设置数值数据的基数为 16
oct	设置数值数据的基数为 8
setfill(c)	设置填充字符 c,c 可以是字符常量或字符变量
setprecision(n)	设置浮点数的小数位数为 n(包括小数点)
setw(n)	设置数据字段宽度为 n
endl	输出换行符,与转义字符'\n'等价

【案例 3.7】 要求输出浮点数 3.14159,占 6 个字符宽度,小数点后保留 3 位有效数字,空格用"0"填充。

```
# include < iostream. h >          //C ++中也可使用命令 # include < stdio. h >
# include < math. h >
# include < iomanip. h >           //包含格式控制头文件
# define M 9                       //C/C++中使用预处理命令定义符号常量(详见 3.3.1 节)
const double PI = 3.14159;         //C++中提供了符号常量声明语句
void main()
{   cout <<"M = "<< setfill('0')<< setw(6)<< setprecision(4)<< sqrt(M)<< endl;
    cout <<"PI = "<< setfill('0')<< setw(6)<< setprecision(4)<< PI <<"\n";
    cout <<"\nPI = "<< setfill('0')<< setw(6)<< setprecision(4)<< PI << endl;
}
```

运行结果:

```
M = 000003
PI = 03.142
PI = 03.142
```

【案例 3.8】 求 $ax^2 + bx + c = 0$ 方程的根,a、b、c 由键盘输入,假设 $b^2 - 4ac > 0, a \neq 0$。

```
# include < iostream. h >
# include < math. h >
# include < iomanip. h >          //包含格式控制头文件 iomanip. h
void main()
{
 float a,b,c,disc,x1,x2,p,q;
 cout <<"a = " ;cin >> a;
 cout <<"b = " ;cin >> b;
 cout <<"c = " ;cin >> c;
 //cout <<"请输入系数 a、b、c" ;
 //cin >> a >> b >> c;              //以空格、Tab 键或回车间隔输入
 disc = b * b - 4 * a * c;
 p = - b/(2 * a);
 q = sqrt(disc)/(2 * a);
 x1 = p + q; x2 = p - q;
 //printf("\nx1 = % 5.2f\nx2 = % 8.3f\n",x1,x2);
 cout <<"\nx1 = "<< setfill('0')<< setw(8)<< setprecision(3)<< x1;
 cout <<"\nx2 = "<< setfill('0')<< setw(8)<< setprecision(3)<< x2 << encl;
}
```

运行结果：

```
a = 1 ↙
b = 5 ↙
c = 3 ↙

x1 = 00 - 0.697
x2 = 0000 - 4.3
```

3.3　编译预处理

编译预处理是 C 语言编译系统的一个组成部分。所谓编译预处理是指在对源程序进行编译之前，先由预处理程序对源程序中的编译预处理命令进行处理（例如，程序中用 #include < stdio. h>命令包含一个文件 stdio. h，则在预处理时将文件 stdio. h 中的实际内容代替该命令），然后再将处理的结果和源程序一起进行编译，生成目标代码。合理地使用预处理命令，可以改进程序的设计环境，提高编程效率。

所有预处理命令在程序中必须以"#"号开头，每一条预处理命令单独占一行；因为它不是 C 语言中的语句，不以";"结束。预处理命令都放在函数之外，而且一般都放在源文件的前面，它们称为预处理部分。

C 语言提供的预处理功能主要有以下三种。

（1）文件包含。

（2）宏定义。

（3）条件编译。

3.3.1　文件包含

文件包含是指一个源文件可以将另一个源文件的全部内容包含进来，即将另外的文件包含到本文件之中。C 语言中提供了 #include 命令来实现文件包含操作。文件包含命令有以下两种格式。

```
# include <文件名>
```

或

```
# include "文件名"
```

说明：

（1）被包含的文件一般指定为头文件（* . h），也可以为 C 程序等文件；文件包含允许嵌套，即在一个被包含的文件中又可以包含另一个文件。

（2）两种格式的区别：使用尖括号表示直接在系统指定的"包含文件目录"（包含文件目录由用户在设置环境时设置）中去查找被包含文件，而不在源文件目录中去查找，这称为标准方式；使用双引号则表示系统先在当前源文件目录中查找被包含文件，若未找到，再到包含文件目录中去查找。

（3）一个 include 指令只能指定一个被包含文件，若要包含 *n* 个文件，则要用 *n* 个指令。

（4）一般系统提供的头文件用尖括号，自定义的文件用双引号。

（5）被包含文件与当前文件在预编译后变成同一个文件，而非两个文件。

3.3.2 宏定义

在 C 语言源程序中允许用一个标识符来表示一个字符串，称为"宏"。被定义为"宏"的标识符称为"宏名"。在编译预处理时，对程序中所有出现的"宏名"都用宏定义中的字符串去代换，这称为"宏代换"或"宏展开"。

宏定义是由源程序中的宏定义命令完成的。宏展开是由预处理程序自动完成的。

在 C 语言中，"宏"分为无参数的宏（简称为无参宏）和有参数的宏（简称为有参宏）两种。

1. 无参宏定义

一般格式为

#define　标识符　字符串

在前面介绍过的符号常量的定义就是一种无参宏定义。

例如：

#define PI 3.14159

说明：

（1）宏名通常用大写字母表示，以便与变量区别。

（2）宏用"#define"来定义，宏名和它所代表的字符串之间用空格分隔开。

例如：

#define MAX(a,b)　a＊b

（3）"字符串"可以是常量、表达式、格式串等。例如：

```
#define R 5
#define L 2＊PI＊R
#define S 3.14159＊R＊R
```

（4）在编译预处理时把宏名替换成字符串（也称为宏展开）。

下例中，用 PI 来代替 3.14159，在预编译时先由预处理程序进行宏替换，即用 3.14159 代替所有的宏名 PI，然后再进行编译。

【**案例 3.9**】 输入圆的半径，求圆的周长和面积。

```
#include< stdio.h>        //预处理命令必须用#号开头，单独占用一个书写行，尾部无;号
#define PI 3.14159
void main()
{ float r,l,s;             //定义半径 r、周长 l、面积 s
  printf("输入圆的半径：");
  scanf("%f",&r);
  l = 2.0＊PI＊r;
  s = PI＊r＊r;
  printf("l = %10.4f\ns = %10.4f\n",l,s);
}
```

运行结果：

输入圆的半径：4↙

l = 25.1328
s = 50.2655

（5）一个定义过的宏可以出现在其他新定义宏中，但应注意其中括号的使用，因为括号也是宏代替的一部分。

例如：

#define WIDTH 50
#define LENGTH (WIDTH + 20)

宏 LENGTH 等价于 #define LENGTH (50+20)。

有没有括号其意义截然不同，例如：

area = LENGTH * WIDTH;

若宏体中有括号，则宏展开后变成：

area = (50 + 20) * 50;

若宏体中没有括号，即 #define LENGTH 50+20，则宏展开后变成：

area = 50 + 20 * 50;

显然二者的结果是不一样的。

（6）运算符、括号和已定义过的宏等。因为宏操作仅仅是替换字符串，不涉及其他数据类型，所以在其后面可以出现数值、运算符、已定义的宏等，宏把它们都作为字符串的一部分。

2. 有参宏定义

C 语言允许宏带有参数。在宏定义中的参数称为形式参数，简称为形参。在宏调用中的参数称为实际参数。

对带参数的宏，在调用中不仅要宏展开，而且要用实参去替换形参。

定义有参宏的一般格式为

#define 宏名(形参表) 字符串

这里的宏名和无参数宏的定义一致，也是一个标识符，形参表中可以有一个或多个参数，多个参数之间用逗号分隔。被替换的字符串称为宏体，含有各个形参。

带参宏调用的一般形式为

宏名(实参表);

将程序中出现宏名的地方均用宏体替换，并用实参代替宏体中的形参。

例如：

#define MAX(a,b)   ((a)>(b)?(a):(b))   /* 宏定义 */

其中，(a,b)是宏 MAX 的参数表，如果有下面宏调用语句：

max = MAX(3,9);   /* 宏调用 */

则在出现 MAX 处用宏体((a)>(b)?(a):(b))替换，并用实参 3 和 9 代替形参 a 和 b。

这里的 max 是一个变量的名称，用来接收宏 MAX 带过来的数值，宏展开如下。

max = (3 > 9?3:9);

语句运行的结果为 9。

使用带参的宏定义要注意以下几点。

(1) 在定义有参宏时,宏名与右边括号之间不能出现空格,否则系统将空格以后的所有字符均作为替代字符串,而将该宏视为无参宏。

例如:

#define MAX (a,b) ((a)>(b)?(a):(b))

可以看出,在宏名 MAX 和(a,b)之间存在一个空格,这时将把(a,b)((a)>(b)?(a):(b))作为宏名 MAX 的字符串。宏展开时,宏调用语句:

max = MAX(x,y);

将变为

max = (a,b)(a>b)?a:b(x,y);

这样就不会实现原来的功能。正确的书写应该是:

#define MAX(a,b) ((a)>(b)?(a):(b))

其中,MAX(a,b)是一个整体。

【案例 3.10】 计算两个数值之和。

```
#include <stdio.h>
#define SUM(a,b) a+b
//定义的宏带参数,并且宏名和右边括号是一体的
//宏的功能是实现两个数的求和
int main()
{
  int a,b;
  int k;
  printf("输入两个整型数据: ");
  scanf("%d,%d",&a,&b);
  k = SUM(a,b);
  printf("两个整数之和是: %d\n",k);
}
```

运行结果:

输入两个整型数据:
3,5 ↙
两个整数之和是: 8

在这里,因为宏就是简单的替换,是没有数据类型的,所以这个宏既可以实现整数的运算,也适用于浮点数的运算。

(2) 由于运算符优先级不同,定义带参宏时,宏体中与参数名相同的字符序列带圆括号与不带圆括号的意义有可能不一样。

例如:

#define S(a,b) a*b
area = S(2,5);

宏展开后为

area = 2*5;

如果 area＝S(w,w＋5);，宏展开后 area＝w＊w＋5;，由于乘法的优先级高于加法的优先级，显然得不到希望的值。

如果将宏定义改为

```
#define S(a,b)  (a) * (b)
```

无论是 area＝S(2,5);还是 area＝S(w,w＋5);，都将得到希望的值。

由此可以看出在宏体中适当加圆括号所起的作用。

【案例 3.11】 输出数据，体会括号的用途。

```
# include < stdio.h >
#define P1(a,b)  a * b
#define P2(a,b)  (a) * (b)              //括号的使用
#define P3(a,b)  (a * b)
#define P4(a,b)  ((a) * (b))
void main()
{
  int x = 2, y = 6;
  //输出运算结果,比较各自的不同
  printf(" % 5d, % 5d\n",P1(x,y),P1(x + y,x - y));
  printf(" % 5d, % 5d\n",P2(x,y),P2(x + y,x - y));
  printf(" % 5d, % 5d\n",P3(x,y),P3(x + y,x - y));
  printf(" % 5d, % 5d\n",P4(x,y),P4(x + y,x - y));
}
```

运行结果：

```
12,     8
12,    - 32
12,     8
12,    - 32
```

3.3.3 条件编译

预处理程序提供了条件编译的功能。可以按不同的条件去编译不同的程序部分，因而产生不同的目标代码文件。这对于程序的移植和调试是很有用的。

常用的条件编译命令有下列三种形式。

形式一：

```
#ifdef 标识符
    程序段 1
#else
    程序段 2
#endif
```

它的功能是：如果标识符已被 #define 命令定义过，则对程序段 1 进行编译；否则对程序段 2 进行编译。如果没有程序段 2(它为空)，本格式中的 #else 可以没有，即可以写为

```
#ifdef 标识符
    程序段 1
#endif
```

形式二：

```
#ifndef 标识符
        程序段 1
#else
        程序段 2
#endif
```

与形式一的区别是将"ifdef"改为"ifndef"。它的功能是：如果标识符未被#define命令定义过，则对程序段 1 进行编译，否则对程序段 2 进行编译。这与形式一的功能正相反。

形式三：

```
#if 常量表达式
        程序段 1
#else
        程序段 2
#endif
```

它的功能是：如果常量表达式的值为真(非 0)，则对程序段 1 进行编译，否则对程序段 2 进行编译。因此可以使程序在不同条件下，完成不同的功能。

3.4　顺序结构程序设计

顺序结构是最简单、最常用的基本结构。顺序结构的程序是自上而下顺序执行各条语句。下面介绍几个顺序结构程序设计的例子。为了更好地理解程序的执行过程，可以使用流程图将程序的逻辑以图形的方式直观地展示，帮助开发者更好地厘清思路，规划程序的整体架构。

3.4.1　流程图

C 语言流程图是一种以图形化方式来展示 C 语言程序执行步骤和逻辑结构的工具，它借助特定的图形符号和连接线，清晰地呈现程序中各个操作环节之间的关系与执行顺序，帮助开发者更好地设计、理解和交流程序逻辑。图 3.3 是 C 语言常见的流程图符号。

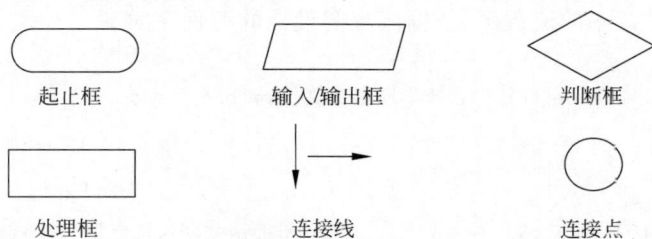

起止框　　　　　　输入/输出框　　　　　　判断框

处理框　　　　　　连接线　　　　　　连接点

图 3.3　常见的流程图符号

（1）顺序结构。最基本、最常用的结构，主要包括数据的输入、处理和输出三个步骤，每条语句按照顺序从上向下依次执行，其流程图的基本形态如图 3.4 所示。顺序结构的 C 语言程序一般由三部分组成：预处理命令部分、主函数部分以及自定义函数部分。以下是简化的程序格式(不包含自定义函数)。

```
#include < stdio.h>
#include <头文件>
int  main()
```

```
{
    //数据定义和赋值(输入数据);
    //语句序列(处理数据);
    return 0;
}
```

（2）选择结构。选择结构又称为分支结构，根据是否满足来确定是否执行若干操作之一，或者确定若干操作中选择哪个操作执行，如图 3.5 所示。虚线框内是双分支选择结构。此结构中包含一个判断表达式，根据给定的表达式条件是否成立而选择执行语句 A 操作或语句 B 操作。详见第 4 章。

（3）循环结构。在一定条件下反复执行某一部分的操作。如图 3.6 所示的是其中的一种循环结构——while 循环结构。其执行过程是：当给定的条件表达式成立时，执行语句，执行完语句后，再判断条件表达式是否成立，如果仍然成立，再执行语句，如此反复执行语句，直到某一次条件表达式不成立为止，此时不执行语句，而脱离循环结构。详见第 5 章。

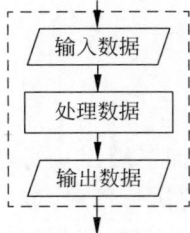

图 3.4　顺序结构基本流程图　　图 3.5　双分支选择结构　　图 3.6　while 循环结构

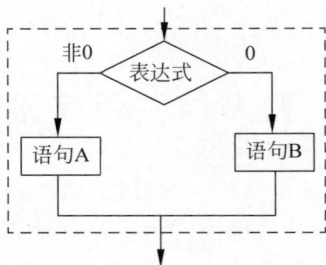

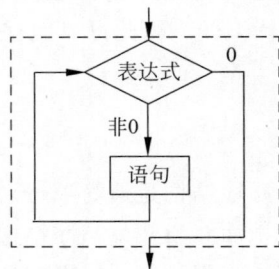

3.4.2　顺序结构程序设计举例

【案例 3.12】　键盘输入三角形的三边长 a、b、c，求三角形面积（假设能构成三角形）。

该题是一个基本的顺序结构程序设计问题，包含三个主要步骤：输入数据，处理数据，输出数据。利用海伦-秦九韶公式得到面积为 $area=\sqrt{s(s-a)(s-b)(s-c)}$ 其中，$s=(a+b+c)/2$。图 3.7 是该题的流程图，依据流程图设计的源程序如下。

```c
# include < stdio.h >
//为使用求平方根函数 sqrt(),包含数学库函数文件 math.h
# include < math.h >
int main()
{
    float a,b,c,s,area;
    scanf("%f%f%f",&a,&b,&c);          //scanf()函数默认以空格、Tab 键或回车间隔输入数据
    s = 1.0/2 * (a+b+c);
    area = sqrt(s * (s-a) * (s-b) * (s-c)); //调用函数 sqrt()
    printf("a = %7.2f,b = %7.2f,c = %7.2f,s = %7.2f\n",a,b,c,s);
    printf("area = %7.2f\n",area);
    return 0;
}
```

运行结果：

```
3 4 5↙
a =    3.00,b =    4.00,c =    5.00,s =    6.00
area =    6.00
```

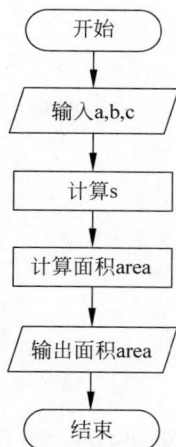

图 3.7 案例 3.12 流程图

思考：语句 s＝**1.0**/2＊(a＋b＋c);中为什么是 1.0?

【**案例 3.13**】 将两个两位数的正整数 a、b 合并形成一个整数放在 c 中。合并的方式是：将 a 数的十位数和个位数依次放在 c 数的千位和十位上,b 数的十位数和个位数依次放在 c 数的个位和百位上。

```c
# include < stdio. h>
int   main()
{
  int number1,number2;
  int c;
  int dig1_1,dig1_2;                                    //number1 的十位、个位
  int dig2_1,dig2_2;                                    //number2 的十位、个位
  printf("input number1,number2:");
  scanf("%d%d",&number1,&number2);
  dig1_1 = number1/10;
  dig1_2 = number1%10;
  dig2_1 = number2/10;
  dig2_2 = number2%10;
  c = dig1_1 * 1000 + dig1_2 * 10 + dig2_1 + dig2_2 * 100;    //组合新数
  printf("%d",c);
  return 0;
}
```

运行结果：

```
input number, number2:
12 45 ↙
1524
```

【**案例 3.14**】 输入圆锥的半径 r 和高 h,求圆锥的体积。

```c
# include < stdio. h>                                   //预处理命令,尾部不加分号
# define PI 3.14159                                     //预处理命令,定义符号常量 PI
int main()
{
    float r,h,v;                                        //定义半径 r、高 h、体积 v
    printf("请输入圆锥的半径: ");
```

顺序结构程序设计

```
scanf(" % f",&r);
printf("请输入圆锥的高: ");
scanf(" % f",&h);
v = 1.0/3 * 3.14159 * r * r * h;
printf("v = % f\n",v);
return 0;
}
```

运行结果:

请输入圆锥的半径: 2 ↙
请输入圆锥的高: 1.5 ↙
v = 6.283180

3.5　知识要点和常见错误列表

本章知识要点如下。

(1) 结构化程序设计是面向过程程序设计的基本原则。其观点是采用"自顶向下、逐步细化、模块化"的程序设计方法,任何程序设计都由顺序、选择、循环三种基本程序构造而成。

(2) 本章主要介绍了顺序结构程序设计的基本语句(数据定义和赋值语句等),以及常用输入/输出库函数。重点掌握 printf()、scanf()函数和赋值语句,要理解赋值号"="将右边的值赋给左边变量的实质。

(3) C 语言提供了三种预处理命令:宏定义、文件包含和条件编译。重点掌握文件包含、宏定义的方法以及预处理的应用。

(4) 在顺序结构程序中,一般包括以下几部分。

① 程序开头的编译预处理命令。

在程序中要使用标准函数(又称为库函数),除 printf()和 scanf()外,其他的都必须使用编译预处理命令,将相应的头文件包含进来。

② 顺序结构程序的函数体中,是完成具体功能的各条语句和运算,主要包括:

- 定义需要的变量或常量。
- 输入数据或变量赋初值。
- 完成具体的数据处理。
- 输出结果(尽量放在程序的最后)。

(5) "缩进式"是良好的代码书写习惯,应正确反映计算机执行的逻辑关系。

本章知识常见错误列表如表 3.5 所示。

表 3.5　本章知识常见错误列表

序号	错误类型	错误举例	分析
1	变量使用前没定义	n=a+b	变量必须先定义后使用,否则出现语法错误
2	赋值语句写错	n+1=n	赋值号左边只能是变量,不能是表达式,这一点和数学上的等号是不同的
3	变量没有赋值就使用	int n,a,b; n=a+b;	变量 a、b 在使用之前一定要有明确的值,否则会出现一个随机数

序号	错 误 类 型	错 误 举 例	分 析
4	语句结尾少了分号";"	int n,i n=1	分号";"在 C/C++语句中表示一个语句的结束,在单独的语句中一定要加";"
5	输出变量的格式描述要与变量类型一致	float a; printf("%d",a);	变量 a 类型为 float,描述有误,输出 0
6	输入语句中变量之间的分隔符	scanf("%d%d",&a,&b)	输入数据时以空格或回车分隔
7	输入变量没有加地址符号就使用	scanf("%d",num)	变量输入列表里,变量名前有地址符 &
8	输入控制字符串错误	scanf("%6.2f",num)	输入语句中不能指定精度
9	运行程序一次正确后误以为程序正确	程序只运行一次得到正确结果就以为完成一个题目了	专门设计一些输入数据(如选择程序要检查每个分支、循环程序要检查循环边界等),要多次运行均能得到正确结果
10	输入文件包含命令时拼写错误	# include < stdio. h > void main() { }	# 后不该有空格,include 之后该有空格
11	预处理命令后多了分号";"	# include < stdio. h >; # include < iostream. h >;	# include 包含命令不是语句,后面不该有分号

实训3　格式输入与输出函数的应用

一、实训目的

(1) 掌握 printf()函数的用法。

(2) 掌握 scanf()函数的用法。

(3) 熟悉 C/C++程序中输入/输出控制的用法。

二、实训任务

(1) 给出程序中 printf()函数的输出结果。

(2) 用 scanf()函数输入数据,使 a=3,b=7,x=8.5,y=71.82,c1='A',c2='a',在键盘上应如何输入?

(3) PM2.5(细颗粒物)的暴露剂量对于评估健康风险至关重要。PM2.5 由于其粒径小,能够深入人体肺部甚至进入血液循环,从而对呼吸系统、心血管系统等造成危害。根据环境中的 PM2.5 浓度、暴露时间和呼吸速率,计算一个人在特定时间段内吸入的 PM2.5 总量,以此作为暴露剂量的评估指标。已知暴露剂量=污染物浓度×呼吸速率×暴露时间。

三、实训步骤

(1) 参考源程序 sx3-1.cpp 如下。

```
# include < stdio. h >
int main()
{ int a = 5,b = 7;
  float x = 6738564,y = - 789.124;
  char c = 'A';
  long n = 1234567;
```

57

```
    unsigned u = 65535;
    printf("%d%d\n",a,b);
    printf("%3d%3d\n",a,b);
    printf("%f,%f\n",x,y);
    printf("%-10f,%-10f\n",x,y);
    printf("%8.2f,%8.2f,%.4f,%.4f,%3f\n",x,y,x,y,x,y);
    printf("%e,%10.2e\n",x,y);
    printf("%c,%d,%o,%x\n",c,c,c,c);
    printf("%ld,%lo,%x\n",n,n,n) ;
    printf("%u,%o,%x,%d\n",u,u,u,u);
    printf("%s,%5.3s\n","COMPUTER","COMPUTER");
}
```

运行结果：

```
57
  5  7
6738564.000000, -789.124023
6738564.000000, -789.124023
6738564.00,   -789.12, 6738564.0000, -789.1240, 6738564.000000
6.738564e+006, -7.89e+002
A, 65, 101, 41
1234567,4553207, 12d687
65535, 177777, ffff,65535
COMPUTER,   COM
```

（2）参考源程序 sx3-2.cpp 如下。

```
#include <stdio.h>
int main()
{ int a,b;
  float x,y;
  char c1,c2;
  scanf("a=%db=%d",&a,&b);
  scanf("%f%e",&x,&y);
  scanf(" %c%c",&c1,&c2);          //第一个%前为空格
  printf("a=%d,b=%d,x=%f,y=%e,c1=%c,c2=%c",a,b,x,y,c1,c2);
}
```

运行结果：

```
a=3b=7 ↙
8.5 71.82 ↙
Aa ↙
a=3,b=7, x=8.500000,y=7.182000e+001,c1=A,c2=a
```

思考：上例中第三个 scanf() 函数双引号中第一个字符为空格。请上机验证：若没有这个空格字符,输出结果会怎样？为什么？

（3）参考源程序 sx3-3.cpp 如下。

```
#include <stdio.h>
#define BREATHING_RATE 0.5            //假设成年人的平均呼吸速率(单位：立方米/小时)
int main()
{
    double pm25Concentration;         //PM2.5 浓度(单位：毫克/立方米)
    double exposureTime;              //暴露时间(单位：小时)
```

```
    double exposureDose;              //暴露剂量(单位:毫克)
    printf("请输入环境中 PM2.5 的浓度(毫克/立方米): ");
    scanf("%lf", &pm25Concentration);
    printf("请输入暴露在该环境中的时间(小时): ");
    scanf("%lf", &exposureTime);
    //计算暴露剂量
    exposureDose = pm25Concentration * BREATHING_RATE * exposureTime;
    printf("在 %.2f 小时内,您吸入的 PM2.5 总量(暴露剂量)为 %.2f 毫克.\n", exposureTime,
exposureDose);
    return 0;
}
```

运行结果:

请输入环境中 PM2.5 的浓度(毫克/立方米): 0.25✓
请输入暴露在该环境中的时间(小时): 2✓

在 2.00 小时内,您吸入的 PM2.5 总量(暴露剂量)为 0.25 毫克。

习 题 3

一、选择题

1. 若 a 为 int 类型,且其值为 3,则执行完表达式 a+=a-=a*a 后,a 的值是(   )。

    A. −3   B. 9   C. −12   D. 6

2. 结构化程序设计的三种基本结构是(   )。

    A. 输入、处理、输出   B. 树状、网状、环状

    C. 顺序、选择、循环   D. 主程序、子程序、函数

3. 若 x 和 y 都是 int 型变量,x=100、y=200,且有下面的程序片段:

```
printf("%d",(x,y) );
```

上面程序片段的输出结果是(   )。

    A. 200   B. 100

    C. 100 200   D. 输入格式符不够,输出不确定的值

4. 若 int k,g;均为整型变量,则下列语句的输出为(   )。

```
k = 017;  g = 111;  printf("%d\t",++k);  printf("%x\n",g++);
```

    A. 15 6f   B. 16 70   C. 15 71   D. 16 6f

5. 若有定义 int a;float b;double c;,程序运行时输入 1,2,3<回车>,能把 1 输入给变量 a、2 输入给变量 b、3 输入给变量 c 的输入语句是(   )。

    A. scanf("%d,%f,%lf", &a,&b,&c);

    B. scanf("%d%f%lf", &a,&b,&c);

    C. scanf("%d,%lf,%lf", &a,&b,&c);

    D. scanf("%d,%f,%f", &a,&b,&c);

6. 在宏定义 #define A 3.897678 中,宏名 A 代替一个(   )。

    A. 单精度数   B. 双精度数

    C. 常量   D. 字符串

顺序结构程序设计

7. 设变量定义为 int a,b;,执行下列语句时,输入(　　),则 a 和 b 的值都是 10。

```
scanf("a = % d, b = % d",&a, &b);
```

    A. 10 10   B. 10, 10

    C. a=10 b=10   D. a=10,b=10

8. 以下叙述中正确的是(　　)。

    A. 在 scanf()函数中的格式控制字符是为了输入数据用的,不会输出到屏幕上

    B. 在使用 scanf()函数输入整数或实数时,输入数据之间只能用空格来分隔

    C. 在 printf()函数中,各个输出项只能是变量

    D. 使用 printf()函数无法输出百分号%

9. 在文件包含命令中,被包含文件名用"<>"括起时,寻找被包含文件的方式是(　　)。

    A. 直接按系统设定的标准方式搜索目录

    B. 先在源程序所在目录搜索,再按系统设定的标准方式搜索

    C. 仅在源程序所在目录搜索

    D. 仅搜索当前目录

10. 若程序中有宏定义行:

```
#define   N   100
```

则以下叙述中正确的是(　　)。

    A. 宏定义行中定义了标识符 N 的值为整数 100

    B. 在编译程序对 C 源程序进行预处理时用 100 替换标识符 N

    C. 上述宏定义行实现将 100 赋给标识符 N

    D. 在运行时用 100 替换标识符 N

11. 设有定义 int a=0,b=1,c=1;,以下选项中,表达式值与其他三个不同的是(　　)。

    A. b=a==c   B. a=b=c   C. a=c==b   D. c=a!=c

12. 若有以下程序:

```
#include < stdio. h>
#define   S(x)   x * x
#define   T(x)   S(x) * S(x)
main()
{ int  k = 5, j = 2;
    printf("% d, % d\n", S(k + j),T(k + j));
}
```

则程序的输出结果是(　　)。

    A. 17,289   B. 492,401   C. 17,37   D. 49,289

13. 有以下程序:

```
#include   < stdio. h>
#define   N     5
#define   M     N + 1
#define   f(x)  (x * M)
main()
{ int   i1,i2;
```

```
i1 = f(2);
i2 = f(1 + 1);
printf ("%d   %d\n",i1,i2);
}
```

程序运行后的输出结果是(   )。

    A. 12 12   B. 11 7   C. 11 11   D. 12 7

14. 以下程序的输出结果是(   )。

```
#include <stdio.h>
main()
{   int k = 11;
    printf("%d,%o,%x\n",k,k,k);
}
```

    A. 12,11,11   B. 11,13,13   C. 11,013,0xb   D. 11,13,b

15. 有以下程序：

```
#include <stdio.h>
#define F(x,y) (x) * (y)
main()
{ int a = 3,b = 4;
  printf("%d\n",F(a++,b++));
}
```

程序运行后输出结果是(   )。

    A. 12   B. 15   C. 16   D. 20

16. 设有定义 int a=0,b=1;,以下表达式中,会产生"短路"现象,致使变量 b 的值不变的是(   )。

    A. ++a||++b   B. a++||b++

    C. ++a&&b++   D. a++&&b++

17. 以下正确的叙述是(   )。

    A. 在程序的一行中可以出现多个有效的预处理命令行

    B. 使用带参宏时,参数的类型应与宏定义时的一致

    C. 宏替换不占用运行时间,只占编译时间

    D. 宏定义不能出现在函数内部

18. 若变量 a 与 i 已正确定义,且 i 已正确赋值,合法的语句是(   )。

    A. a==1   B. ++i;   C. a=a++=5;   D. a=int(i)

19. 以下选项中正确的定义语句是(   )。

    A. double,a,b;   B. double,a,b;

    C. double a;b;   D. double a=7,b=7;

20. 以下叙述中正确的是(   )。

    A. 可以把 define 和 if 定义为用户标识符

    B. 可以把 define 定义为用户标识符,但不能把 if 定义为用户标识符

    C. 可以把 if 定义为用户标识符,但不能把 define 定义为用户标识符

    D. define 和 if 都不能定义为用户标识符

顺序结构程序设计

二、填空题

1. 语句 x++；++x；x=x+1；x=1+x；执行后都使变量 x 中的值增 1,请写出一条同一功能的赋值语句：_____。

2. 语句 b=a=6,a*3；执行后整型变量 b 的值是_____。

3. 语句 b=(a=6,a*3)；执行后整型变量 b 的值是_____。

4. getchar()函数只能接收一个_____。

5. 已知 i=5,语句 a=(i>5)?0:1.6;执行后整型变量 a 的值是_____。

6. 有如下程序：

```
# include < stdio. h >
main()
{
  int x = 072;
  printf(">%d<\n", x + 1);
}
```

程序运行后的输出结果是_____。

7. 有以下程序：

```
# include < stdio. h >
main()
{ char  c1 = '1',c2 = '2';
  c1 = getchar();  c2 = getchar();  putchar(c1);  putchar(c2);
}
```

当运行时输入：a<回车>后,输出的 c1 的值是_____,c2 的值是_____。

8. 有以下程序：

```
main()
{ char a,b,c,d;
  scanf("%c, %c, %d, %d",&a,&b,&c,&d);
  printf("%c, %c, %c, %c\n",a,b,c,d);
}
```

若运行时从键盘上输入：6,5,65,66↙,则输出结果是_____。

9. 以下程序的输出结果是_____。

```
# include < stdio. h >
main()
{  int  a = 3;
   printf("%d\n", ( a += a -= a * a ));
}
```

10. 设 a、b、c、d、m、n 均为 int 型变量,且 a=5、b=6、c=7、d=8、m=2、n=2,则逻辑表达式(m=a>b)&&(n=c>d)运算后,n 的值为_____。

11. 设有定义 int n = 1234; double x = 3.1415;,则执行语句 printf("%3d,%1.3f\n", n, x); 后 n 的值是_____,x 的值是_____。

12. 设 int x=1, y=1;,执行语句!x&&y--;后 y 的值是_____。

13. 若有以下程序：

```
# include < stdio. h >
```

```
main()
{  int  a = 0,b = 0,c = 0;
   c = (a += ++b, b += 4);
   printf("%d,%d,%d\n",a,b,c);
}
```

运行程序,a 的值是_____,b 的值是_____,c 的值是_____。

14. 设有宏定义:#define MYSWAP(z,x,y) {z=x;x=y;y=z;}
以下程序段通过宏调用实现变量 a、b 内容交换,请填空。
float a=5,b=16,c; MYSWAP(_____,a,b);

15. 下面程序的输出结果是_____。

```
#define  CIR(r)  r * r
void main()
{ int a = 1, b = 2, t;
  t = CIR(a + b);
  printf("%d\n",t);
}
```

三、判断题

1. C 语言本身不提供输入/输出语句,输入和输出操作是由函数来实现的。   (   )
2. 语句 scanf("%7.2f",&a);是一个合法的 scanf()函数。   (   )
3. 若 int i =3;,则 printf("%d",−i++);输出的值为−4。   (   )
4. 语句 printf("%f%%",1.0/3);输出为 0.333333。   (   )
5. 若有变量定义和语句:int a;char c;float f;scanf("%d,%c,%f",&a,&c,&f);
若通过键盘输入 10,A,12.5,则 a=10,c='A',f=12.5。   (   )
6. 若有宏定义:#define S(a,b)t=a;a=b;b=t,由于变量 t 没定义,则此宏定义是错
误的。   (   )
7. 一个 include 命令可以指定多个被包含的文件。   (   )

四、程序阅读题

1. 写出以下程序的运行结果。

```
#include < stdio.h >
#define  S(x)  4 * (x) * x + 1
main()
{  int k = 5, j = 2;
   printf("%d\n", S(k + j) );
}
```

2. 写出以下程序的运行结果。

```
#include < stdio.h >
#define   F(x)       2.84 + x
#define   PR(a)      printf("%d",(int)(a))
#define   PRINT(a)  PR(a);putchar('\n')
main()
{
   PRINT( F(5) * 2 );
}
```

3. 写出以下程序的运行结果。

顺序结构程序设计

```
#define N 10
#define s(x)   x * x
#define f(x)   (x * x)
void main()
{
 int i1,i2;
 i1 = 1000/s(N);
 i2 = 1000/f(N);
 printf("% d   % d\n",i1,i2);
}
```

五、编程题

1. 输入矩形的长和宽,求矩形的周长和面积。

要求:矩形的长、宽、周长和面积均为 float 型或 double 型数据。

2. 已知将华氏温度 F 转换为摄氏温度 C 的公式为 C＝5÷9×(F－32),请编写程序,将输入的华氏温度转换为摄氏温度,温度保留 1 位小数。

3. 编写一个程序,模拟简单的购物结算过程。用户需要依次输入商品的单价、购买数量以及折扣率(折扣率为 0～1 的小数,如 0.8 表示 8 折),计算并输出商品的总价(总价＝单价×数量×折扣率)。

第 4 章　选择结构程序设计

学习目的和要求

- 熟练掌握 if 语句三种形式的结构、特点及用法。
- 探究 switch 语句的结构、特点及用法。
- 体会 break 语句在 switch 语句中的作用。
- 灵活应用选择结构设计 C 语言程序,掌握选择结构程序基本方法。

思政目标和思政点

　　垃圾分类是对垃圾收集处置传统方式的改革,是对垃圾进行有效处置的一种科学管理方法。通过垃圾分类,学生可意识到垃圾分类对于环境保护、资源节约以及地球可持续发展的重要意义,培养学生的环保意识和社会责任感,强化环保理念。

　　第 3 章中计算三角形面积和求解一元二次方程根的程序中,如果三条边不能构成三角形,或方程的求根公式值小于 0,就不能正常计算了,所以计算前需要判断。选择结构体现了程序的判断能力。在执行程序过程中,根据给定的条件是否满足来确定是否执行若干操作之一,或者确定若干个操作中选择哪个操作执行,这种程序结构称为选择结构,又称为分支结构。选择结构有三种,即单分支、双分支和多分支结构,C 语言为三种选择结构提供了相应的控制语句(if 语句,if…else 语句,if…else if 语句)。本章主要介绍实现选择结构的三种控制语句及其程序设计方法。

4.1　单分支选择结构

　　if 语句是根据给定的条件是否满足来确定是否执行给出的若干操作之一。在 C 语言中,if 语句有三种形式：if、if…else 和 if…else if。

　　单分支 if 语句格式如下。

```
if (表达式) 语句
```

　　功能：先计算表达式的值,若条件表达式的值为真(非 0)则执行语句,否则不执行语句。

　　说明：

　　(1) 表达式可以为任何类型,常用的是关系表达式或逻辑表达式,且条件表达式必须用圆括号括起来。

　　(2) 在 if 语句的三种形式中,语法上所有的语句只能是一条语句,可以是表达式语句、空语句,也可以内嵌简单的 if 语句。若想在满足条件时执行一组语句,则必须把这一组语句用{}括起来组成一条复合语句,详见案例 4.1。

其执行过程如图 4.1 所示。

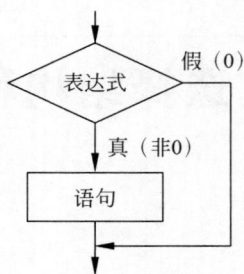

图 4.1 单分支选择结构

【案例 4.1】 将两个整数 a 和 b 中的大数存入 a 中,小数存入 b 中。

分析:首先将 a、b 进行比较,如果 a 已经为大数则无须变动,否则将两个数交换,即将 a 存入 b 中,将 b 存入 a 中。

```
# include < stdio. h>
int main()
{
 int a,b,temp;
 printf("\n input two numbers:");
 scanf(" % d % d",&a,&b);          //scanf("a = % db = % d",&a,&b);
 if (a<b)                          //若 a<b,交换 a、b
    {                              //复合语句由三条语句组成
     temp = a;
     a = b;
     b = temp;
    }                              //注意在复合语句}之后不能再加分号
 printf("a = % d,b = % d\n",a,b);
 return 0;
}
```

运行结果:

```
3 5 ↙
a = 5,b = 3
```

思考:上例中 if 语句改为 if (a＜b)temp＝a, a＝b, b＝temp;或 if (a＜b)temp＝a; a＝b; b＝temp;可否?

4.2 双分支选择结构

4.2.1 if…else 语句

其一般格式如下。

if (表达式) 语句1 else 语句2

或

```
if (表达式)
    语句 1
else
    语句 2
```

功能：计算表达式的值，如果为真（非 0），则执行语句 1，否则执行语句 2。其执行过程如图 4.2 所示。

说明：

（1）if 和 else 之后都只能有一条语句，有多条语句时一定要用复合语句。

（2）表达式可以是任何类型，常用的是关系表达式或逻辑表达式。

（3）else 是 if 的子句，与 if 配对，不能单独出现。

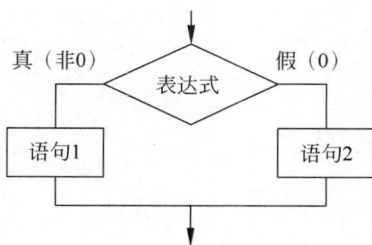

图 4.2　双分支选择结构

【案例 4.2】　输入一个三位数，判断是否是"水仙花数"。所谓"水仙花数"是指一个三位数，其各位数字立方和等于该数本身。

```c
# include < stdio. h>
# include < math. h>
int main()
{
    int number;
    int unitPlace;                    //个位数字
    int tenPlace;                     //十位数字
    int hundredPlace;                 //百位数字
    scanf(" % d",&number);
    unitPlace = number % 10;
    tenPlace = number/10 % 10;
    hundredPlace = number/100;
    //使用 math 库中的 pow() 函数求乘方，如 pow(2,5) 表示 2⁵
    if (pow(unitPlace,3) + pow(tenPlace,3) + pow(hundredPlace,3) == number)
        printf(" % d 是水仙花数。\n",number);
    else
        printf(" % d 不是水仙花数。\n",number);
    return 0;
}
```

运行结果：

153 ↙
153 是水仙花数。

【案例 4.3】　键盘输入三角形的三边长，计算并输出三角形面积（保留三位小数）。要求用 C++ 语言实现。

分析： 在案例 3.12 的基础上对程序进行改进，首先需要判断输入的三条边是否可以构成三角形，若能构成三角形，则求该三角形的面积，否则构不成三角形，则不能求面积。

```cpp
# include < iostream. h>               //C++中头文件
# include < math. h>
# include < iomanip. h>                //C++中格式控制头文件
main()
{ double a,b,c ,area;
 cout <<"please input a,b,c:";
 cin >> a >> b >> c;
 if (a + b > c && b + c > a && a + c > b)    //判断是否构成三角形
   {
       double s;
```

```
        s = 1.0/2 * (a + b + c);
        area = sqrt(s * (s - a) * (s - b) * (s - c));
        cout <<"area = "<< setw(5)<< setprecision(3)<< area << endl;
    }
 else
        cout <<"it is no a trilateral!"<< endl;
 return 0;
}
```

运行结果：

```
please input a,b,c:3.1 4.1 5.0↙
area = 6.35
```

4.2.2　条件运算符和条件表达式

条件运算符"?："是 C 语言中唯一的三目运算符，即有三个操作数，它可以用于条件表达式中，以简化程序代码，实现双分支 if…else 语句的功能。

条件表达式形式如下。

(表达式 1) ? (表达式 2) : (表达式 3)

功能：先求解表达式 1，若为真（非 0），则求解表达式 2，并把它作为整个条件表达式的值，否则计算求解表达式 3，并把它作为整个条件表达式的值。

例如，求一个数的绝对值，可以如下编写。

y = (x > 0)?x: - x;

上面的条件表达式语句相当于双分支 if…else 语句，其等价代码如下。

```
if(x > 0)
    { y = x; }                       //单条语句时可去掉{}
else
    y = - x;
```

说明：

（1）条件运算符的优先级低于关系运算符和算术运算符，但高于赋值运算符。

因此，y＝(x＞0)?x：－x 可以去掉括号而写为 y＝x＞0?x：－x。

（2）条件运算符的结合方向是自右至左。

例如：

a > b?a:c > d?c:d

等价于：

a > b?a:(c > d?c:d)

这也就是条件表达式嵌套的情形，即其中的表达式 3 又是一个条件表达式。

（3）三个条件表达式的类型可以互不相同，如 x＞y?'a':'b'，条件表达式的类型取两者中较高的类型。如 x＞y?2:5.5，若 x≤y，则条件表达式的值为 5.5，否则值为 2.0 而不是 2。

【案例 4.4】　输入一个英文字符，如果它是小写字母，则把它转换成大写输出，否则直接输出。

//C++语言程序代码

```
# include < iostream. h >
int main()
{ char ch;
 cout << "Input a character: "<< endl;
 cin >> ch;
 ch = (ch >= 'a'&& ch <= 'z') ?(ch-32):ch; //ch = (ch >= 97 && ch <= 122) ?(ch-32):ch;
 cout << ch << endl;
 return 0;
}
```

运行结果:

a↙
A

4.3　多分支选择结构

程序流程多于两个分支时称为多分支,多分支选择结构可使用 if…else if 语句或 switch 语句实现。

4.3.1　if…else if 语句

其一般格式如下。

```
if (表达式 1)      语句 1
else if (表达式 2)语句 2
else if (表达式 3)语句 3
…
else             语句 n
```

功能:依次判断表达式的值,当出现某个值为真(非 0)时,则执行其对应的语句,然后跳到整个 if 语句之外继续执行后续程序,如果所有的表达式均为假,则执行语句 n。

【案例 4.5】 求如下所示分段函数的 y 值。

$$y = \begin{cases} x, & x<1 \\ 2x-1, & 1 \leqslant x \leqslant 10 \\ 3x-11, & x>10 \end{cases}$$

分析:y 的值存在三种可能,若 x<1,则 y=x;否则,若 x≥1 且 x≤10,则 y=2x-1;否则 y=3x-11。

```
# include < stdio. h >
int main()
{ int x,y;
 scanf(" % d",&x);
 if(x < 1)
     y = x;
 else if(x >= 1 && x <= 10)
     y = 2 * x - 1;
 else
     y = 3 * x -11;
 printf("x = % d,y = % d\n",x,y);
 return 0;
}
```

第 4 章

选择结构程序设计

运行结果：

```
3 ↙
x = 3,y = 5
```

说明：在三种形式的 if 语句中，if 关键字之后均为条件表达式。该表达式通常是逻辑表达式或关系表达式，但也可以是其他表达式，如赋值表达式等，甚至也可以是一个变量或常量。

例如：

```
int a = 0,b,c;
if(a = 0)    printf("a 等于 0");
if(b == 0)  printf("a 等于 0");
if(c)       printf("c 非 0");
```

都是允许的。只要条件表达式的值为 0，即为假；非 0，即为真。

第一条 if 语句的语义是：把 0 赋予 a，表达式的值永远为 0，所以其后的语句不可能执行，这种情况在编程调试中经常出现，但在语法上是合法的。第二条 if 语句的语义是：测试 b 是否为 0，而不要误用赋值运算符"="。

【案例 4.6】 输入学生的成绩，根据成绩划分为 5 个等级：90 分以上为 A，80~89 分为 B，70~79 分为 C，60~69 分为 D，60 分以下为 E。

```
# include < stdio. h>
int main()
{
 int score;
 printf("Input a score(0~100):");
 scanf("%d",&score);
 if(score > = 90)
         printf("grade = A\n");
 else if (score > = 80)
         printf("grade = B \n");
 else if (score > = 70)
         printf("grade = C \n");
 else if (score > = 60)
         printf("grade = D \n");
 else
         printf("grade = E \n");
 return 0;
}
```

运行结果：

```
Input a score(0~100):80 ↙
grade = B
```

思考：上例中互换条件(score>=80)和(score>=70)后，键盘输入 80，程序运行结果如何？

4.3.2 switch 语句

在 if 语句的第三种形式中，采用 if…else if 形式可以实现多分支，但是它的执行过程是自顶向下，执行效率较低，而且在分支较多时，很容易混淆各个分支条件，而 switch 语句则是处理多分支的有效途径。

其一般格式为

```
switch(表达式)
{
  case 常量表达式 1：语句序列 1   [break;]
  case 常量表达式 2：语句序列 2   [break;]
       …
  case 常量表达式 n：语句序列 n   [break;]
  [default :           语句序列 n + 1]
}
```

switch 语句的执行过程是：当表达式的值与某个 case 后面的常量表达式的值相等时，执行此 case 分支中的语句序列。如果此语句后有 break 语句，则跳出 switch 语句；如果没有 break 语句，则继续执行下一个 case 分支中的语句序列。若所有的 case 中的常量表达式的值都不能与表达式中的值相匹配，则执行 default 分支中的语句。

说明：

（1）ANSI 标准允许 switch 后的表达式和 case 后的常量表达式可以为整型、字符型和枚举型，但新的 ANSI 标准表达式可以为任何类型。

（2）各 case 后的常量表达式值必须互不相同。

（3）各 case 和 default 子句的先后顺序可以变动，而不会影响程序执行结果。

（4）在 case 后允许有多个语句，可以不用{}括起来。

（5）default 子句可以省略。

（6）switch 语句可以嵌套。

【案例 4.7】 采用 switch 语句编程实现案例 4.6 的功能。

```
# include < stdio. h>
int main()
{ int score,grade;
  printf("Input a score(0～100):");
  scanf(" % d",&score);
  grade = score/10;                        //将成绩整除 10,转换成 switch 语句中的 case 标号
  switch(grade)
     {
     case 10:
     case 9: printf("grade = A\n"); break;  //两个 case 分支共用同一操作
     case 8: printf("grade = B\n"); break;
     case 7: printf("grade = C\n"); break;
     case 6: printf("grade = D\n"); break;
     case 5:
     case 4:
     case 3:
     case 2:
     case 1:
     case 0:printf("grade = E\n"); break;   //6 个分支共用同一操作
     default:printf("Input error\n");
     }
  return 0;
}
```

4.4　选择结构的嵌套

当一个 if 语句的语句块中内嵌一个或多个 if 语句时,称为 if 语句的嵌套。同样,switch 语句与 if 语句也可以相互嵌套。

其一般格式为

```
if (表达式 )
     if (表达式)    语句 1 ⎫
     else          语句 2 ⎭ 内嵌 if … else、if、if … else if 语句或 switch 语句
else
     if (表达式)    语句 1 ⎫
     else          语句 2 ⎭ 内嵌 if … else、if、if else … if 语句或 switch 语句
```

在嵌套内的 if 语句可能又是 if…else 型的,将会出现多个 if 和多个 else 重叠的情况,这时要特别注意 if 和 else 的配对问题。为了避免这种二义性,C 语言规定,else 总是与它前面最近的且尚未配对的 if 配对。

【案例 4.8】　采用 if 语句的嵌套结构实现案例 4.6 的功能。

```c
# include < stdio. h >
int main()
{
    int score;
    printf("Input a score(0~100):");
    scanf(" % d",&score);
    if(score > = 80)
        if(score > = 90)
            printf("grade =  A\n");
        else
            printf("grade =  B \n");
    else
        if(score > = 70)
            printf("grade =  C \n");
        else
            if (score > = 60)
                printf("grade =  D \n");
            else
                printf("grade =  E \n");
    return 0;
}
```

注意:

(1) 在 if 语句的嵌套结构中,嵌入的 if 语句最好放在一对花括号{}中以复合语句的形式出现,这样程序在逻辑上更清晰,避免出现 else 对应错误。需要时,还可通过使用{}来改变 else 子句的配对规则。

例如,下面的程序片段为案例 4.8 中改进后的 if 语句。

```c
if(score > = 80)
    {
        if(score > = 90)
            printf("grade =  A\n");
```

```
            else
                printf("grade = B \n");
        }
        else
        {
            if(score > = 70)
                printf("grade = C \n");
            else
            {
            if (score > = 60)
                printf("grade = D \n");
            else
                printf("grade = E \n");
            }
        }
```

　　(2) 一般在程序设计过程中,为了实现特定的条件判断与执行逻辑,程序可以采用某一种形式的 if 嵌套结构,也可以通过变换逻辑,使用另一种 if 嵌套结构实现相同的功能,这也充分体现了编程逻辑实现的多样性和灵活性。

　　例如,下面的程序片段为案例 4.8 的另外一种 if 嵌套语句。

```
if(score > = 70)
    {
        if(score > = 80){
            if(score > = 90)
                printf("grade = A\n");
            else
                printf("grade = B \n");
        }
        else
            printf("grade = C \n");
    }
    else
    {
        if (score > = 60)
            printf("grade = D \n");
        else
            printf("grade = E \n");
    }
```

　　(3) 采用 if 语句的嵌套结构实质上是为了进行多分支选择,这种问题尽量用 if…else if 语句来完成,而且程序更加清晰。因此,在一般情况下较少使用 if 语句的嵌套结构,以使程序更易于阅读理解。

4.5　知识要点和常见错误列表

　　本章知识要点如下。

　　(1) 本章主要介绍了选择结构程序设计的基本方法。选择结构在编程中很常见,主要进行不同情况的不同处理,要掌握 if…else 语句的基本用法:如果条件满足,就执行 if 后的语句,否则执行 else 后的语句。

（2）各种类型的常量、变量和表达式均可当成逻辑值：非 0 为真，0 为假。

（3）选择结构中用到的条件可以是任意表达式、变量或常量，其值为非 0，即条件满足；为 0，条件就不满足。逻辑运算和关系运算的结果只有两个值：1 代表真，0 代表假。

（4）选择结构的嵌套经常会用到，它的结构只能是内外嵌套，用 if(…){if(…){…}else{…}}else{…}。多层次嵌套时的配对规则是：从内层开始，else 总是与它上面最近的未曾配对的 if 配对（就近原则）。

（5）多层次嵌套时，宜采用 if…else if 语句形式，即嵌套在 else 中，不易出错。

（6）多分支结构 switch 是对多个条件的一种简化模式，称为开关语句，在使用时要注意 break 和 default 的用法。同时也要注意，switch 语句中的 case 只是匹配一个确定的整型或字符型变量，不能判断一个条件范围，case 后是一组语句，不需要复合成一条语句。

（7）"缩进式"是良好的代码书写习惯，应正确反映计算机执行的逻辑关系。

本章知识常见错误列表如表 4.1 所示。

表 4.1 本章知识常见错误列表

序号	错误类型	错误举例	分析

1	if 语句少了花括号"{}"	if(x>y)
		{ x++;
		  y=4;
		}
		if(x>y)
		  x++;
		  y=4;
			这两个语句在编译时都能通过，但是由于前一条语句有"{}"，所以 y=4 在 if 的分支之内；而后一条语句 y=4 则在 if 语句之外，表面缩进不改变计算机的运行逻辑，编程时缩进应表示真实的语法关系。当满足条件后要执行多条语句时，一定要用"{}"将多条语句合成一条复合语句

2	if 语句的条件要用圆括号"()"括起来	if x>0 a++;	if (x>0) a++;

3	if…else…格式写错	if(x>=0)
		  y=y+1;z=z−1;
		else
		  …
			按语法要求，if 和 else 之后都只能有一条语句，多条时一定要用复合语句，此处缺了"{}"，z=z−1；语句放在 if…else 中间，else 没有配对的 if，编译时出现错误提示 illegal else without matching if

		if(x>=0) … else(x<0)	else 的意思是"否则"，就是 if 后条件的否定，不需要再写条件
4	简单 if 语句用错	if(score>=60.0) printf("及格"); printf("不及格");	简单 if 语句，每句都要写自己的条件，不像 else 之后可以不写条件。 左侧不管 score 是多少，都会输出"不及格"，不合理

5	在不该加分号的位置加了分号	情况 1：
		if(a>b);
		printf("a 比 b 大");
		情况 2：
		if(x>=0);
		  …
		else
		  …
			";"是一条语句的结束符不能加在语句中间，否则如情况 2 的分号";"割断了完整的语句，会出错。
			";"是一条空语句，有时加错可能不给任何错误提示，而是按计算机"认为"的逻辑来执行，如情况 1，如果满足 a>b，执行空语句";"，然后不管 a、b 大小如何，都输出"a 比 b 大"，计算机的运行实质上是将 printf 和 if 看成并列的两条语句。相当于 if 没有起到作用就结束了，这种错误不容易被发现

序号	错误类型	错误举例	分　析

6	if 语句条件不正确	if(score＝100)
		n++;
		本意是统计得 100 分的同学的个数
		if(score＞60)
		printf("及格");
		else
		printf("不及格");
			错用赋值运算符"＝"代替了相等比较运算符"＝＝",编译系统不会"错想"它是忠实地将 100 先赋给 score,然后判断它不是 0,就执行其后的 n++,不管原来的 score 是多少,都被覆盖掉了,并使 n 值加了 1,这是学习者常犯的错误。
			条件应该写成 if(score＞＝60),否则 60 分的同学就被统计成不及格了

7	运行程序一次正确后误以为程序正确	程序只运行一次得到正确结果就以为完成一个题目了	专门设计一些输入数据(如选择程序要检查每个分支、循环程序要检查循环边界等),要多次运行均能得到正确结果

实训 4-1　单分支和双分支结构程序设计

一、实训目的

(1) 辨析单分支和双分支选择结构程序,掌握单分支和双分支选择结构设计。

(2) 通过身高预测,传播"健康生活"理念。

二、实训任务

(1) 从键盘输入三个整数 a、b、c,输出最大值。

(2) 身高预测。据有关生理卫生知识与数理统计分析表明,影响小孩成人后身高的因素包括遗传、饮食习惯与体育锻炼等。小孩成人后的身高与其父母的身高和自身的性别密切相关。设 faHeight 为其父身高,moHeight 为其母身高,身高预测公式为(单位：cm)

$$男性成人时身高＝(faHeight＋moHeight)×0.54$$
$$女性成人时身高＝(faHeight×0.923＋moHeight)/2$$

此外,若喜爱体育锻炼,则可增加身高 2%；若有良好的卫生饮食习惯,则可增加身高 1.5%。

请编程从键盘输入用户的性别、父母身高、是否喜爱体育锻炼、是否有良好的饮食习惯等条件,利用给定公式和身高预测方法对身高进行预测。

三、实训步骤

(1) 输出最大值分析：从键盘输入三个整数 a,b,c。先把 a 赋予变量 max(作为擂主),再用 if 语句判别 max 和 b 的大小,如 max 小于 b,则把 b 赋予 max；再用 if 语句判别 max 和 c 的大小,如 max 小于 c,则把 c 赋予 max。因此,max 中总是最大值,最后输出 max 的值。

参考源程序 sx4-1.cpp 如下。

```
#include < stdio. h>
void main()
{
  int a,b,c,max;
  printf("\n input three numbers:");
  scanf("%d,%d,%d",&a,&b,&c);
```

```
    max = a;
    if (max < b)   max = b;
    if (max < c)   max = c;
    printf("max = % d\n",max);
}
```

（2）身高预测分析：性别用字符型变量 sex 存储，输入字符 F 表示女性，输入字符 M 表示男性；身高用实型变量存储，faHeight 为其父身高，moHeight 为其母身高；是否喜爱体育锻炼用字符型变量 sports 存储，输入字符 Y 表示喜爱，输入字符 N 表示不喜爱；是否有良好的饮食习惯用字符型变量 diet 存储，输入字符 Y 表示良好，输入字符 N 表示不好。

参考源程序 sx4-2.cpp 如下。

```c
# include < stdio. h>
int main()
{
    char sex, sports, diet;
    float faHeight, moHeight, height;
    printf("请输入你的性别(F 表示女性,M 表示男性): ");
    scanf(" % c", &sex);
    printf("请输入父亲的身高(cm): ");
    scanf(" % f", &faHeight);
    printf("请输入母亲的身高(cm): ");
    scanf(" % f", &moHeight);
    printf("是否喜爱体育锻炼(Y 表示喜爱,N 表示不喜爱): ");
    scanf(" % c", &sports);
    printf("是否有良好的饮食习惯(Y 表示良好,N 表示不好): ");
    scanf(" % c", &diet);
    if (sex == 'M')                              //根据性别计算基础身高
    {
        height = (faHeight + moHeight) * 0.54;
    } else if (sex == 'F') {
        height = (faHeight * 0.923 + moHeight) / 2;
    }
    if (sports == 'Y')                           //根据体育锻炼情况调整身高
    {
        height * = 1.02;
    } else if (sports == 'N') {
        height = height;
    }
    if (diet == 'Y')                             //根据饮食习惯调整身高
    {
        height * = 1.015;
    } else if (diet == 'N') {
        height = height;
    }
    printf("预测的成人身高为: %.2f cm\n", height);   //输出预测身高
    return 0;
}
```

运行结果：

请输入你的性别(F 表示女性,M 表示男性): M↙
请输入父亲的身高(cm): 180 ↙
请输入母亲的身高(cm): 160 ↙

是否喜爱体育锻炼(Y 表示喜爱,N 表示不喜爱):Y ✓
是否有良好的饮食习惯(Y 表示良好,N 表示不好):Y ✓
预测的成人身高为:190.08 cm

实训 4-2　多分支选择结构程序设计

一、实训目的

(1) 掌握多分支选择结构。

(2) 灵活设计选择嵌套结构。

(3) 掌握 switch 语句和 break 语句用法。

(4) 通过垃圾分类,树立"环保理念"。

二、实训任务

(1) 输入年号和月份,输出这一年该月的天数(一个年份,先判断是否闰年)。

(2) 家装污染是指室内装饰装修所用的材料散发有害有毒的污染物质,污染室内环境。这种来自装修本身的室内污染称为家装污染。如果室内空气中装修污染物含量过高,并且长期得不到解决,会造成人身体不适,影响健康。一般造成家装污染的物质有甲醛、苯系物等。编写程序由用户输入甲醛、苯系物的浓度,根据表 4.2 评价室内空气质量的等级。

表 4.2　空气质量等级评价

名　　称	优	良
甲醛	$0.08mg/m^3$	$0.1mg/m^3$
苯系物	$0.09mg/m^3$	$0.11mg/m^3$

(3) 环保理念-垃圾分类。在当今社会,环保问题日益严峻,垃圾分类作为环保的重要举措,能够有效减少环境污染,提高资源利用率。编写一个 C 语言程序,实现垃圾分类功能。用户输入代表垃圾类型的数字(1~4),分别对应可回收物、厨余垃圾、有害垃圾和其他垃圾。程序需根据输入数字输出相应的垃圾分类说明,包括各类垃圾的处理方式及对环保的意义,如可回收物再利用节约资源、厨余垃圾堆肥滋养土壤等。

三、实训步骤

(1) 先从键盘输入年号 year、月份 month,利用 if…else 语句嵌套判断是否闰年,并利用多分支 switch 语句判断并输出该月天数。

参考源程序 sx4-3.cpp 如下。

```c
#include<stdio.h>
void main()
{int year, month;
 printf("请输入年/月:\n");
 scanf("%d/%d",&year ,&month);
 switch(month)
     {    case 4:
          case 6:
          case 9:
          case 11:
```

```
        printf("该月天数为 30。\n");
        break;
    case 1:
    case 3:
    case 5:
    case 7:
    case 8:
    case 10:
    case 12:
        printf("该月天数为 31。\n");
        break;
    case 2:
        if (year % 4 == 0&&year % 100!= 0||year % 400 == 0)
            printf("该月天数为 29。\n");
        else
            printf("该月天数为 28。\n");
        break;
    default:
        printf("错误输入!\n");
    }
}
```

运行结果：

请输入年/月：
2000/ 2↙
该月天数为 29。

（2）从键盘输入甲醛浓度和苯系物浓度，通过选择嵌套结构实现判断空气质量等级。
参考源程序 sx4-4. cpp 如下。

```
# include < stdio. h>
main(){
    float formaldehyde,btex;
    printf("输入甲醛的浓度:");
    scanf(" % f",&formaldehyde);                    //输入甲醛的浓度
    printf("输入苯系物的浓度:");
    scanf(" % f",&btex);                            //输入苯系物的浓度
    if(formaldehyde < 0.08)
        if(btex < 0.09){
            printf("室内空气质量等级优");
        }
        else if(btex < 0.11){
            printf("室内空气质量等级良");
        }
        else{
            printf("室内空气质量等级差");
        }
    else if(formaldehyde < 0.1)
        if(btex < 0.11){
            printf("室内空气质量等级良");
        }
```

```cpp
        else{
            printf("室内空气质量等级差");
        }
    else{
        printf("室内空气质量等级差");
    }
}
```

(3) 从键盘接收数字 1~4,根据不同数字输出相应的垃圾分类说明。

参考源程序 sx4-5.cpp 如下。

```cpp
#include <stdio.h>
int main()
{
    int garbageType;
    printf("欢迎使用垃圾分类小助手!\n");
    printf("垃圾分类是一项至关重要的环保行动,它能够减少环境污染,提高资源利用率,为我们
            创造一个更加美好的地球家园。\n");
    printf("请输入代表垃圾类型的数字:\n");
    printf("1 - 可回收物\n");
    printf("2 - 厨余垃圾\n");
    printf("3 - 有害垃圾\n");
    printf("4 - 其他垃圾\n");
    printf("请输入数字");
    scanf("%d", &garbageType);
    if (garbageType == 1) {
        printf("你选择的是可回收物。可回收物经过回收加工后能够重新成为有用的资源,这大
                大减少了对新资源的开采。我们每个人都应该积极收集可回收物,比如纸张、塑料
                瓶等,为节约资源贡献自己的力量。\n");
    } else if (garbageType == 2) {
        printf("你选择的是厨余垃圾。厨余垃圾可以通过堆肥等生物处理方式转化为有机肥料,
                用于滋养土壤,促进植物生长。正确投放厨余垃圾,就是为大自然的生态循环助
                力。\n");
    } else if (garbageType == 3) {
        printf("你选择的是有害垃圾。有害垃圾中含有对人体健康和环境有害的物质,如重金属、
                有毒化学物质等。如果随意丢弃,会对土壤、水源等造成严重污染。所以,我们必
                须妥善处理有害垃圾,比如将废旧电池送到专门的回收点。\n");
    } else if (garbageType == 4) {
        printf("你选择的是其他垃圾。虽然其他垃圾不像可回收物那样具有明显的再利用价值,
                但正确投放其他垃圾对于保持环境整洁、防止垃圾随意堆积引发的卫生问题至关
                重要。\n");
    } else {
        printf("你输入的数字无效,请输入 1~4 的数字。垃圾分类需要我们严谨对待,每个正确
                的选择都在为环保事业添砖加瓦。\n");
    }
    printf("垃圾分类,人人有责。让我们从日常小事做起,养成垃圾分类的好习惯,共同守护我们
            美丽的地球家园!\n");
    return 0;
}
```

运行结果如图 4.3 所示。

选择结构程序设计

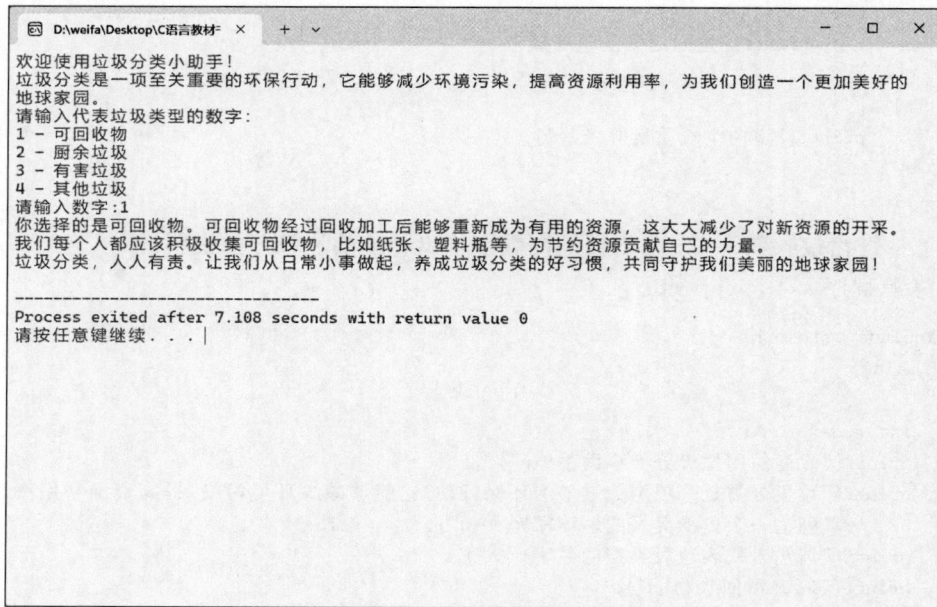

图 4.3　垃圾分类小助手运行结果

习　题　4

一、选择题

1. C 语言对嵌套 if 语句的规定是：else 总是与(　　)。

　　A. 其之前最近的 if 配对　　　　　　B. 第一个 if 配对

　　C. 缩进位置相同的 if 配对　　　　　D. 其之前最近的且尚未配对的 if 配对

2. 有定义语句 int a =1 ,b =2,c =3,x;,则以下选项中各程序段执行后,x 的值不等于 3 的是(　　)。

　　A. if(c＜a) x＝1；　　　　　　　　B. if(a＜3) x＝3；

　　　　else if(b＜a) x＝2；　　　　　　　else if(a＜2) x＝2；

　　　　else x＝3；　　　　　　　　　　　else x＝1；

　　C. if(a＜3) x＝3；　　　　　　　　D. if(a＜b) x＝b；

　　　　if(a＜2) x＝2；　　　　　　　　　if(b＜c) x＝c；

　　　　if(a＜1) x＝1；　　　　　　　　　if(c＜a) x＝a；

3. 以下程序的输出结果是(　　)。

```
void main ()
{ int x = 1,y = 0,a = 0,b = 0;
  switch(x)
  {
    case 1:
    switch (y) {
              case 0 : a++; break ;
```

```
            case 1 : b++; break ;
                }
    case 2:a++; b++; break;
    case 3:a++; b++;
}
 printf("a = % d,b = % d",a,b);
}
```

    A. a＝1,b＝0　　　　　　　　B. a＝2,b＝1

    C. a＝1,b＝1　　　　　　　　D. a＝2,b＝2

4. 有如下嵌套的 if 语句：

```
if(a < b)
    if(a < c) k = a;
    else   k = c;
else
    if(b < c) k = b;
    else   k = c;
```

以下选项中与上述 if 语句等价的语句是(　　)。

    A. k＝(a＜b)?((b＜c)?a:b):((b＞c)?b:c);

    B. k＝(a＜b)?((a＜c)?a:c):((b＜c)?b:c);

    C. k＝(a＜b)?a:b;k＝(b＜c)?b:c;

    D. k＝(a＜b)?a:b;k＝(a＜c)?a:c;

5. 有如下程序：

```
# include   < stdio. h >
main()
{
    int a, b;
    a = 0, b = 1;
    if (a++&& b++)
        printf(">");
    else
        printf("<");
    printf("a = % d,b = % d\n", a, b);
}
```

程序运行后的输出结果是(　　)。

    A. ＞a＝1,b＝2　　　　　　　　B. ＜a＝0,b＝2

    C. ＜a＝1,b＝1　　　　　　　　D. ＞a＝0,b＝1

6. 以下叙述中正确的是(　　)。

    A. 对于逻辑表达式 a＋＋ ‖ b＋＋,设 a 的值为 1,则求解表达式的值后,b 的值会发生改变

    B. 对于逻辑表达式 a＋＋ & & b＋＋,设 a 的值为 0,则求解表达式的值后,b 的值会发生改变

    C. else 不是一条独立的语句,它只是 if 语句的一部分

    D. 关系运算符的结果有三种：0,1,－1

第 4 章

选择结构程序设计

7. 以下程序的输出结果是(　　　)。

```
main()
{ int   x = 1,y = 0,a = 0,b = 0;
  switch(x)
    {
      case  1:switch(y)
                     {
                       case  0:a++;break;
                       case  1:b++;break;
                     }
      case  2:a++;b++;break;
      case  3:a++;b++;break;
    }
  printf("a = %d,b = %d\n",a,b);
}
```

　　A. a=2,b=0　　　　B. a=2,b=1　　　　C. a=1,b=1　　　　D. a=2,b=2

8. C语言的switch语句中case后(　　　)。

　　A. 只能为常量

　　B. 只能为常量或常量表达式

　　C. 可为常量或表达式或有确定值的变量及表达式

　　D. 可为任何量或表达式

9. 若以下选项中的变量a，b，y均已正确定义并赋值,则语法正确的switch语句是(　　　)。

　　A. switch(a*a+b*b)　　　　　　　　B. switch(a+b)

　　　　{ default:break;　　　　　　　　　　{ case1:case3:y=a+b; break;

　　　　　case 3:y=a+b; break;　　　　　　　 case0:case4:y=a-b;

　　　　　case 2:y=a-b; break;　　　　　　　 }

　　　　}

　　C. switch(a+9)　　　　　　　　　　D. switch a*b

　　　　{ case a:y=a-b;　　　　　　　　　　{ case 10:y=a+b;

　　　　　case b:y=a+b;　　　　　　　　　　　default:y=a-b;

　　　　}　　　　　　　　　　　　　　　　　}

10. 若有int i，j=0;,则执行语句if (j=0)i++; else i--;后i的值为(　　　)。

　　A. 不确定　　　　　B. 1　　　　　　C. 0　　　　　　　D. -1

11. 以下不正确的if语句形式是(　　　)。

　　A. if(x>y&&x!=y);

　　B. if(x==y) x+=y;

　　C. if(x!=y) scanf("%d",&x) else scanf("%d",&y);

　　D. if(x<y) {x++;y++;}

12. 以下程序段中,与语句k=a>b?(b>c?1:0):0;功能相同的是(　　　)。

　　A. if((a>b)||(b>c)) k=1;　　　　　　B. if((a>b) && (b>c)) k=1;

　　　　else k=0　　　　　　　　　　　　　　else k=0;

C. if(a≤b) k=0;　　　　　　　D. if(a>b) k=1;
　　else if(b≤c) k=1;　　　　　　else if(b>c) k=1;
　　　　　　　　　　　　　　　　　　　else k=0;

13. 若 a,b,c 都正确定义,执行以下程序段后,a 的值是(　　　)。

```
int a = 3,b = 2,c = 1;
if(a > b > c)a = b;
else a = c;
```

　　A. 3　　　　　　　　B. 2　　　　　　　C. 1　　　　　　　D. 0

14. 以下程序的输出结果是(　　　)。

```
main()
{   int a = -1,b = 1,k;
    if((++a < 0)&&!(b-- <= 0))
        printf("%d  %d\n",a,b);
    else
        printf("%d  %d\n",b,a);
}
```

　　A. -1 1　　　　　　B. 0 1　　　　　C. 1 0　　　　　D. 0 0

15. 对于 if(表达式)语句,以下叙述正确的是(　　　)。
　　A. "表达式"的值可以是任意合法的数值
　　B. 在"表达式"中不能出现变量
　　C. i 在"表达式"中不能出现常量
　　D. "表达式"的值必须是逻辑值

二、填空题

1. 以下程序输出 x、y、z 三个数中的最小值,请填空使程序完整。

```
#include<stdio.h>
void main ()
{ int x = 4,y = 5,z = 8 ;
  int u,v;
  u = x < y ? _____ ;
  v = u < z ? _____ ;
  printf ("%d",v);
}
```

2. 有如下程序:

```
main()
{    int  x = 1,a = 0,b = 0;
     switch(x)
     {
          case 0:  b++;
          case 1:  a++;
          case 2:  a++;b++;
     }
     printf("a = %d,b = %d\n",a,b);
}
```

执行该程序后,a 的值是_____,b 的值是_____。

3. 有以下程序：

```
# include < stdio.h>
main()
{  int a = 1,b = 2,c = 3,d = 4, r = 0;
   if (a!= 1) r = 1;
   if (b == 2)   r = 2;
   else if (c!= 3)   r = 3;
   else if (d == 4)   r = 4;
   printf(" % d\n", r);
}
```

执行后的 r 的值是＿＿＿＿＿＿＿。

4. 在下画线处应填入适当的语句,使以下程序的功能是判断输入的一个整数是否能被 3 或 7 整除,若能整除,输出 YES,否则输出 NO。

```
# include < stdio.h>
main()
{  int  k;
   printf("Enter a int number : "); scanf(" % d", &k );
   if  ＿＿＿＿＿＿    printf("YES\n");
   else           printf("NO\n");
   printf(" % d\n",k % 3);
}
```

5. 阅读以下程序：

```
# include < stdio.h>
main()
{   int   x;
    scanf(" % d",&x);
    if(x -- < 5) printf(" % d\n",x);
    else   printf(" % d\n",x++);
    }
```

程序运行后,如果从键盘上输入 5,则输出结果是＿＿＿＿＿＿。

三、改错题

以下程序的功能是求两个非 0 整数相除的商和余数。

```
# include < stdio.h>
int main()
{ int x,y,r1,r2;
  scanf(" % d % d ",&x, &y);
  if(x = 0 || y = 0)
          printf("输入错误!\n");
  else
     {
       if(x > y)
           r1 = x/y; r2 = x % y;
       else
           r1 = y/x;r2 = y % x;
     }
  printf("\nx = % d,y = % d\n",x,y);
}
```

四、编程题

1. 给一个不多于 5 位的正整数,要求:

(1) 求出它是几位数。

(2) 分别打印出每一位数字。

(3) 按逆序打印出各位数字,例如,原数是 321,应输出 123。

2. 输入一个 5 位数,判断它是不是回文数。例如,12321 是回文数,即个位与万位相同,十位与千位相同。

3. 企业发放的奖金根据利润提成。利润(p)低于或等于 10 万元时,奖金可提 10%;利润高于 10 万元且低于 20 万元时,低于 10 万元的部分按 10%提成,高于 10 万元的部分可提成 7.5%;20～40 万元时,高于 20 万元的部分可提成 5%;40～60 万元时,高于 40 万元的部分可提成 3%;60～100 万元时,高于 60 万元的部分可提成 1.5%;高于 100 万元时,超过 100 万元的部分按 1%提成,从键盘输入当月利润 p,求应发放奖金总数。

要求:

(1) 使用 if 语句实现(分别使用 if 语句的第 1 种形式和第 3 种形式来实现)。

(2) 使用 switch 语句来实现。

4. 输入一个由两个数据和一个算术运算符组成的表达式,根据运算符完成相应的运算,并将结果输出。

5. 从键盘输入年、月、日,编写程序输出该日是该年的第几天。

6. 输入一个字符,编写程序判断该字符是数字字符、大写字符、小写字符、空格还是其他字符。

7. 编程实现某公司职工的工资发放系统。

具体情况如下。

(1) 实发工资=基本工资+奖金。

(2) 基本工资:根据工资基数和工龄确定基本工资,具体情况如下。

公司新入职工工资基数为 800 元,公司根据工龄确定调整基本工资幅度,工龄满 20 年基本工资为 1800,否则每满三年调整一级,每上调一级,基本工资上调 100 元,计算公式为

$$基本工资 = \begin{cases} 1800, & 工龄 \leqslant 20 \\ 工资基数 \times (工龄 \div 3) \times 100, & 工龄 < 20 \end{cases}$$

(3) 奖金:根据职工级别(分为 A、B、C、D、E 5 级)发放奖金,各级别的奖金系数 k 分别为 0.45、0.35、0.25、0.15 和 0,计算公式为:奖金=基本工资×奖金系数 k。

第5章 循环结构程序设计

学习目的和要求

- 识别 C 语言中三种循环结构的特点。
- 描述循环结构的含义。
- 运用 while、do…while、for、break、continue 语句设计循环程序。
- 分析实际应用中有规律的重复操作问题。
- 使用混合控制结构程序解决复杂问题。

思政目标和思政点

哥德巴赫猜想("1+1")作为近代数学三大难题之一,自 1742 年提出后困扰学界近三个世纪。当国际数学界认为传统筛法已达"1+3"极限停滞不前时,中国数学家陈景润以非凡毅力突破桎梏,对筛法进行革命性改进,并于 1973 年在《中国科学》上发表划时代成果"1+2"证明。该成果被国际命名为"陈氏定理",誉为筛法"光辉顶点",将人类攻克这一数学高峰的进程推进至最后一步,展现了在绝境中坚持探索的科学精神。

程序需要条件判断来避免死循环,人生也需要在坚持与变通间寻找平衡;通过规范语法结构设计与注释的编程实践,体会"工匠精神"对代码质量的重要性;在调试因边界条件引发的循环错误时,领悟"细节决定成败"的真理。循环结构的本质是化繁为简的过程,正如科技发展需要一代代程序员秉持"久久为功"的信念,用一行行严谨的代码构筑数字时代的文明基石。

5.1 循 环 结 构

循环结构是结构化程序设计的三种基本结构之一,在数值计算和很多问题的处理中都需要用到循环结构。例如,迭代法求方程的根,计算全班同学的平均分等。几乎所有的程序都包含循环结构,它和顺序结构、选择结构共同作为各种复杂结构程序的基本构造单元。因此,熟练掌握这三种结构的概念及应用,是程序设计最基本的要求。

C 语言提供了 while 语句、do…while 语句和 for 语句来实现循环结构。

5.1.1 while 循环

while 循环语句是当型循环语句,其语法一般形式为

```
while(条件表达式)
语句;
```

注意：

（1）while 后的一对圆括号不能省略。

（2）条件表达式可以是任何类型，常用的是关系表达式或逻辑表达式。

（3）循环条件或循环体内必须设置一些操作改变循环条件表达式，避免出现死循环。

（4）语句部分称为循环体，是重复执行的语句。

（5）当循环体需要执行多条语句时须使用花括号括起。

其执行过程为：首先计算条件表达式的值，如果值为真（非 0），则执行语句（循环体，通常是一个复合语句），执行流程如图 5.1 所示。其特点是：先判断条件表达式，后执行语句。

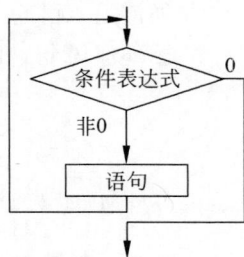

图 5.1　while 循环流程

例如，用 while 循环计算 1～100 累加值问题，按照 while 循环语句格式可写为

```
while (i <= 100)          //当满足 i 小于或等于 100 时，程序将反复执行循环体语句
{   sum += i;             //将 i 加到 sum 上
    i++;                  //增加 i 的值
}
```

其中，累加项 i 作为循环控制变量，在完成每次累加操作后进行自增，直到 i>100 时循环结束。循环控制变量也可以是其他变量，下面通过案例 5.1 介绍使用求和累加器 sum 作为循环控制变量。

【案例 5.1】　用 while 语句 sum＝1＋2＋3＋…＋i＋…求当 sum 不超过 100 时的 i 的值。

```
# include < stdio.h >
int main() {
int i = 1;                //起始数字
int sum = 0;              //用于累加的变量
while (sum <= 100)        //当 sum 超过 100 时停止循环
{   sum += i;             //将 i 加到 sum 上
    i++;                  //增加 i 的值
}
printf("当 sum 最后的和是: % d\n", sum);
printf("最后的 i 值: %d\n", i);
return 0;
}
```

程序运行结果：

当 sum 最后的和是：105
最后的 i 值：15

程序执行说明：设变量 i 为加数，初始化为 1；sum 为累加器，初始化为 0。while 循环反复执行将 i 累加到 sum 中，再将 i 自增 1 的操作，直到 sum 大于 100 时结束循环。程序流

循环结构程序设计

程如图 5.2 所示。

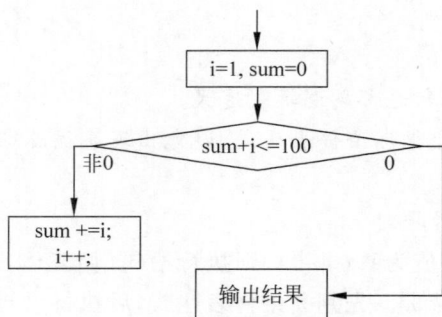

图 5.2　案例 5.1 程序流程图

通过运行结果可知,此时 sum 值已超过 100,显然不符合计算当 sum 不超过 100 时的 i 值的要求。计算结果不符合题目描述的主要原因在于,输出的 sum 值是不满足循环条件不大于 100 的 sum 值,而 i 值则是使 sum 超过 100 的累加项。因此,在设置循环条件时不能只判断当前 sum 值是否大于 100,而应考虑上一次循环时 sum 与 i 累加值是否已超过 100,用于决定是否需要再次执行循环体语句,在下一次判断时结束循环。修改后的程序如下。

```c
#include <stdio.h>
int main() {
int i = 1, sum = 0;          //i 初始化为 1,sum 用于累加的变量
while (sum + i <= 100)       //当 sum + i 超过 100 时停止循环
{    sum += i;               //将 i 加到 sum 上
     i++;                    //增加 i 的值
}
printf("当 sum 最后的和是: %d\n", sum);
printf("最后的 i 值: %d\n", i);
return 0;
}
```

程序运行结果:

当 sum 最后的和是: 91
最后的 i 值: 13

本案例通过 C 语言循环程序演示了边界条件设置不当导致的累计误差问题。因循环终止条件误设为 sum<=100(而非 sum+i<=100),导致循环多执行一次,最终结果偏差有误。印证了《论语·公冶长》中"三思而后行"的智慧——若能在编程前仔细推敲边界值,测试临界情况,即可规避此类隐患。代码中的细微疏漏如同蚁穴,足以溃败整个程序的逻辑堤坝,唯有严谨的预先推敲才能铸就健壮代码。

5.1.2　do…while 循环

do…while 循环语句是直到型循环语句,其语法一般形式为

```
do {
循环体语句;
}while(条件表达式);
```

注意:

(1) do…while 与 while 语句不同,do…while 循环是先执行,后判断。因此,循环体至少被执行一次,且总是以分号结尾。

(2) 当循环体语句为单条语句时可不使用花括号。

(3) 循环体内一定要有使条件表达式的值变为 0(假)的操作,否则循环将无限进行。

其执行过程为:先执行循环体语句,然后计算条件表达式值,当条件表达式为真时,继

续执行循环体,如此反复,直到表达式的值为假时结束循环。执行流程如图 5.3 所示。其特点是先执行循环体,然后判断循环条件是否成立。

【案例 5.2】 用 do…while 语句求 sum＝1＋2＋3…＋100 的值。

```
# include < stdio. h >
int main()
{
int i = 1, sum = 0;
   do{
      sum = sum + i;
      i++;
      }
   while(i < = 100);   //当 i 小于或等于 100 时执行循环体
   printf("sum = % d\n", sum);
 return 0;
}
```

程序运行结果:

```
sum = 5050
```

程序执行说明:设变量 i 为加数,初始化为 1；sum 为累加器,初始化为 0。do…while 循环先执行一次将 i 累加到 sum 中并将 i 自增 1 的操作,然后判断 i 是否满足小于或等于 100 的条件,如条件满足则反复执行循环体语句,直到 i 大于 100 时结束循环。程序流程如图 5.4 所示。

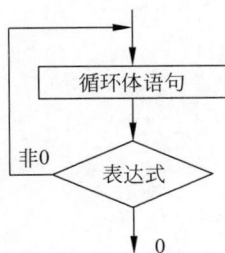

图 5.3 do…while 流程图

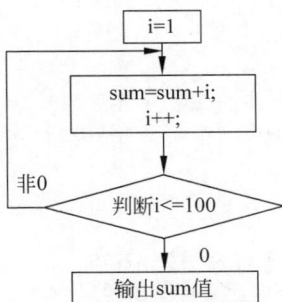

图 5.4 案例 5.2 程序流程图

5.1.3 for 循环

for 循环语句是次数循环语句,其语法一般形式为

```
for(表达式 1;表达式 2;表达式 3)
循环体语句;
```

注意:

(1) 表达式 1 一般为赋值表达式,用于给循环控制变量赋初值。

(2) 表达式 2 一般为关系或逻辑表达式,作为循环控制条件。

(3) 表达式 3 一般为赋值表达式,用于循环控制变量的增量或减量,避免出现死循环。

(4) 表达式间用分号隔开,一对圆括号不能省略。

(5) 循环体语句中为多条语句时,应使用复合语句。

其执行过程如下。

(1) 先求解表达式 1。

(2) 判断表达式 2 的真假。若为真(非 0)则执行循环体,若为假(0)则结束循环。

(3) 计算表达式 3,转回第(2)步继续执行。

流程如图 5.5 所示。其特点是:设计循环时,已确定循环体执行次数,在执行循环过程中,根据控制变量的变化使程序完成反复操作。

数字励志公式是一则在微博中广为流传的计算公式,大意为每天多做一点点,一年后积少成多就可以带来飞跃,但一年中的每天都少做一点点,一年后会跌入谷底。根据描述,将励志公式表示为 1 代表每一天的努力,1.01 表示每天多做 0.01,0.99 代表每天少做 0.01,1 年则由 365 天来表示。此类次数已知问题一般使用 for 循环完成。

【案例 5.3】 天天向上的力量——计算 0.99 和 1.01 的 365 次方。

分析:程序完成次数已知的累乘运算,使用 for 循环能够更为直观地体现该操作,程序流程如图 5.6 所示。

```c
#include <stdio.h>
int main()
{
int day;
double active = 1.01, slack = 0.99, a_gains = 1, s_gains = 1;
for(day = 1; day <= 365; day++)
{
a_gains *= active;
s_gains *= slack;
}
printf("每天进步一点点,一年后为 %.2f\n", a_gains);
printf("每天懒惰一点点,一年后为 %.2f\n", s_gains);
}
```

运行结果:

```
每天进步一点点,一年后为 37.78
每天懒惰一点点,一年后为 0.03
```

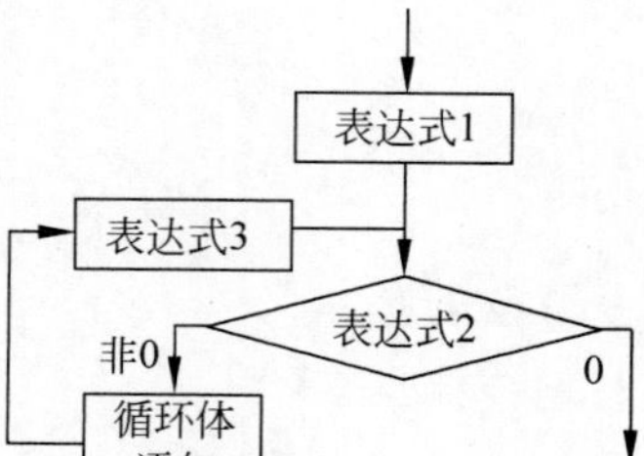

图 5.5　for 流程图

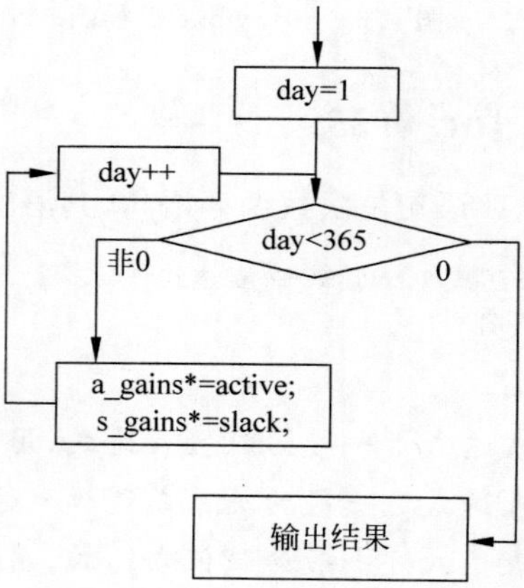

图 5.6　案例 5.3 流程图

程序执行说明：设变量 day 为天数，a_gains、s_gains 为累乘器并初始化为1。第一次执行 for 语句时，先执行表达式1即 day＝1，为循环变量 day 赋初值1。然后执行表达式2即 day＜＝365判断循环变量是否满足循环条件，由于条件满足，执行循环体语句分别累乘 active 和 slack 到 a_gains 和 s_gains 中。最后执行表达式3即 day＋＋，完成循环变量 day 自增。第二次之后执行 for 语句，则从表达式2开始执行，即判断循环变量是否满足循环条件，满足则反复执行循环体、执行表达式3直至条件不满足为止。

使用 for 语句时，需要注意以下几点。

（1）表达式1、表达式2、表达式3可以是任何类型的表达式。

（2）省略表达式1，缺少循环变量初始值，则应在 for 语句之前给循环变量赋初值。

（3）省略表达式2，缺少循环判断条件循环将无限进行，此时需在循环体内设置退出语句，后面即将介绍。

（4）省略表达式3，需将循环变量的修改部分放在循环体中进行。

（5）三个表达式全部省略，则 for(；；)相当于 while(1)。

表达式1和表达式3省略时的具体应用见表5.1。

表5.1　表达式1和表达式3的省略应用

省略表达式1	省略表达式3	省略表达式1、3

＃include＜stdio. h＞
int main()
{ int i＝1,sum＝0;
　for(;i＜＝100;i＋＋)
　　sum＝sum＋i;
　printf(“sum＝%d”,sum);
}
	＃include＜stdio. h＞
	int main()
	{ int i,sum＝0;
	　for(i＝1;i＜＝100;)
	　　{sum＝sum＋i;
	　　i＋＋;
	　}
	　printf(“sum＝%d”,sum);
	}
		＃include＜stdio. h＞
		int main()
		{ int i＝1,sum＝0;
		　for(;i＜＝100;)
		　　{sum＝sum＋i;
		　　i＋＋;
		　}
		　printf(“sum＝%d”,sum);
		}

5.1.4　循环的中断

为了使循环控制更加灵活，C 语言允许在特定条件成立时，使用 break 语句强制结束循环或使用 continue 语句跳过循环体其余语句，转向循环条件的判断语句。

1. break 语句

在第4章学习 switch 语句时，已经介绍过 break 语句，在 case 子句执行完成后，通过 break 语句控制程序流程跳出 switch 结构。在循环结构中，break 语句的作用也是跳出循环结构。与 switch 结构中不同，break 在循环结构中一般需要借助选择结构来测试是否立即结束循环，转而执行循环语句后面的其他语句。因此，break 语句对循环执行流程会产生直接影响，如图5.7所示。

其语法一般形式为

```
break;
```

```
while(条件表达式)              do                      for(表达式1;表达式2;表达式3)
{ ...                        { ...                    { ...
  if(表达式)                    if(表达式)                if(表达式)
  break;                      break;                   break;
  语句n;                       语句n;                    语句n;
  ...                        ...                      ....
}                            }while(条件表达式);          }
其他语句                       其他语句                    其他语句
```

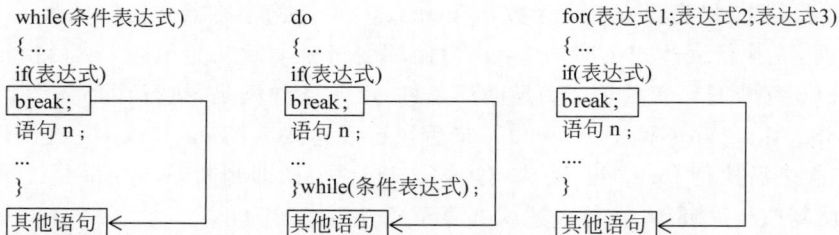

图 5.7   break 语句对循环流程的影响

【案例 5.4】   找出 n～100 内,能被 9 整除的第一个自然数。

```c
#include <stdio.h>
int main()
{
  int i,n;
  printf("请输入 n 的值: ");          //提示用户输入 n 值
  scanf("%d",&n);                    //用户从键盘输入 n 值
  for(i=n;i<=100;i++)
  {
    if(i%9==0)                       //判断 i 是否能被 9 整除
    {
      printf("第一个能被 9 整除的数字为: %d。\n",i);
      break;                         //退出循环
    }
  }
}
```

程序运行结果:

请输入 n 的值: 23✓
第一个能被 9 整除的数字为: 27。

程序执行说明:设变量 i 为循环变量,n 为查找范围起始数。通过 scanf 语句由键盘输入 n 值。利用 for 语句遍历 n～100 内所有整数,当遇到第一个能整除 9 的自然数时,输出该数值,执行 break 语句结束循环。程序流程图如图 5.8 所示。

在使用 break 语句时,需要注意以下几点。

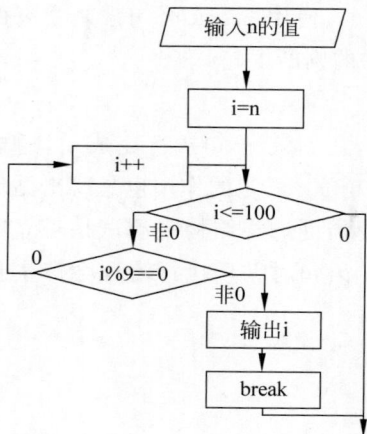

(1) break 只能用于 switch 选择结构和 while、do…while、for 构成的循环结构中。

(2) 在循环结构中,break 语句一般与 if 选择语句配合使用。

(3) 在嵌套循环中,break 只能结束跳出包含它的最近一层循环。

2. continue 语句

continue 语句与 break 语句不同,其作用是提前结束本次循环,跳过循环体中尚未执行的语句,接着进行下一次是否执行循环的判断。在 while 和 do…while 语句中,continue 语句把程序控制转到 while 后面的表达式处;在 for 语句中,continue 语句把程序控制转到表达式

```
输入n的值
   ↓
  i=n
   ↓
  i++
   ↓
 i<=100  ─0→
  │非0
 i%9==0  ─0→
  │非0
 输出i
   ↓
 break
```

图 5.8   案例 5.4 程序流程图

3 处,continue 语句也会对循环执行流程产生直接影响,如图 5.9 所示。

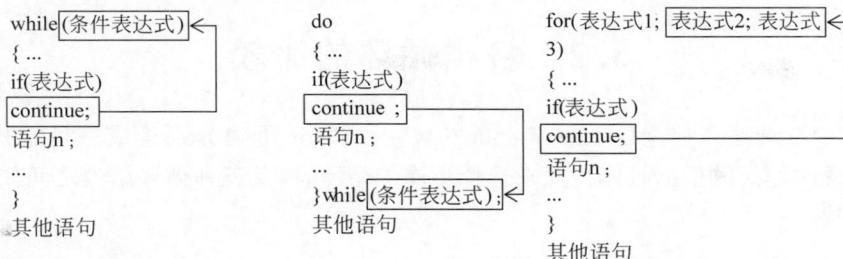

```
while(条件表达式)              do                        for(表达式1; 表达式2; 表达式
{ ...                        { ...                     3)
if(表达式)                    if(表达式)                 { ...
continue;                    continue ;                if(表达式)
语句n;                        语句n;                     continue;
...                          ...                       语句n;
}                            }while(条件表达式);         ...
其他语句                      其他语句                    }
                                                       其他语句
```

图 5.9   continue 语句对循环流程的影响

其语法一般形式为

continue;

【案例 5.5】   找出 n～100 内,能被 9 整除的所有数。

```c
# include < stdio. h >
int main()
{ int i,n;
printf("请输入 n 的值: ");              //提示用户输入 n 值
scanf(" % d",&n );                      //用户从键盘输入 n 值
for(i = n;i < = 100;i++)
{
if(i % 9!= 0)                          //判断 i 是否能被 9 整除
    continue;
//不能被 9 整除,结束此次循环跳至下一次循环起始处
printf("能被 9 整除的数字为: % 4d。\n",i);
//能被 9 整除,则输出 i 值
}
}
```

程序运行结果:

```
请输入 n 的值: 65✓
能被 9 整除的数字为:    72。
能被 9 整除的数字为:    81。
能被 9 整除的数字为:    90。
能被 9 整除的数字为:    99。
```

程序执行说明:设变量 i 为循环变量,n 为查找范围起始数。通过 scanf 语句由键盘输入 n 值,利用 for 语句,遍历 n～100 内能所有整数。如果不能被 9 整除则执行 continue 语句,提前结束本次循环,执行表达式 3,执行下一次循环,如能被 9 整除则输出该数值。程序流程图如图 5.10 所示。

在使用 continue 语句时,需要注意以下几点。

(1) continue 只用于 while、do…while、for 构成的循环结构中。

(2) 在循环结构中,continue 语句一般与 if 选择语句配合使用。

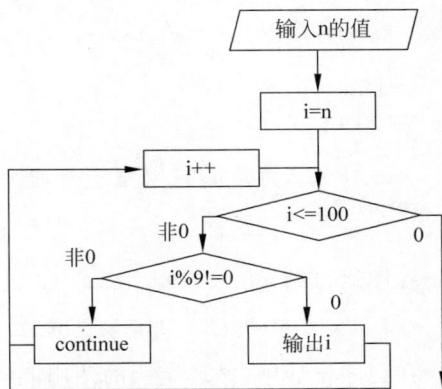

图 5.10   案例 5.5 程序流程图

循环结构程序设计

（3）在嵌套循环中，continue 只能提前结束跳出包含它的最近一层循环。

5.2　各类循环的比较

C 语言中三种循环控制语句 while、do…while 和 for 语句分别构成三种结构的循环。接下来，继续讨论如何根据具体情况来选择不同的循环，以及三种循环结构之间如何实现互相转换的问题。

5.2.1　循环结构类型的选择

《论语》有言："工欲善其事，必先利其器"。在面对同一问题时，既可以使用 while 循环来解决，也可以使用 do-while 或 for 循环来解决。程序员选择循环结构时往往会根据具体情况选用不同的循环结构，使得程序更加美观，算法执行更加高效。一般遵循以下原则。

（1）循环次数在执行循环体之前已确定的情况，一般使用 for 完成；循环次数由循环体的执行情况确定时，使用 while 或 do…while 完成。

（2）当循环体需要至少执行一次时，用 do…while 循环解决；反之，则可选择 while 循环来完成。

（3）在 while 与 do…while 间进行选择时，初学者应尽可能使用 while 循环。因为while 循环在执行过程中会先判断循环条件，能够更好地把握循环次数。

2014 年，塞罕坝机械林场被中央宣传部授予"时代楷模"荣誉称号。河北塞罕坝林场的建设者们听从党的召唤，在"黄沙遮天日，飞鸟无栖树"的荒漠沙地上艰苦奋斗、甘于奉献，创造了荒原变林海的人间奇迹，用实际行动诠释了绿水青山就是金山银山的理念，铸就了牢记使命、艰苦创业、绿色发展的塞罕坝精神。目前，塞罕坝机械林场的林地面积已达 750 平方千米，森林覆盖率达 80%，林木总蓄积量 1012 万立方米。

【案例 5.6】　编写程序计算，我国（14 亿人）每人每天节约一张纸，一年能保护多少棵大树。已知一棵 20 年树龄的树可造 3000 张 A4 纸。

```
#include <stdio.h>
#define P 1400000000        //符号常量定义人口数
int main()
 {
   int day,k,sum;           //day 表示天数,k 表示 14 亿人一天节约纸张数,sum 为求和累加器
   for(day=1;day<=365;day++)
   {
k=P/3000;
sum=sum+k;
}
printf("每人每天节约一张纸,一年能够保护%d棵树\n",sum);
return 0;
}
```

程序运行结果：

每人每天节约一张纸，一年能够保护 170333090 棵树

在程序设计中，循环结构的使用能够提升工作效率，使得重复繁冗的计算工作可以模式化。通过运行结果也可以看出，任何一个数字乘以全体国民的数量都会成为一个庞大的概

念,看似不起眼的一张纸,经过日积月累的节省,也能够保护一整片森林。与自然和谐相处,珍惜它给予的每一份资源,牢固树立和践行绿水青山就是金山银山的理念。

【案例 5.7】 编写一个程序,实现复读机功能。用户输入什么内容,程序就输出什么内容,遇到"♯"为止。

程序设计分析:该问题可以通过循环实现逐个输入字符,由于停止输入条件已知,可使用 while 或 do…while 循环完成。

```c
# include < stdio.h >
int main()
 {
    char ch;
    do {
        ch = getchar();      //读取一个字符
        if (ch != '♯') {      //如果字符不是♯,则输出
            putchar(ch);
        }
    } while (ch != '♯');      //遇到♯时结束循环
    return 0;
}
```

程序执行说明:使用 getchar() 逐个读取用户输入的字符。在循环中,如果读取的字符不是♯,则通过 putchar(ch) 立即输出该字符。do…while 循环确保至少执行一次读取操作,当读取到♯时,if 条件不满足,跳过输出操作,并终止循环。

魏晋时期数学家刘徽在《九章算术注》中利用割圆术,对圆内接正多边形逼近圆来求解圆周率,描述为"割之弥细,所失弥少,以至于合体无所失"。南北朝数学家祖冲之在此基础上,将圆周率精确到小数点后 7 位。千年后,莱布尼茨用级数公式求解圆周率。如今,计算机技术使圆周率的精确值不断刷新,从 2037 位至 10 亿位,展现了人类对真理的不懈追求。下面通过计算圆周率的案例,用代码感受坚持的力量与科学家的探索精神。

【案例 5.8】 利用公式 $\frac{\pi}{4} = 1 - \frac{1}{3} + \frac{1}{5} - \frac{1}{7} + \frac{1}{9} + \cdots$ 计算 π 的近似值,累加项到达 $1e-7$ 时累加结束。

分析:级数公式通过不断累加分数项得到圆周率近似值。累加项数未知,累加停止条件已知,因此使用 while 循环解决累加计算问题。

```c
# include < stdio.h >
# include < math.h >
int main()
{   double a = 1.0, sum = 1.0;
    long n = 2;
    while(fabs(a) >= 1e-7) {              //判断累加项精度是否符合循环条件
      a = pow((-1),(n-1)) * (1.0/(2*n-1));   //累加项计算
     //可设置语句 printf("%f\n",a); 查验累加项计算是否正确
      sum += a;                           //累加
      n++;                                //记录循环次数
    }
    printf("π = %12.8lf\n",sum * 4);       //保留 8 位小数
    printf("循环执行次数为: %d\n",n-2);}
```

循环结构程序设计

运行结果：

π = 3.14159285
循环执行次数为：5000000

当修改累加项精度为 1e－9 时,运行程序。运行结果为 π＝3.14159266,循环执行次数为 500000000。通过两次调试得到的精度对比可知,精度的提高是以计算时间为代价的,古人没有先进的计算工具,凭借人工手算竟然完成了如此复杂的计算,科学精神值得敬佩！而现代计算机完成计算,尽管运算工作量巨大,但也能在分秒间完成。

5.2.2 三种循环结构之间的转换

上文虽然对于循环结构的选择给出了一些建议,但是三种循环结构彼此之间也可以实现相互转换,正如 5.1 节的案例所示,三种循环结构均可实现计算 1～100 的累加和。下面通过一个案例来说明三种循环结构之间的转换。

【案例 5.9】 编写程序实现判断用户输入的任意一个正整数是否是素数。

分析：素数是指除了能被 1 和它本身整除外,不能被其他任何整数整除的数。根据素数的定义,可知判断素数的方法是将 n 作为被除数,依次遍历 2～(n－1)的整数作为除数,判断计算结果,如余数均不为 0 说明 n 是素数,反之则不为素数。为了减少循环执行次数,可将循环条件修改为 2～$\sqrt{n}$(取整数),即可得到判定结果。三种循环结构的实现程序如表 5.1 所示。

表 5.1 三种循环结构的实现

while	do…while	for
```#include <stdio.h>```	```#include <stdio.h>```	```#include <stdio.h>```
```#include <math.h>```	```#include <math.h>```	```#include <math.h>```
```int main(){```	```int main(){```	```int main(){```
```int n,i,k;```	```int n,i,k;```	```int n,i,k;```
```printf("输入正整数 n:");```	```printf("输入正整数 n:");```	```printf("输入正整数 n:");```
```scanf("%d",&n);```	```scanf("%d",&n);```	```scanf("%d",&n);```
```k=sqrt(n);```	```k=sqrt(n);```	```k=sqrt(n);```
```i=2;```	```i=2;```	```for(i=2;i<=k;i++)```
```while(i<=k)```	```do```	```if(n%i==0)```
```{```	```{```	```break;```
```if(n%i==0)```	```if(n%i==0)```	```if(i>k)```
```break;```	```break;```	```printf("%d 是素数。\n",n);```
```i++;```	```i++;```	```else```
```}```	```}while(i<=k);```	```printf("%d 不是素数\n",n);```
```if(i>k)```	```if(i>k)```	```return 0;```
```printf("%d 是素数。\n",n);```	```printf("%d 是素数。\n",n);```	```}```
```else```	```else```	
```printf("%d 不是素数\n",n);```	```printf("%d 不是素数\n",n);```	
```return 0;```	```return 0;```	
```}```	```}```	

5.3　循环的嵌套

循环体中包含另一个循环,称为循环嵌套。这种嵌套结构可以有一重,即一个循环体中仅包含一重循环,称为二重循环;一个循环体中包含的循环体内又包含一重,称为三重循环。循环的嵌套可以由 while、do-while、for 三种循环语句自由组合。但是在构建循环嵌套结构时,需要注意以下几点。

(1) 在各层循环嵌套中,应使用复合语句形式,即用一对花括号将循环体语句括起来,保证逻辑上的正确性。

(2) 内层与外层循环控制变量应使用不同变量名,以免造成混乱。

(3) 嵌套循环一般使用缩进格式,保证层次的清晰性,便于阅读程序。

嵌套循环执行时,先由外层循环进入内层循环,并在内层循环终止之后,继续执行外层循环,再由外层循环进入内层循环,当外层循环全部终止时,程序结束。

【案例 5.10】　编写一个程序实现在 1~n 内找出所有素数。其中,n 由用户输入,每行输出 5 个数字。

分析:该问题属于在指定范围内对所有可能情况进行遍历,找出符合条件的情况并进行输出。因此是一种循环次数已知的问题,可利用 for 循环解决。其中,外层循环遍历每个数 i,从 2 到 n。程序还需完成每行输出 5 个素数功能,因此内层循环判断 i 是否是素数时,还需借助标志变量 flag,将其初始值设为 1(假设是素数),如果发现有因数,flag 设为 0,结束内循环。通过判断 flag 值,选择是否输出 i。另设置计数器 count,初始为 0。每次输出一个素数,count++,当 count%5==0 时换行,用于控制每行输出 5 个数字。

```c
# include < stdio.h >
int main() {
    int n, i, j, flag, count = 0;
    printf("请输入一个正整数 n: ");
    scanf("%d", &n);
    for (i = 2; i <= n; i++) {          //外循环遍历 1~n 的所有整数
        flag = 1;                        //假设 i 是素数
        for (j = 2; j < i; j++) {        //内循环遍历 2~i-1 的所有整数
            if (i % j == 0) {            //判断 i 是否为素数
                flag = 0;                //不是素数
                break;                   //结束内循环,验证下一个整数是否为素数
            }
        }
        if (flag == 1) {                 //每输出 5 个素数换行
            printf("%10d", i);
            count++;
            if (count % 5 == 0) {
                printf("\n");
            } else {
                printf(" ");             //非行末元素用空格分隔
            }
        }
    }
    if (count % 5 != 0) {                //如果最后一行不足 5 个,补一个换行
```

循环结构程序设计

```
        printf("\n");
    }
    return 0;
}
```

运行结果：

请输入一个正整数 n: 100 ↙

2	3	5	7	11
13	17	19	23	29
31	37	41	43	47
53	59	61	67	71
73	79	83	89	97

哥德巴赫猜想是数论著名难题，其内容为任意大于 2 的偶数都可写成两个素数之和。尽管计算机技术推动了数学难题的验证进程（如 1994 年证实的费马大定理），该猜想理论证明仍悬而未决。中国数学家陈景润于 1973 年在《中国科学》上发表突破性成果，通过革新筛法成功证明"1+2"（大偶数可表示为一个素数与两个素数乘积之和），该成果被国际数学界命名为"陈氏定理"，誉为筛法理论"光辉顶点"，将猜想证明推进至最后阶段。这项里程碑式研究不仅彰显了人类探索数学真理的坚韧精神，更为最终攻克这一世界难题奠定了关键基石。

【案例 5.11】 验证哥德巴赫猜想：任意充分大的偶数，可以使用两个素数之和表示。用户输入一个大于 3 的偶数，输出两个素数之和表示该数。例如，输入 98，输出 98＝19＋79。

分析：读入偶数 n，将其表示为 n＝p＋q。令 p 从 2 开始，每次加 1。利用循环嵌套判断 p 与 q 是否是素数，当同为素数时，输出结果。

```
# include < stdio. h >
# include < math. h >
int main (){
   int i,n,p,q,flagp,flagq;           //n为用户输入的任意偶数,p、q为组成偶数的素数
   printf("请输入一个任意偶数 n:");
   scanf(" % d",&n);                   //输入一偶数
   p = 1;
   do
   { p++;
     q = n - p;
     flagp = 1;
     for(i = 2;i < = (int)sqrt(p);i++)      //判断 p 是否为素数
     {
       if(p % i == 0)
       {    flagp = 0;
            break;    }
     }
     flagq = 1;
     for(i = 2;i < = (int)sqrt(q);i++)      //判断 q 是否为素数
     {
       if(q % i == 0)
       {    flagq = 0;
            break ;    }
     }

   } while(flagp * flagq == 0);            //当 p、q 中有一个不为素数时,继续循环
```

```
    printf("%d=%d+%d\n",n,p,q);          //显示结果
    return 0;
}
```

程序执行说明：读入大于 3 的偶数 n,do···while 循环用于判断当前 p 与 q 组合是否满足均为素数且相加结果为 n。循环体内两个 for 循环分别用于判断 p 和 q 是否为素数。

5.4 知识要点和常见错误列表

本章重点介绍了 C 语言中三种循环控制结构及其相关语句：while、do···while、for 以及循环中断语句 break、continue 的使用方法。

while 和 do···while 语句的难点在于循环条件的使用和循环体的编写：当 while 后的条件满足时去执行循环体,不满足时退出循环。for 语句常被称作定数循环,一般来说,在循环次数已知或可确定的情况下,使用 for 循环较好。三种循环语句可以相互嵌套组成多重循环,也可以相互转换。

在设计循环结构程序时,应避免出现四循环的情况,即应保证循环控制变量的值在程序运行过程中可以得到修改,并使循环条件逐步变为假,从而结束循环。在使用循环相关语句构建程序时常见错误列表如表 5.2 所示。

表 5.2　本章知识常见错误列表

序号	错误类型	错误举例	分　析
1	在不该加分号的位置加了分号	while(t<0.001); (···)	";"是一条语句的结束符,不能加在语句中间,否则会割断完整的语句,出错。 ";"也是一条空语句,有时加错可能不给出任何错误提示,而是按计算机"认为"的逻辑来执行,while 后若 t 满足条件,直接循环无数次的空语句(形成死循环)

2	while 语句循环体内缺少循环控制变量修改语句	while(i<=3)
		{ sum=sum+i;
		}
			i 值为 1,i<=3 进入循环后,加到 sum 变量上,然后又判断 i<=3,又进入循环……左例运行后,会进入死循环,即程序无法正常结束,"死"在循环执行中

3	while 语句或 do···while 语句条件设置不合理	while(e<0.0001)
		{···
		w=fabs(x1−x2);
		i=1;
		do
		{···}while(i>10);
			while 的条件是继续循环的条件,不能当作结束循环的条件,如本例中本想判断是否满足误差精度,但写成了退出循环的条件
			do···while 中,本想从 1 加到 10,却因条件写错,无法进入循环体,仅执行一次就退出循环了。
			按字面理解记住 while 的意思就可以避免这种错误

4	do···while 结构少了分号";"	do{ ···}while(条件)	这里的 while(条件)已经是这个结构的最后部分,表示了结束,因此一定要加分号";"

5	do···while 结构少了 while	do
		{
		···
		}
			do 必须要有 while 进行条件的判断

循环结构程序设计

序号	错误类型	错误举例	分析
6	运行程序一次正确后误以为程序正确	程序只运行一次得到正确结果就以为完成一个题目了	专门设计一些输入数据(如选择程序要检查每个分支、循环程序要检查循环边界等),要多次运行均能得到正确结果
7	for循环内部";"使用错误	for(i=1,i>10,i++)	这是初学者常犯的一个错误,for语句里由三部分组成,它们之间一定要用分号";"间隔

8	for循环内部条件控制不够	for(i=1;i<10)
		或
		for(i<10,i++)
			for循环里的三个部分一个都不能少,若没有可以为空,但是";"不能省

9	for循环后加";"	for(i=1;i<10;i++);	for和if、while等结构一样,不能在语句中间随便加";",否则for循环体就不能被正常执行

10	for循环控制条件不正确	for(i=1;i>10;i++)
		或
		for(i=1;i<10;i--)
			由于控制循环的条件设计不正确,导致循环不能正常执行

实训5 循环结构程序设计

一、实训目的
(1) 理解和灵活应用双重循环结构编程。
(2) 熟悉屏幕上特殊格式输出的循环控制策略。

二、实训任务
(1) 实现在屏幕上输出指定格式九九乘法表。
(2) 计算 1!+2!+3!+…+n!的值
(3) 求若干学生的平均成绩,以输入负数成绩为结束。
(4) 编写程序,设计一个计算器帮助设计师计算桥梁支撑柱混凝土用量,用于工程材料估算。

三、实训步骤
(1) 实现在屏幕上输出指定格式九九乘法表。

算法分析:使用两层for循环结构实现。

for(i=1;i<=9;i++)控制被乘数。

for(j=1;j<=i;j++)控制乘数。

第一个for语句称为外循环,i表示被乘数。第二个for语句称为内循环,j表示乘数。嵌套重复循环结构总是先完整地执行内循环后,再执行外循环一次。例如:

在外循环 i=1 时,内循环 j 从 1 变化到 1,执行 1 次,求出第一行的积:1 * 1=1。

内循环完整执行后,返回到外循环,此时 i=2,内循环执行从 1 变化到 2,执行 2 次,求出第二行:2 * 1=2 2 * 2=4。

内循环完整执行后,返回到外循环,此时 i=3,内循环执行从 1 变化到 3,执行 3 次,求出第三行:3 * 1=3 3 * 2=6 3 * 3=9。

如此反复执行,外层循环重复 9 次,得到 9 行数据。

参考源程序 sx5-1.cpp 如下。

```c
# include < stdio.h>
# include < math.h>
int main()
{   int i,j;
    for(i = 1;i < = 9;i++)
      {   for(j = 1;j < = i;j++)
        {     printf(" % d * % d = % d ",i,j,i * j);
        }
        printf("\n");
      }
      }
```

程序运行结果：

```
1 * 1 = 1
2 * 1 = 2 2 * 2 = 4
3 * 1 = 3 3 * 2 = 6   3 * 3 = 9
4 * 1 = 4 4 * 2 = 8   4 * 3 = 12 4 * 4 = 16
5 * 1 = 5 5 * 2 = 10 5 * 3 = 15 5 * 4 = 20 5 * 5 = 25
6 * 1 = 6 6 * 2 = 12 6 * 3 = 18 6 * 4 = 24 6 * 5 = 30 6 * 6 = 36
7 * 1 = 7 7 * 2 = 14 7 * 3 = 21 7 * 4 = 28 7 * 5 = 35 7 * 6 = 42 7 * 7 = 49
8 * 1 = 8 8 * 2 = 16 8 * 3 = 24 8 * 4 = 32 8 * 5 = 40 8 * 6 = 48 8 * 7 = 56 8 * 8 = 64
9 * 1 = 9 9 * 2 = 18 9 * 3 = 27 9 * 4 = 36 9 * 5 = 45 9 * 6 = 54 9 * 7 = 63 9 * 8 = 72 9 * 9 = 81
```

（2）计算 1!＋2!＋3!＋…＋n!的值。

算法分析：在程序中，求累加和的 for 循环体语句中，每次计算 n!之前，都要重新设置 t 的初值为 1,以保证每次计算阶乘，都从 1 开始连乘。

参考源程序 sx5-2.cpp 如下。

```c
# include < stdio.h>
int main()
  {   int i,j,n;
      long t,sum = 0;
printf("请输入 n 的值:");
      scanf(" % d",&n);
      for(i = 1;i < = n;i++)        //外层循环重复 n 次,求累加和
        {   t = 1;                  //每次重置 t 值为 1,保证每次求阶乘都从 1 开始连乘
            for(j = 1;j < = i;j++)  //内层循环重复 1 次,计算 t = i!
            { t = t * j;
}
sum = sum + t;
}
      printf("sum = % ld\n",sum);
}
```

程序运行结果：

请输入 n 的值:4 ↙
sum = 33

（3）由用户依次输入若干学生的成绩,当输入为负数时结束录入,输出平均成绩。

循环结构程序设计

```
# include < stdio. h >
int main()
{
int n = 0 ;
float s = 0,score;
printf("请输入第%d名学生成绩: ",n+1);
scanf(" %f",&score);
while (score >= 0 )
  {
   n++;
   s = s + score;
   printf("请输入第%d名学生成绩: ",n+1);
   scanf(" %f",& score);
  }
 if(n>0)
printf ("\n%d名学生成绩的平均成绩为 %f", n,s/n);
else
printf("no student score!");
}
```

（4）桥下立柱的混凝土用量主要根据立柱的尺寸和桥梁的设计参数来确定。设计师会根据桥梁的跨度、宽度以及预期的交通负荷等因素，计算出立柱所需的承载能力和稳定性。进而确定立柱的尺寸，包括长、宽和高。一旦立柱尺寸确定，就可以通过体积公式（长×宽×高）来计算出所需的混凝土量。设计一个计算器程序，能够帮助设计师计算桥梁支撑柱混凝土用量，即计算多根圆柱形桥墩的混凝土总体积和平均体积，用于工程材料估算。

```
# include < stdio. h >
# define PI 3.14159                          //手动定义圆周率
int main()
 {
int n;                                       //桥墩数量
float r, h;                                  //半径和高度
float total = 0, volume;                     //输入桥墩数量
printf("请输入桥墩数量: ");
scanf(" %d", &n);                            //循环处理每个桥墩
for(int i = 1; i <= n; i++) {
printf("\n=== 第%d根桥墩 === ", i);
printf("\n 输入半径(米): ");
scanf(" %f", &r);
printf("输入高度(米): ");
scanf(" %f", &h);                            //计算单个体积(使用 r * r 代替平方运算)
volume = PI * r * r * h;
total += volume;
printf("本根体积: %.2f 立方米\n", volume);      } //输出统计结果
printf("\n===== 工程报告 ===== \n");
printf("桥墩总数: %d\n", n);
printf("混凝土总量: %.2f 立方米\n", total);
printf("平均单根用量: %.2f 立方米\n", total/n);
return 0;
}
```

习　题　5

一、选择题

1. 若有如下程序段，其中，s、a、b、c 均已定义为整型变量，且 a、c 均已赋值（c 大于 0）。

```
s = a;
for(b = 1;b < = c;b++) s = s + 1;
```

则与上述程序段功能等价的赋值语句是(　　　)。

  A. s＝a＋b; B. s＝a＋c; C. s＝s＋c; D. s＝b＋c;

2. 要求以下程序的功能是计算 $s = 1 + \frac{1}{2} + \frac{1}{3} + \cdots + \frac{1}{10}$：

```
main ()
{ int  n;   float  s;
s = 1.0;
for(n = 10;n > 1;n -- )
s = s + 1/n;
print(" % 6.4f\n",s);
}
```

程序运行后输出结果错误，导致错误结果的程序行是(　　　)。

  A. s＝1.0;   B. for(n＝10;n＞1;n－－)

  C. s＝s＋1/n;   D. printf("％6.4f\n",s);

3. 若 k 为整型，则 while 循环(　　　)。

```
k = 10;
  while(k = 0) k = k - 1;
```

  A. 执行 10 次   B. 无限循环

  C. 一次也不执行   D. 执行一次

4. t 为 int 类型，进入下面的循环之前，t 的值为 0。

```
while( t = 1 )
  { … }
```

则以下叙述中正确的是(　　　)。

  A. 循环控制表达式的值为 0   B. 循环控制表达式的值为 1

  C. 循环控制表达式不合法   D. 以上说法都不对

5. 程序的输出结果是(　　　)。

```
main()
{ int a, b;
  for(a = 1, b = 1; a < = 100; a++)
  { if(b > = 10) break;
    if (b%3 = = 1)
      { b += 3; continue; }
  }
  printf(" % d\n",a);
}
```

循环结构程序设计

　　A. 101　　　　　　B. 6　　　　　　C. 5　　　　　　D. 4

6. 有如下程序:

```
main0
{ int    i,sum;
for(i = 1;i < = 3;sum++)    sum += i;
printf(" % d\n",sum);
}
```

该程序的执行结果是(　　　)。

　　A. 6　　　　　　B. 3　　　　　　C. 死循环　　　D. 0

7. 有如下程序:

```
main()
{ int x = 23;
do
{ printf(" % d",x -- );}
while(!x);
}
```

该程序的执行结果是(　　　)。

　　A. 321　　　　　　　　　　　　B. 23

　　C. 不输出任何内容　　　　　　　　D. 陷入死循环

8. 有如下程序:

```
main0
{ int n = 9;
while(n > 6)    {n -- ;printf(" % d",n);}
}
```

该程序的输出结果是(　　　)。

　　A. 987　　　　　　B. 876　　　　　C. 8765　　　D. 9876

9. 以下程序段的输出结果是(　　　)。

```
int i;
for(i = 1;i < = 5;i++)              .
if (i % 2) printf (" * ") ;
else continue;
printf (" # ") ;
printf (" $ \n");
```

　　A. *** # $　　　　　　　　　B. # * # * # * $

　　C. * # * # * # $　　　　　　　D. ** # * $

10. 以下程序段的输出结果是(　　　)。

```
int s = 0, k;
for(k = 7;k > = 0;k -- )
{   switch (k)
{   case 1:
case 4:
case 7: s++; break;
case 2:
case 3:
```

```
case 6 :break;
case 0:
case 5: s += 2; break; }
    }
printf ("s = % d\n ",s);
```

     A．s＝5   B．s＝1   C．s＝3   D．s＝7

二、填空题

1. 程序运行后输出的结果是_____。

```
main()
{ int  i;
    for(i = 0;i < 3;i++)
        switch(i)
          { case  1:  printf(" % d",i); break;
            case  2:  printf(" % d",i);
            default:   printf(" % d",i);
          }
}
```

2. 下面程序运行后输出的结果是_____。

```
main()
    { int j, sum = 0;
for( j = 1;j < 10;j++)
        { sum = 0;
            sum = sum + j;
}
printf("sum = % 2d", sum);
}
```

3. 以下程序运行后,输出'＃'号的个数是_____。

```
＃include
main()
{ int i,j;
 for(i = 1; i < 5; i++)
  for(j = 2; j <= i; j++) putchar('＃');)}
```

4. 以下程序运行后的输出结果是_____。

```
main()
{ int i = 10, j = 0;
  do
{ j = j + i; i -- ;;}
  while(i > 2);
 printf(" % d\n",j);
}
```

5. 设有以下程序：

```
main()
{ int n1,n2;
  scanf(" % d",&n2);
while(n2!= 0)
  { n1 = n2 % 10;
    n2 = n2/10;
```

循环结构程序设计

```
   printf(" % d",n1);
  }
}
```

程序运行后,如果从键盘上输入 1298,则输出结果为_____。

6. 要使以下程序段输出 10 个整数,请填入一个整数。

```
for(i = 0;i < =  _____ ;printf(" % d\n",i += 2));
```

7. 若输入字符串:abcde <回车>,则以下 while 循环体将执行_____次。

```
While((ch = getchar()) == 'e') printf(" * ");
```

8.

```
# include < stdio. h >
int main()
{ int k,b = 1;
for(k = 1;k < 100;k++)
{   printf("k = % d,b = % d\n",k,b);     //输出 k,b 的值
if(b > 5)         //如果 b>5 则结束整个循环,否则执行下一条 if 语句
break;
if(b % 2 == 1)     //如果 b 与 2 取模值等于 1,则执行 b = b + 3,并结束此次循环,k++
{   b += 3;
continue;
}
b -- ;
}
}
```

程序运行结果:_____。

三、编程题

1. 输入两个正整数 m 和 n,求其最大公约数和最小公倍数。

2. 打印出所有的"水仙花数"。所谓"水仙花数"是指一个三位数,其各位数字立方和等于该数本身。例如,153 是一水仙花数,因为 $153 = 1^3 + 5^3 + 3^3$。

3. 抓交通肇事犯。一辆卡车违犯交通规则,撞人后逃跑。现场有三人目击事件,但都没记住车号,只记下车号的一些特征。

该车牌号是一个 4 位数。

甲说:牌照的前两位数字是相同的。

乙说:牌照的后两位数字是相同的,但与前两位不同。

丙是位数学家,他说:4 位的车号刚好是一个整数的平方。

请根据以上线索求出车牌号。

第6章 程序调试与算法评价

学习目的和要求
- 辨析源程序的语法错误、连接错误和运行错误。
- 理解、熟记常见语法错误提示信息。
- 积累语法错误类别和修正错误方法。
- 了解一个良好程序或算法的特点。
- 分析算法的复杂性和算法优化策略。

思政目标和思政点

"百鸡百钱"是我国南北朝时期数学家张丘建在《算经》一书中提出的数学问题,因此,张丘建是世界数学史上解决不定方程的第一人。古人的聪明才智是我们民族自豪、文化自信的源泉,可激发学生爱国情怀、民族复兴斗志。

调试程序是学习编程必须掌握的基本技能,对于编写高质量程序非常重要。"我的程序有错,但是看不懂哪里出了问题""我的程序没错,怎么没有运行结果呢?""我的程序运行结果不正确,如何找到错误?"本章将会帮助大家解决程序调试问题。

良好的程序设计风格,不仅美观,更会提高程序可读性。本章将系统地介绍"好"程序的特点、常见算法和算法评价及优化策略。

6.1 源程序错误

源程序在编辑、编译、连接和运行的各个阶段都可能会出现问题。编译器只能检查编译和连接阶段出现的问题,而可执行程序已经脱离了编译器,运行阶段出现问题编译器是无能为力的。如果编写的代码正确,运行时会提示错误(error)为 0 和警告(warning)为 0,如图 6.1 所示。

错误(error)表示程序不正确,不能正常编译、连接或运行,必须要纠正。

警告(warning)表示可能会发生错误(实际上未发生)或者代码不规范,但是程序能够正常运行,有的警告可以忽略,有的要引起注意,需要修正。

错误和警告可能发生在编译、连接、运行的任何时候。

6.1.1 语法错误

如果不遵循 C 语言的语法规则就会犯语法错误,类似于英语中的语法错误。C 的语法错误主要是指正确的符号放了错误的位置,或者丢失某些符号或定义。例如,在语句 flag=1; 后忘记写分号,就会出现错误提示;如果没有包含 math.h 头文件,就不能识别 sqrt 函数等。图 6.2 所示的提示信息就是针对这样的语法错误。

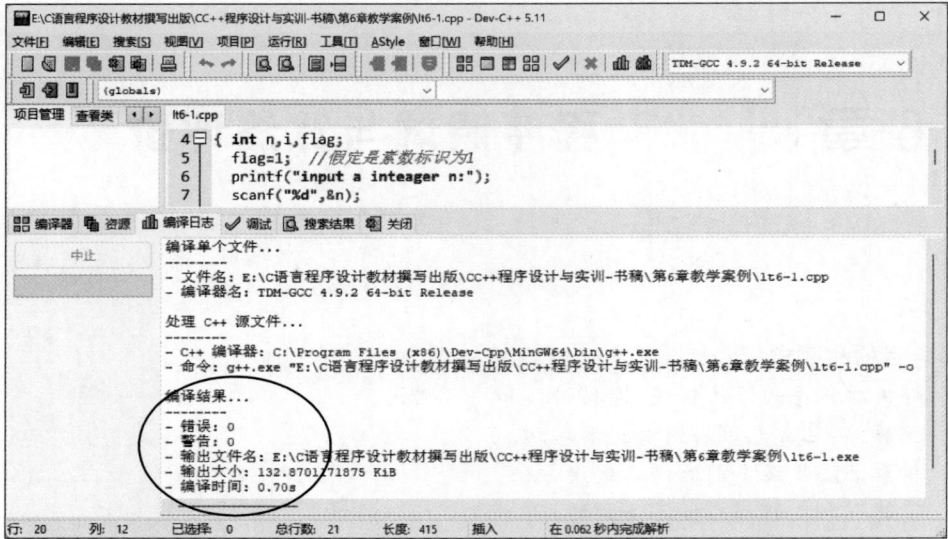

图 6.1　编译窗口

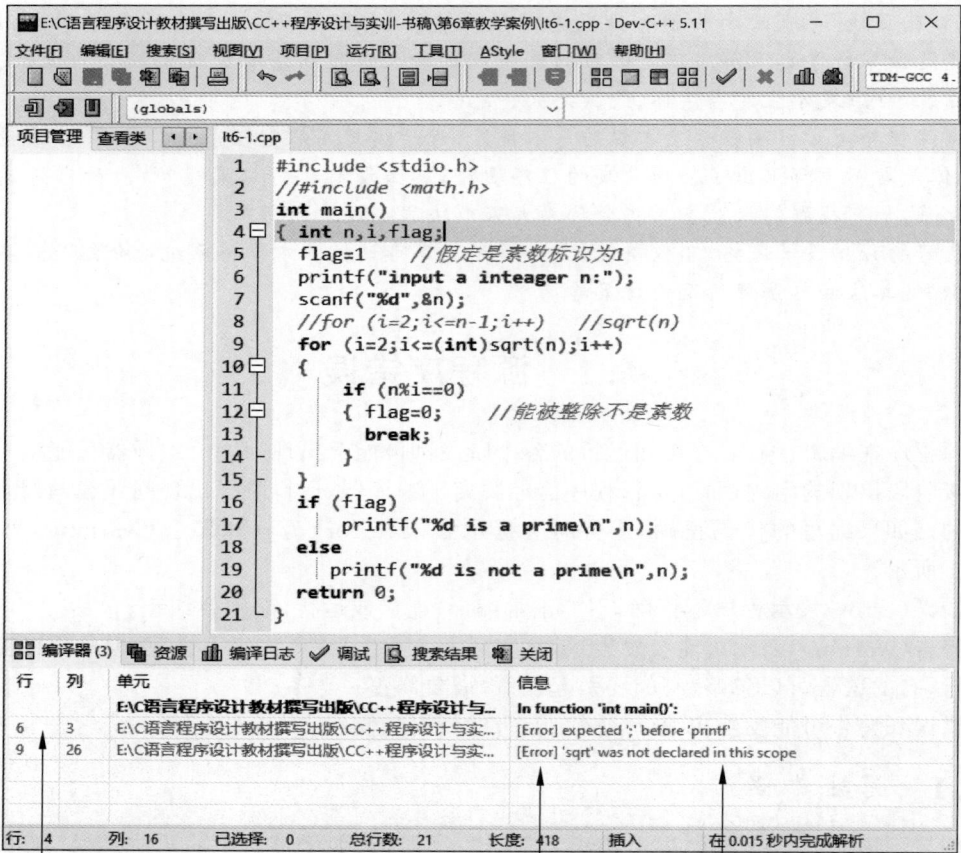

错误所在的文件和
行数、列数位置　　　　　　　　　错误类型（语法错误）　　具体错误原因

图 6.2　语法错误提示

提示信息的大概意思是：源文件第 6 行发生了语法错误，错误代码是 C2146，原因是标识符"printf"前面丢失了分号"；"；第 9 行错误代码是 C2065，原因是"sqrt"为未声明的标识符。因为"sqrt"函数在头文件 math.h 里定义，所以必须在源程序首部引入该头文件。

那么如何检测程序的语法错误呢？

首先，在编译前浏览程序的源代码，查看是否有明显的错误。

其次，利用编译器发现的错误排错（编译器的工作之一就是检查语法错误）。双击错误提示行，代码窗口就会高亮红色显示指向错误语句行。

6.1.2　逻辑错误

程序没有语法错误，不等于没有逻辑错误，如果编译没错，有时可能出现连接错误。如将 main() 函数写成 mian() 函数，就会出现"undefined reference to 'WinMain'"的提示。更为恼人的是，编译连接都通过了，运行结果不正确，就是犯了逻辑错误，又称为语义错误。编译器检测不到语义错误，就需要借助工具和输出中间结果，通过比较程序实际得到的结果和预期的结果来判断哪里出现了错误。

当然，还可以通过一行一行读程序，根据实验数据在脑子里或纸上模拟程序运行过程，记录程序运行结果，从过程中发现错误和修正错误，这就是"走程序"。

6.2　Debug 调试程序

Dev-C++ 提供的 debug 工具可以帮助我们调试程序，找出逻辑错误。

6.2.1　如何进入调试

首先确认 Dev-C++ 调试配置是否正常。

方法：在工具栏中单击"工具"→"编译器选项"按钮，在打开的"编译器选项"对话框中选择"代码生成/优化"→"连接器"→"产生调试信息"，将其设置为 Yes，如图 6.3 所示。

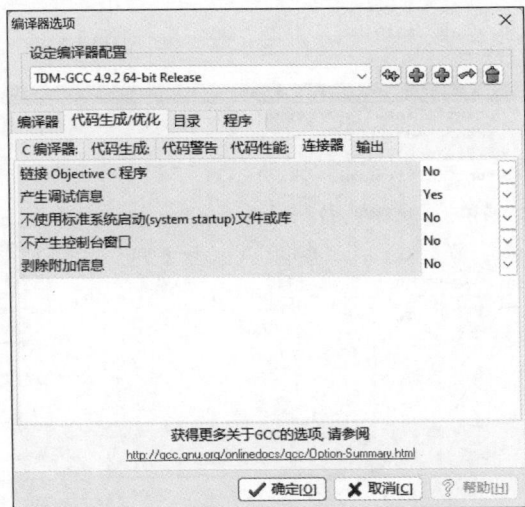

图 6.3　编译器选项

6.2.2 设置断点

程序编辑、存盘、编译完成后,就可以调试程序了,如果想让程序在某个重要语句或者感觉有错误的语句之前停下来,则需要设置断点。

断点是调试器设置的一个代码位置,当程序运行到断点时,程序中断执行,回到调试器,实现程序的在线调试。

设置断点的最简单方法:把光标移动到需要设置断点的代码行,单击行标,或者按快捷键 F4,或者右击,在弹出的快捷菜单选择"设置断点"均可。再次按键可以取消断点。

例如判断素数的程序中变量 flag 赋值非常关键,可设置断点观察变化情况。

6.2.3 单步执行

设置好断点后,就可以开始调试了。单击工具栏中的"√"按钮开启调试,如图 6.4 所示。

(1) 添加查看:单击"添加查看"按钮,可以添加观察变量。

(2) 下一步:单步执行程序,执行语句蓝色高亮显示。但当执行到函数调用语句时,不进入函数内部,而是一步直接执行完该函数后,接着再执行函数调用语句后面的语句。

(3) 下一条语句:执行一条语句。单步执行程序,并在遇到函数调用语句时,进入此函数内部单步执行。

(4) 跳过:继续执行程序,遇到下一个断点暂停执行。

(5) 跳过函数:跳出执行的函数。

(6) 查看 CPU 窗口:监控内存访问、分析寄存器状态、跟踪指令执行。

(7) 停止执行:停止调试程序。

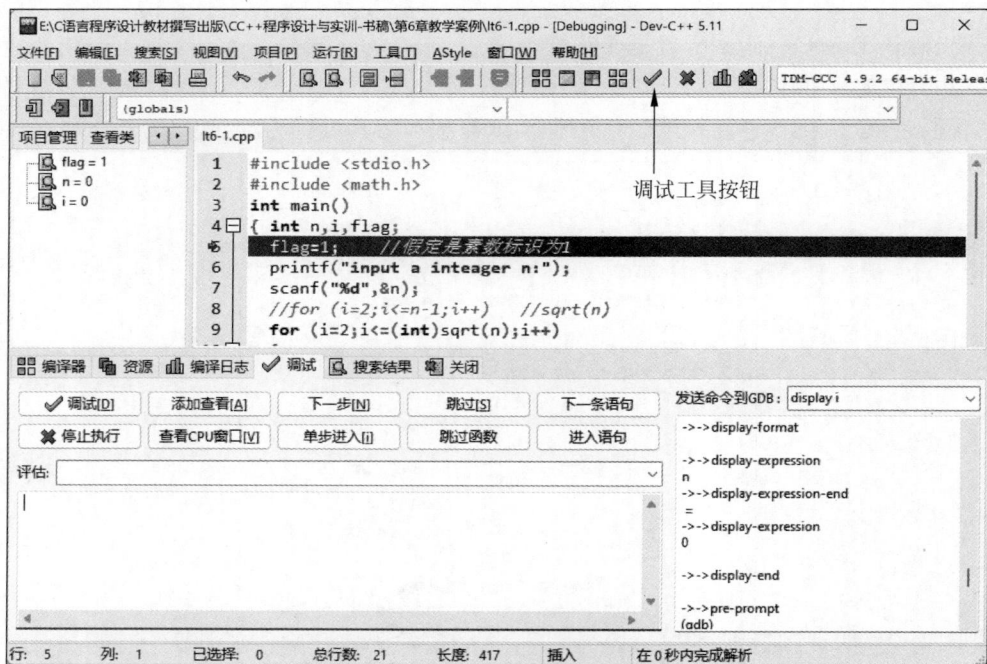

图 6.4 调试窗口

【案例 6.1】 判断 n 是否是素数。设置断点,观察变量 n、flag 和 i 的变化,如图 6.5 所示。

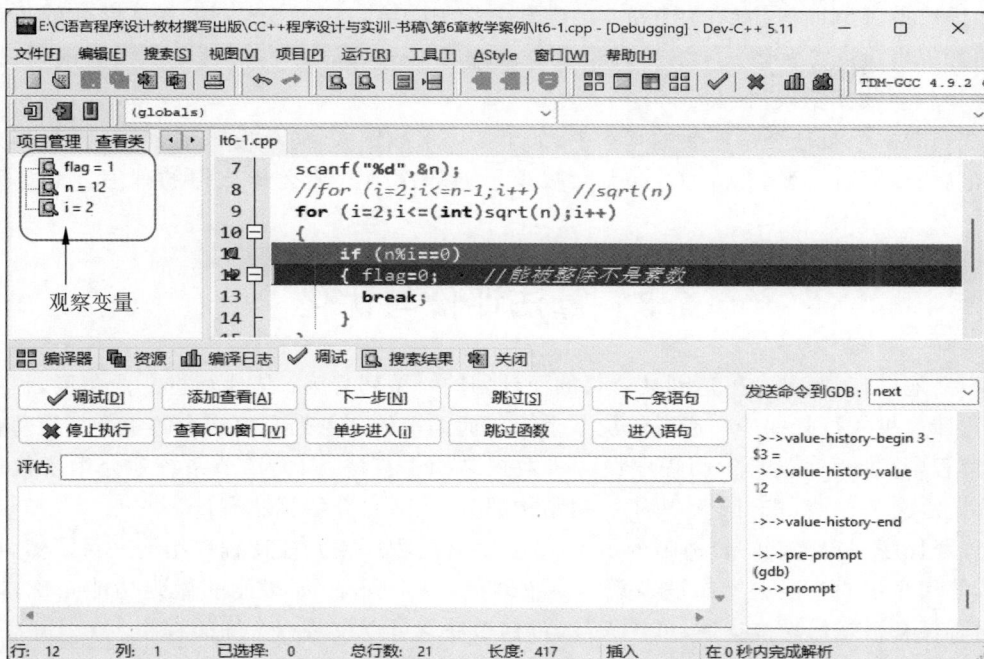

图 6.5 单步执行

源程序 TC6-1.cpp 的代码如下。

```c
# include < stdio. h>
# include < math. h>
int main()
{ int n,i,flag;
  flag = 1;                          //假定是素数标识为 1
  printf("input a integer n:");
  scanf(" % d",&n);
  //for (i = 2;i < = n - 1;i++)      //sqrt(n)
  for (i = 2;i < = (int)sqrt(n);i++)
  {   if (n % i == 0)               //设置断点
        { flag = 0;                 //能被整除不是素数,错写成 flag = 1,单步执行寻找错误
          break;  }
  }
  if (flag)
     printf(" % d is a prime\n",n);
  else
     printf(" % d is not a prime\n",n);
  return 0;
}
```

第一步:编译连接源程序 TC6x-1.cpp,生成.exe 可执行文件。
第二步:在 if 语句行设置断点。
第三步:单击"调试"按钮。
第四步:"添加查看"变量。
第五步:单击"下一步"按钮执行,观察变量值的变化。

第 6 章

程序调试与算法评价

图 6.5 是单步执行的中间结果显示界面,通过观察中间结果值可以找到逻辑错误。例如,如果错把 if 判断语句里的"flag＝0;"错写成"flag＝1;",就会输出 12 是素数的错误结果,此时单步执行"12%2＝＝0;",理论上应该改写 flag 的值为 0,界面显示没有改写(因为 flag＝1)就会找到错误语句。

在判断一个数是否是素数的算法中,如果按照素数定义,循环应该从 2 到 n−1,但是算法优化后,仅判断从 2 到 sqrt(n),大大减少了循环次数。那么什么样的程序才是好的程序呢?

6.3 算法评价与优化

广义地讲,程序是为了达到某个目的而计划的一系列行为;从计算机专业角度,程序是为了让计算机执行某些操作或者解决某个问题而编写的一系列有序指令的集合。编写程序就是编程,称为程序设计。而程序设计＝数据结构＋算法,前面章节系统地介绍了数据类型、数据定义及存储,相当于解决了数据结构部分,本节将介绍算法设计。

写好程序一定要有一个清晰的逻辑思维,良好的程序格式能使程序结构一目了然,可读性好,使程序中的错误更容易被发现。简单地说,一个程序,如果能够做到功能正确,性能好,同时具有很好的易维护性、可扩展性、可移植性就可以说是一个好的程序。

可以通过如下问题来判别某个程序是否是好程序。

- 它正确吗?
- 它容易读懂吗?
- 它有完善的文档吗?
- 它容易修改吗?
- 它在运行时需要多大内存?
- 它的运行时间有多长?
- 它的通用性如何? 能不能不加修改就可以用它来解决更大范围的问题?
- 它可以在多种机器上编译和运行吗?

6.3.1 良好的程序标准

1. 命名原则

用户定义的变量、函数和文件名称使用具有描述意义的名字,局部变量使用短名字,函数采用动作性的名字,名称要保持一致性。常见的命名规则如表 6.1 所示。

表 6.1 常见的命名规则

序号	类　型	描　述	示　例
1	驼峰命名法	首字母小写,每个逻辑点使用大写字母来标记。一般用于全局变量、函数、结构体变量、对象名	myData
2	匈牙利命名法	变量名前面加上相应的小写字母的符号标识作为前缀,标识出变量的作用域、类型等	i_MyData
3	帕斯卡命名法	与驼峰命名法类似,只是首字母大写,一般用于结构名、类名	MyData
4	下画线命名法	函数名中的每个逻辑断点都用下画线分隔,一般用于函数、变量	my_data

2. 缩进格式

使用缩进形式显示程序结构,使用一致的缩行风格;使用空行分隔模块。

3. 添加注释

充分而合理地使用程序注释,给函数和全局数据、重要变量添加注释。

4. 避免歧义

不要滥用语言技巧,使用表达式的自然形式;利用括号排除歧义;分解复杂的表达式;当心副作用,如++运算符具有副作用。

5. 程序的健壮性

健壮性又称为鲁棒性,是指程序对于规范要求以外的输入情况的处理能力。所谓健壮的系统是指对于规范要求以外的输入能够判断出这个输入不符合规范要求,并能有合理的处理方式,具有容错性。

6. 模块化编程

程序的编写不是开始就逐条录入计算机语句和指令,而是首先用主程序、子程序、子过程等框架把软件的主要结构和流程描述出来,并定义和调试好各框架之间的输入、输出连接关系。也就是把复杂的问题分解为若干独立问题,将独立的功能或算法设计为函数,从而提高代码重用率。

6.3.2 算法评价

算法就是解决问题的方法,一系列的计算步骤,用来将输入数据转换成输出结果。计算机可以做到很快,但是不能做到无限快,存储也可以很便宜但是不能做到免费。那么问题就来了——效率,解决同一个问题的各种不同算法的效率常常相差非常大,这种效率上的差距往往比硬件和软件方面的差距还要大。那么,如何评价算法?

1. 正确性

一个算法对其每一个输入的实例,都能输出正确的结果并停止,则称为正确的,一个正确的算法能解决给定的计算问题。不正确的算法对于某些输入来说,可能根本不会停止,或者停止时给出的不是预期的结果。

2. 可读性

可读性指算法是否易于他人理解和修改。一个好的算法应该能够让其他人明白其逻辑,并且方便进行修改和调试。

3. 健壮性

健壮性指算法处理异常数据的能力。一个健壮的算法能够在面对不合理的数据输入时,仍然能够正常运作或者给出合理的处理结果。

4. 高效性

高效性包括时间复杂度和空间复杂度。时间复杂度是指算法执行过程中所需的时间,而空间复杂度是指算法所需的内存空间。一个高效的算法应该在保证正确性的前提下,尽可能减少计算时间和内存消耗。

算法的时间复杂度反映了程序执行时间随输入规模增长而增长的量级,在很大程度上能很好地反映出算法的好坏。

一个算法花费的时间与算法中语句的执行次数成正比,哪个算法中语句执行次数多,花费的时间就越多。一个算法中的语句执行次数称为语句频度或时间频度,记为 $T(n)$。例如前面判断素数的例题中,核心语句为

```
for (i = 2;i < = n - 1;i++)
  { if (n % i == 0)
    { flag = 0;                    //能被整除不是素数
      break;}
  }
```

循环次数与问题的规模 n 相关,$T(n) = n$,一般记为 $O(n)$。

一般情况下,算法中基本操作重复执行的次数是问题规模 n 的某个函数,用 $T(n)$ 表示。若有某个辅助函数 $f(n)$,使得当 n 趋近于无穷大时,$T(n)/f(n)$ 的极限值为不等于零的常数,则称 $f(n)$ 是 $T(n)$ 的同数量级函数,记作 $T(n) = O(f(n))$,称 $O(f(n))$ 为算法的渐进时间复杂度,简称为时间复杂度。

在计算时间复杂度的时候,先找出算法的基本操作,然后根据相应的各语句确定它的执行次数,再找出 $T(n)$ 的同数量级。常见的算法时间复杂度由小到大依次为

$$O(1) < O(\log_2 n) < O(n) < O(n\log_2 n) < O(n^2) < O(n^3) < \cdots < O(2^n) < O(n!)$$

例如,百钱买百鸡的算法复杂度为 $O(n^3)$,二分查找的算法复杂度为 $O(\log_2 n)$。

6.3.3 算法优化

算法优化是指通过改进算法的设计和实现,以提高其性能和效率的过程。优化的目标通常包括减少时间复杂度和空间复杂度,使算法在处理大规模数据时更加高效。算法优化的常见方法如下。

(1)减少重复计算。在许多算法中,可能会出现重复计算的问题。通过减少循环、使用动态规划或记忆化技术,可以存储已计算的结果,从而避免重复计算。

(2)使用更高效的数据结构。选择合适的数据结构对算法的性能有着直接影响。例如,使用哈希表可以实现 $O(1)$ 的查找时间。

(3)并行处理。通过并行处理技术,同时执行多个计算任务,从而显著提高算法的执行速度。

(4)算法融合。将多个简单算法融合成一个更高效的算法,可以减少计算复杂度。

下面通过案例“百钱买百鸡”问题求解展示算法优化的过程和效果。

“百鸡百钱”是我国南北朝时期数学家张丘建在《算经》一书中提出的数学问题:“鸡翁一值钱五,鸡母一值钱三,鸡雏三值钱一。百钱买百鸡,问鸡翁、鸡母、鸡雏各几何?”

《算经》一书现传本有 92 问,比较突出的成就有最大公约数与最小公倍数的计算、各种等差数列问题的解决、某些不定方程问题求解等。张丘建是世界数学史上解决不定方程的第一人,百鸡问题也几乎成为不定方程的代名词,首次提出三元一次不定方程及其解法,比欧洲发现和研究这个问题早一千多年。张丘建从小聪明好学,酷爱算术,一生从事数学研究,造诣很深。古人的聪明才智是我们民族自豪、文化自信的源泉,可激发学生爱国情怀、民族复兴之斗志。

【案例 6.2】 百钱买百鸡。

问题分析:设鸡翁、鸡母和鸡雏分别为 cock、hen 和 chicken,根据题意则有下式成立。

$$cock + hen + chicken = 100(只) \quad (1)$$

$$5×cock＋3×hen＋chicken/3＝100（钱）（2）$$

假定 100 钱全部用来买鸡翁,最多 20 只,所以 cock 取值为[1,20]。以此类推,可知 hen 取值为[1,33],鸡雏最多 100 只,取值为[3,100]。用最简单的枚举法编程,算法时间复杂度为 $O(n^3)$,源程序 TC6-2-1.cpp 代码如下。

```c
# include < stdio.h >
int main()
{ int cock,hen,chicken,k = 0;               //k 为循环次数
 for(cock = 1;cock < = 20;cock++)
   for(hen = 1;hen < = 33;hen++)
     for(chicken = 3;chicken < = 100;chicken += 3)
     { k++;
       if((cock * 5 + hen * 3 + chicken/3 == 100)&&(cock + hen + chicken == 100))
           printf("鸡翁 = % d,鸡母 = % d,鸡雏 = % d\n",cock,hen,chicken);
     }
 printf(" 共计循环 % d 次\n",k);
  return 0;
}
```

运行结果如图 6.6 所示。

为了减少循环次数,将三重循环改为双重循环,从图 6.7 可见,循环次数大大减少。程序代码优化后,算法时间复杂度为 $O(n^2)$。源程序 TC6-2-2.cpp 代码如下。

```c
# include < stdio.h >
int main()
{ int cock,hen,chicken,k = 0;               //k 为循环次数
 for(cock = 1;cock < = 20;cock++)
   for(hen = 1;hen < = 33;hen++)
   { chicken = 100 – cock – hen;
     k++;
     if((cock * 5 + hen * 3 + chicken/3 == 100) &&(chicken % 3 == 0))
         printf("鸡翁 = % d,鸡母 = % d,鸡雏 = % d\n",cock,hen,chicken);
   }
 printf(" 共计循环 % d 次\n",k);
return 0;
}
```

运行结果如图 6.7 所示。

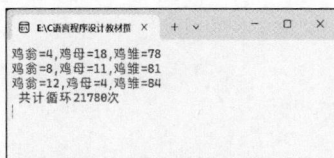

图 6.6 百钱百鸡三重循环运行结果

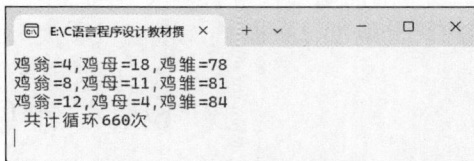

图 6.7 百钱百鸡双重循环运行结果

继续优化程序,式(2)两边乘以 3 变为 $15×cock＋9×hen＋chicken＝300$,减去式(2),得 $14×cock＋8×hen＝200$,进而化简为 $7×cock＋4×hen＝100$,程序代码优化,算法时间复杂度为 $O(n)$。源程序 TC6-2-3.cpp 代码如下。

```c
# include < stdio.h >
int main()
{ int cock,hen,chicken,k = 0;               //k 为循环次数
```

程序调试与算法评价

```
    for(cock = 1;cock <= 20;cock++)
     { k++;
       hen = (100 − 7 * cock)/4;
       chicken = 100 − cock − hen;
      if((chicken > 0)&&(hen > 0) &&((100 − 7 * cock) % 4 == 0))        //hen 为 4 的倍数
         printf("鸡翁 = % d,鸡母 = % d,鸡雏 = % d\n",cock,hen,chicken);
     }
    printf(" 共计循环 % d 次\n",k);
    return 0;
}
```

从图 6.8 看到,循环次数降到 20 次。

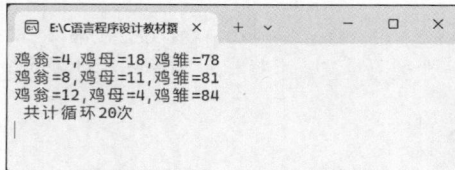

图 6.8　百钱百鸡单重循环运行结果

由式 $7×cock＋4×hen＝100$ 可以得到 $hen＝25−7/4×cock$,$hen＞0$,$cock$ 为 4 的倍数,只能取 4、8、12,很快计算得到结果。源程序甚至可以优化为 $O(1)$ 的顺序结构算法,但是仍然采用循环语句实现。源程序 TC6-2-4.cpp 代码如下。

```
# include < stdio. h>
int main()
{ int cock,hen,chicken,k = 0;                  //k 为循环次数
 for(cock = 4;cock <= 12;cock += 4)
  { k++;
    hen = 25 − 7 * cock/4;
    chicken = 100 − cock − hen;
    if((chicken > 0)&&(hen > 0))              //hen 为 4 的倍数
      printf("鸡翁 = % d,鸡母 = % d,鸡雏 = % d\n",cock,hen,chicken);
  }
 printf(" 共计循环 % d 次\n",k);
  return 0;
}
```

百钱百鸡问题用枚举法解决,算法由三重循环优化为二重循环,再进而优化为单重循环,循环次数由 21 780 降到 3,算法效率大大提高。

6.4　常见基础算法

算法是一个程序和软件的灵魂,只有对基础算法全面掌握,才能在设计程序和编写代码的过程中显得得心应手。常见的基础算法有枚举算法、递推算法、迭代算法、排序算法、查找算法、递归算法、搜索算法、动态规划、分治算法、贪心算法等,本节介绍枚举、递推和迭代算法。

6.4.1　枚举算法

枚举法又称为穷举法和暴力破解法,利用计算机运算速度快、精确度高的特点,对要解

决问题的所有可能情况一个不漏地进行检验,从中找出符合要求的答案。因此,枚举法是通过牺牲时间来换取答案的全面性。

【案例 6.3】 根据算式(如图 6.9 所示),算出汉字所代表的数字。

$$
\begin{array}{r}
\text{我是程序员} \\
\times \quad \text{我} \\
\hline
\text{员员员员员}
\end{array}
$$

图 6.9 汉字算式

算法分析:设"我"为 n1,"是"为 n2,"程"为 n3,"序"为 n4,"员"为 n5,则根据算式满足:

$$(n1 \times 10000 + n2 \times 1000 + n3 \times 100 + n4 \times 10 + n5) \times n1$$
$$= n5 \times 100000 + n5 \times 10000 + n5 \times 1000 + n5 \times 100 + n5 \times 10 + n5$$
$$n1 \in [1,10), n2, n3, n4, n5 \in [0,10)$$

源程序 lt6-3.cpp 代码如下。

```c
# include < stdio.h>
void main()
{ int n1,n2,n3,n4,n5;
 int multi,result;
 for (n1 = 1;n1 < = 9;n1++)
    for (n2 = 0;n2 < = 9;n2++)
        for (n3 = 0;n3 < = 9;n3++)
            for (n4 = 0;n4 < = 9;n4++)
                for (n5 = 0;n5 < = 9;n5++)
                  { multi = n1 * 10000 + n2 * 1000 + n3 * 100 + n4 * 10 + n5;
                   result = n5 * 100000 + n5 * 10000 + n5 * 1000 + n5 * 100 + n5 * 10 + n5;
                   if (multi * n1 == result)
                    { printf("我:% d  ",n1);
                     printf("是:% d  ",n2);
                     printf("程:% d  ",n3);
                     printf("序:% d  ",n4);
                     printf("员:% d",n5);
                    }  //if
                  }    //for
   printf("\n");
}
```

程序运行结果:

我:7 是:9 程:3 序:6 员:5

枚举法是一种常用的算法,思路简单,但是时间复杂度很高,案例 6.3 的时间复杂度为 $O(n^5)$。判断素数、百钱买百鸡、寻找水仙花数、寻找完数等都是枚举法典型的应用。

6.4.2 递推算法

递推算法是一种简单的算法,即通过已知条件,利用特定关系得出中间推论,直至得到结果的算法。递推算法分为顺推和逆推两种,如斐波那契数列就是一种顺推法。

【案例 6.4】 利用递推法计算下式:

$$y = 1 + 1/(1 \times 2) + 1/(2 \times 3) + 1/(3 \times 4) + \cdots$$

要求精确到 10 的 -6 次方(精确计算问题)。

算法分析:这种题目的关键是每一个累加项的表示,通过认真观察,得到第 i 项表示为 $1/(i * (i+1))$。

源程序 lt6-4.cpp 主要代码如下。

```
# include < stdio.h>
void main()
{   double b = 1.0,sum = 1.0,i = 1;
    do
    {
      b = 1/(i * (i + 1));          //中间递推项
      sum += b;
      i++;
    }while(b >= 0.000001);          //计算精度
    printf("y = % lf\n",sum);
}
```

程序运行结果：

y = 1.999001

【案例6.5】 猴子吃桃子：猴子第一天摘下若干个桃子,当即吃了一半,还不过瘾,又多吃了一个。第二天早上又将剩下的桃子吃掉一半,又多吃一个。以后每天早上都吃了前一天剩下的一半零一个。到第 10 天早上想再吃时,见只剩下一个桃子了。求第一天共摘多少桃子。

算法分析：设第 n 天的桃子为 x_n,它是前一天的桃子数的一半少 1 个,即 $x_{n-1}/2 - 1 = x_n$,则得到递推公式：$x_{n-1} = (x_n + 1) \times 2$。

源程序 TC6-5.cpp 主要代码如下。

```
# include < stdio.h>
main()
{
    int n,i,x;
     n = 1;
     for(i = 9;i >= 1;i -- )
    { x = 2 * (n + 1);
      n = x;
      printf("猴子第 % d 天有 % d 个桃子\n",I,x);
    }
    printf("猴子第一天共摘 % d 个桃子\n",x);
}
```

程序运行结果：

猴子第 9 天有 4 个桃子
猴子第 8 天有 10 个桃子
猴子第 7 天有 22 个桃子
猴子第 6 天有 46 个桃子
猴子第 5 天有 94 个桃子
猴子第 4 天有 190 个桃子
猴子第 3 天有 382 个桃子
猴子第 2 天有 766 个桃子
猴子第 1 天有 1534 个桃子
猴子第一天共摘 1534 个桃子

6.4.3 迭代算法

迭代算法也称为辗转法,是一种不断用变量的旧值递推新值的过程。迭代算法常常用

于解决高次方程解问题。迭代算法的关键是迭代公式,可以通过牛顿迭代公式导出。牛顿迭代公式为

$$x_{n-1} = x_n - \frac{f(x)}{f'(x)}$$

【案例 6.6】 求高次方程根 $x = \sqrt[3]{a}$ 的近似解,精度 ε 为 10^{-5},迭代公式为

$$x_{i+1} = \frac{2}{3}x_i + \frac{a}{3x_i^2}$$

算法步骤如下。

(1)选择方程的近似根作为初值赋值给 x1。

(2)将 x1 的值保存于 x0,通过迭代公式求得新近似根 x1。

(3)若 x1 与 x0 的差绝对值大于指定的精度 ε 时,继续执行步骤(2)迭代;否则 x1 就是方程的近似解。

源程序 TC6-6.cpp 主要代码如下。

```
#include <stdio.h>
#include <math.h>
void main()
{   double x0,x1;
    int a;
    printf("please input a:");
    scanf("%d",&a);
    x0 = 1.0;
    do
    {   x1 = x0;
        x0 = 2.0/3 * x1 + a/(3 * x1 * x1);
    }while (fabs(x0 - x1) > 1e-5);
    printf("%d 的立方根 %f\n",a,x0);
}
```

程序运行结果:

```
please input a:27↙
27 的立方根 3.000000
```

常用算法还有排序查找算法(第 7 章讲述)和递归算法(第 8 章讲述)。

实训 6　算法应用和算法评价

一、实训目的

(1)掌握程序的调试方法和技巧。

(2)灵活应用基础算法解决实际问题。

(3)按照良好程序的风格设计源程序代码。

(4)理解算法评价和优化策略。

二、实训任务

用 1×1 和 2×2 的地砖不重叠铺满 $N \times 3$ 的地面,共有多少种方案?

三、解题思路

设 $f[i]$ 表示 $i \times 3$ 的地板铺设方法,$f[1] = 1$,表示只有一种方法,用三块 1×1 地砖铺

满 $i \times 3$ 的地面；$f[2] = 3$，表示有三种方法铺满 2×3 的地面，如图 6.10 所示。

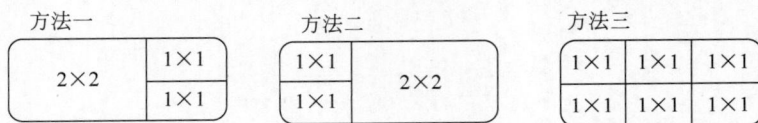

图 6.10　铺满 2×3 地面的三种方案

以此类推，$i \times 3$ 的地板比 $(i-1) \times 3$ 的地板多的地方全铺上 1×1 的地砖，一种方案；$i \times 3$ 的地板比 $(i-2) \times 3$ 的地板多的地方铺上 2×2 的地砖和两块 1×1 的地砖，两种方案。因此得到递推公式：

$$f[i] = f[i-1] + 2f[i-2]$$

四、参考代码

源程序 EC6-1.cpp 的代码如下。

```
# include < stdio. h >
# define N 100
int main()
{ long f[N];                    //铺满 N * 3 地面的方案
  int i, wide;                  //地面的宽度
  f[1] = 1;
  f[2] = 3;
  for (i = 3; i < 10; i++)
      f[i] = f[i - 1] + 2 * f[i - 2];
  printf("please input wide:");
  scanf(" % d", &wide);
  printf("铺满 % d * 3 的地面有 % ld 种方案\n", wide, f[wide]);
  return 0;
}
```

运行源程序，结果如图 6.11 所示。

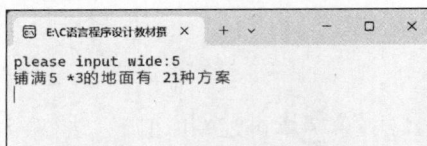

图 6.11　运行结果

程序采用递推算法，核心代码使用 for 循环计算数组 f，算法时间复杂度为 $O(n)$。

习　题　6

一、程序调试题（通过 debug 调试功能改正下列代码中的语法错误和运行错误）

```
const int Max_N = 5;            //有错，注意中英文符号
main()
{ int N;                        //总人数
  int i;                        //循环变量
  float Mark[Max_N];            //学生成绩
  float MaxMark;                //最高分
  float MinMark;                //最低分
```

```
    float AvgMark;                    //平均成绩
    int Num90 = 0;                    //90~100 分人数
    int Num80 = 0;                    //80~89 分人数
    int Num70 = 0;                    //70~79 分人数
    int Num60 = 0;                    //60~69 分人数
    int Num0 = 0;                     //60 分以下人数
    printf(" 请输入总人数 N = ");
    scanf(" % d",N);                  //有错,注意变量地址
     for(i = 0;i < N;i++)
     { printf("Mark[ % d] = ",i);
       scanf(" % f",Mark[i]);
     }
    for(i = 0;i < N;j++)              //有错
    { if (Mark[i]> MaxMark)          //运行错误
          MaxMark = Mark[i];
      if (Mark[i]< MinMark)          //运行错误
          MinMark = Mark[i];
      switch (Mark[i]/10)            //运行错误
      { case 9,10: Num90++;          //运行错误
        case 8: Num80++;
        case 7: Num70++;
        case 6: Num60++;
        default: Num0++;
      }
    }
    printf("最高分 MaxMark = % f\n",MaxMark);
    printf("最低分 MinMark = % f\n",MinMark);
    printf("平均分 AvgMark = % f\n",AvgMark);
    printf("90~100 分人数 :df\n",Num90);
    printf("80~89 分人数 :df\n",Num80);
    printf("70~79 分人数 :df\n",Num70);
    printf("60~69 分人数 :df\n",Num60);
    printf("60 分以下人数 :df\n",Num0);
}
```

二、编程题

1. 求 $e = 1 + 1/1! + 2/2! + \cdots + n/n!$，输入 $n = 10$。

2. 一球从 100m 高度自由下落,每次落地后返回原高度的一半,再落下。求它在第 10 次落地时共经过多少米? 第 10 次反弹多高?

3. 用牛顿迭代法求下面方程在 1.5 附近的根:

$$2x^3 - 4x^2 + 3x - 6 = 0$$

(提示:牛顿迭代法一般形式是 $x = x_0 - f(x_0)/f'(x_0)$)

4. 一个数如果恰好等于它的因子之和,这个数就称为"完数"。例如,6 的因子为 1、2、3,而 6 = 1 + 2 + 3,因此 6 是完数。编程序找出 1000 之内的所有完数,并按下面的格式输出其因子:6 its factors are 1、2、3。

程序调试与算法评价

第7章　数　组

学习目的和要求

- 理解数组的概念。
- 描述数组在内存中的存放形式。
- 使用一维数组、二维数组存储、引用批量数据。
- 辨别字符串与字符数组的区别。
- 运用各种字符串库函数处理字符串数据。

思政目标和思政点

数组作为现代计算机程序中的核心基础设施之一，体现了团结协作的重要价值：每一个元素各司其职，共同组成强大的整体功能。这与中华民族的"家国情怀"理念相呼应，将个人发展积极融入集体，为社会和国家贡献力量。

思政案例"代码绘古韵——杨辉三角中的文化密码"，利用二维数组打印输出杨辉三角，从中体会构造过程中的系统化思维与科学探索精神。通过观察其中规律，在严谨的逻辑推理中感受数学之美，同时培养精益求精的治学态度。数组的有序性映射社会规则意识，强调在编程中遵循规范（如防止数组越界），体现的是在技术实践中的责任意识与全局观念。通过协作实现复杂算法，强化的是团队协作与问题解决能力，践行知行合一的工程伦理。

7.1　一维数组

前6章主要讨论了C语言中基本数据类型的处理。基本数据类型所定义的变量，在内存中拥有各自的内存单元。例如第5章中的实训任务（3），虽然依次录入了若干名学生成绩，并计算输出了平均成绩，但是，如果想要查询第一名学生成绩，则需通过定义多个变量的方式，将每一位学生成绩进行分别存储。如果需要处理100名学生的成绩，就需要定义100个变量存储数据，再对这些变量进行各种比较、交换、计算操作，复杂程度无法想象。因此，C语言提供了一种简单的构造数据类型——数组，将这些分散的变量聚集在一起。

数组是一组同类型的数据项的有序集合。其中的每一个数据项称为数组元素，并按顺序存放在一片连续的存储单元中。通过数组对象的数组名和整数表示的下标来表示引用相对应的数组元素。对于数组的操作，一般通过循环进行。

7.1.1　一维数组的定义

只使用一个下标编号的数组叫作一维数组。

一维数组定义的一般形式如下。

[*存储类型*] 数据类型 数组名[整型常量表达式];

关于一维数组定义的几点说明如下。

（1）存储类型表示数组中各元素的存储类别，将在第 8 章中进行说明。

（2）数据类型表示数组元素的数据类型，是 C 语言中的任何数据类型，如 int、float、char 及后续章节将要介绍的指针、结构体等类型。

（3）允许在同一个数据类型下，定义多个数组和多个变量。

例如：

```
float a,b,c,d,x1[100],x2[200];
```

（4）数组名是用户自定义的标识符，与变量名一样，需遵循 C 语言标识符的命名规则。它表示数组在内存中的起始地址，也是数组第一个元素在内存中的地址。

（5）数组名后的方括号中的常量表达式表示数组元素的个数，是一个整数，又称为数组长度。

例如：

```
#define N 10
int a[5],b[N];          //定义了两个整型数组,数组 a 有 5 个元素,数组 b 有 10 个元素
float f_a[5+10];        //定义了一个有 15 个数组元素的单精度浮点型数组 f_a
char str_a[2*5+N];      //定义了一个有 20 个数组元素的字符型数组 str_a
int c[2.5],n=5;         //错误,数组大小不能是浮点型常量
float f_b[n];           //错误,数组大小不能是变量
char str_b[n+10];       //错误,数组大小不能是变量表达式
```

（6）数组定义后，系统为其分配存储数据的内存单元，内存单元大小与数组元素类型及数组长度相关。计算数组所占内存单元公式如下。

$$数组所占内存单元的字节数＝数组大小×sizeof(数组元素类型)$$

例如，若定义 int a[10];则数组 a 所占内存单元字节数为 $10×sizeof(int)＝10×4＝40$。

7.1.2　一维数组元素的引用

数组元素是组成数组的基本单元。数组元素等同于一般变量，数组中的各个元素又称为下标变量，引用数组元素的方法一般采用下标方法。数组元素引用的一般形式为

数组名[下标表达式]

关于一维数组元素引用的几点说明如下。

（1）"下标表达式"是任何非负整型数据，如整型常量或整型表达式，取值范围是 0～（元素个数－1）。

例如，对于 int a[10];，系统为数组 a 分配 10 个 int 型单元（每单元 4B）的内存区域，其中数组的第 1 个元素是 a[0]，第 2 个元素是 a[1]，…，第 10 个元素是 a[9]。假设数组 a 所占内存单元的首地址为 1000，则数组变量 a 在内存中的存放形式如图 7.1 所示。

（2）一个数组元素，就相当于一个普通变量，它具有和相同类型普通变量一样的属性，可以对它进行各种运算。

例如，

```
a[0]=1;             //为数组 a 的第 1 个元素赋值 1
```

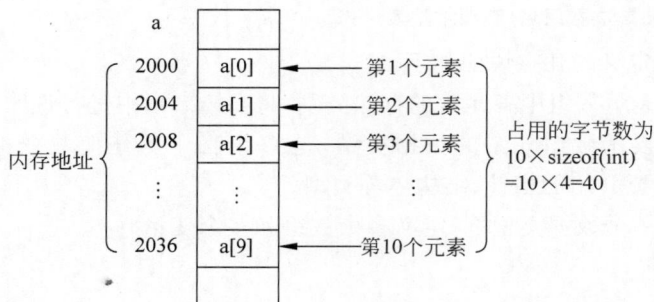

图 7.1　数组 a 的内存存储形式

```
a[1] = 2;              //为数组 a 的第 2 个元素赋值 2
a[3] = a[1] + a[0];    //为数组 a 的第 3 个元素赋值为数组 a 的第 1 个元素与第 2 个元素之和
```

（3）数组的定义与数组的引用形式非常类似，但它们的含义完全不同，数组的定义前面一定带有数据类型符，而数组引用不带数据类型。

例如：

```
int a[10];             //定义存储 10 个数据元素的整型数组
int x = a[4];          //对数组 a 的第 5 个元素进行引用
```

（4）C 语言中，编译系统不会自动检验数组元素下标是否越界，用户在编写程序时一定要保证数组下标不越界。

例如：

```
int x = a[10];         //应用越界,a[10]的地址为 2000 + 10 * 4 = 2040
```

（5）对于已定义的数组，其每个数组元素都对应了具体的内存单元，因此对数组元素可以使用取地址运算符"&"来获取该数组元素单元的内存地址。

例如，&a[0]是数组元素的第一个单元地址，它与数组变量名 a 值相等。

（6）数组变量名是数组变量在内存中的起始地址，一旦定义，地址固定不能改变，相当于一个地址常量。

例如，

```
int a[10];
a = 1;                 //为数组名重新赋值,错误
```

（7）对数组引用和对变量引用一样，遵从"先定义，后引用"原则。

例如，

```
int x = b[1];          //错误,应先定义数组 b,再引用
int b[10];
```

7.1.3　一维数组元素的初始化与赋值

一维数组的赋值通常有两种途径，一是在数组定义时进行初始化，二是在引用过程中进行赋值。

1. 一维数组初始化

在数组定义时给数组元素赋予初值。数组初始化是在编译阶段进行的，可以减少运行

时间，提高执行效率。数组初始化赋值的一般形式为

类型说明符 数组名[常量表达式] = {初值表};

在{}中的值为各数组元素的初值，各值之间用逗号间隔。

例如：

int a[10] = { 10,1,2,3,4,5,6,7,8,19 };

初值表中元素个数不能超过数组变量的大小。

例如：

int a[4] = {1,2,3,4,5};   //错误,超出数组变量大小

关于数组初始化赋值有以下几点说明。

(1) 如果给全部元素赋初值,可以省略"数组长度"。

例如,

int a[ ] = {1,2,3,4,5};   //定义数组 a 同时为数组 5 个元素赋初值
int b[ ];   //错误,未指定数组大小

(2) 可以只给部分元素赋初值,此时不可以省略"数组长度"。当值的个数少于数组长度时,只给前面部分元素赋值。

例如：

int a[10] = {0,1,2,3,4};

该语句表示只给 a[0]~a[4]这 5 个元素赋值,而后 5 个元素自动赋 0 值,如图 7.2 所示。

0	1	2	3	4	0	0	0	0	0
a[0]	a[1]	a[2]	a[3]	a[4]	a[5]	a[6]	a[7]	a[8]	a[9]

图 7.2　部分元素赋初值

(3) 不能给数组整体赋值,只能逐个元素赋值。

例如,给 10 个元素全部赋 1 值,只能写为

int a[10] = {1,1,1,1,1,1,1,1,1,1};

而不能写为

int a[10] = 1;

2. 一维数组在程序中的赋值

在 C 语言中,数组作为一个整体,只能在定义数组变量时利用初值列表对数组整体赋值,其他情况无法对数组变量进行整体赋值,更不能整体参与运算,只能对单个数组元素进行处理。

例如：

```
int a[10];                       //定义数组 a
a = {1,2,3,4,5,6,7,8,9,10};      //错误,数组名存放数组首地址,是地址常量,不能被赋值
a[ ] = {1,2,3,4,5,6,7,8,9,10};   //错误
a[10] = {1,2,3,4,5,6,7,8,9,10};  //错误
```

在数组定义后,C 语言允许对数组中的元素逐个引用赋值。

（1）使用赋值语句逐一赋值。

（2）使用循环语句逐一赋值。

在程序设计中，此方法是一种普遍操作，适用于对某数组元素进行有规律的赋值或接收用户通过键盘输入数据的操作。

例如，对数组 a 中元素赋予奇数序列：

```c
#include<stdio.h>
int main()
{
    int i,a[10];
    for(i=0;i<10;i++)
        a[i]=2*i+1;
    return 0;
}
```

再如，一维数组元素的输入输出操作：

```c
#include<stdio.h>
int main()
{
    int i,a[10];
    for(i=0;i<=9;i++)
        scanf("%d",&a[i]);
    for(i=0;i<=9;i++)
        printf("%d,",a[i]);
    return 0;
}
```

本例中用一个循环语句给 a 数组的各元素赋值，然后用第二个循环语句输出各元素的值。可以将第二个 for 语句写作 for(i=9;i>=0;i--)，这样数组会反序输出。

7.1.4 一维数组的应用

【案例 7.1】 从键盘上任意输入 10 个整数，用冒泡排序法将它们按照从小到大的顺序排序。

冒泡法就是通过相邻两个数之间的比较和交换，使数值较小（大）的数逐渐从底部移向顶部，数值较大（小）的数逐渐从顶部移向底部，就像水底的气泡一样逐渐向上冒。

冒泡法的排序思路是假设数组有 n 个数组元素，从下标为 0 的元素开始，比较相邻的两个元素大小，每次比较如果前面的元素大于后面的元素，则交换这两个元素值。n 个元素数组需要比较 $n-1$ 趟。

第一趟：从下标为 0 的元素到下标为 $n-1$ 的元素，依次比较相邻两个元素的大小。比较 $n-1$ 次后，n 个数中最大（小）的那个数被交换到最后一个数的位置上，实现大（小）数"下沉"，小（大）数"上浮"，如图 7.3 所示。

第二趟：从下标为 0 的元素到下标为 $n-2$ 的元素，即余下的 $n-1$ 个元素进行相邻两个元素的比较。比较 $n-2$ 次后，$n-1$ 个数中最大（小）的那个数被交换到下标为 $n-2$ 的位置上，如图 7.4 所示。

以此类推，重复上述过程，通过每趟比较，大（小）数"下沉"，小（大）数"上浮"，实现升（降）序排列。

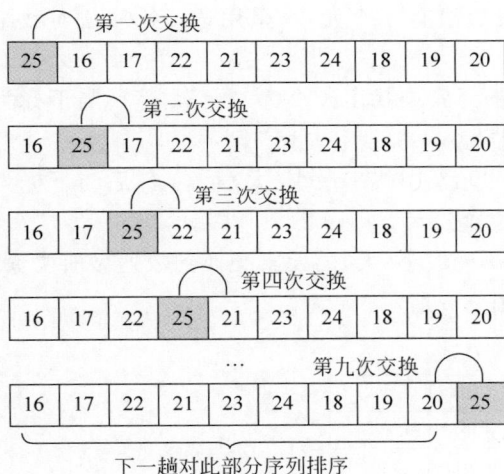

图 7.3　冒泡排序第一趟示意图

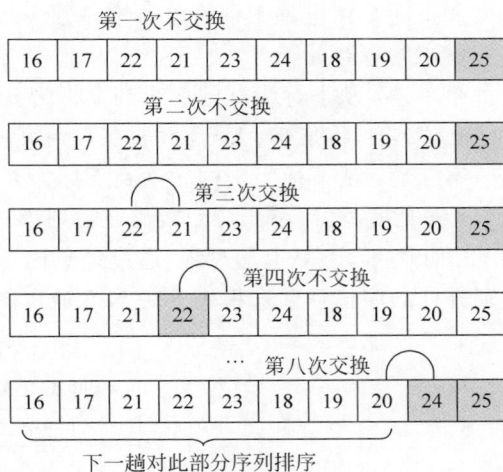

图 7.4　冒泡排序第二趟示意图

冒泡排序法具体程序如下。

```c
#include <stdio.h>
#define  N 10
  int main ()
  {
    int a[N], i, j, t;
    printf ("请输入 %d 整数: \n", N);
    for (i = 0; i < N; i++)                 //输入 N 个整数
        scanf ("%d", &a[i]);
    for (i = 1; i < N; i++)                 //趟数,共 NUM - 1 趟
      for (j = 0; j < N - i; j++)           //实现一次冒泡操作
        if (a[j] > a[j + 1])                //交换 a[j]和 a[j + 1]
          {
            t = a[j];
            a[j] = a[j + 1];
            a[j + 1] = t;
          }
    printf ("排序后的结果是:\n");             //输出排好序的数据
    for (i = 0; i < N; i++)
        printf ("%d ", a[i]);
    return 0;
  }
```

运行结果:

```
input 10 numbers:
25 16 17 22 21 23 24 18 19 20
the sorted numbers:
16 17 18 19 20 21 22 23 24 25
```

排序算法是将一组杂乱无序的数据按照升序或降序的顺序排列起来,以便更方便地进行搜索、查找、比较和其他操作。在软件开发中,排序是非常常见和基础的操作,用于对数据进行整理和组织,以提高程序的性能和功能。排序也是许多其他算法和数据结构的基础,如二分法查找、最短路径算法、最小生成树算法等。此外,排序还可以用于数据分析、数据挖掘、统计学等领域。除了案例 7.1 介绍的冒泡法排序外,常见的排序方法还有选择法排序。

选择法排序也是一种简单的排序方法。假设数组有 n 个元素,采用选择排序法对数组进行排序的思路如下。

第一趟:从下标为 0 的元素到下标为 $n-1$ 的元素中找出最小(大)元素,然后与下标为 0 的元素交换,将最小(大)元素放在数列第一的位置。

第二趟:从下标为 1 的元素到下标为 $n-1$ 的元素中找出最小(大)元素,然后与下标为 1 的元素交换,将最小(大)元素放在数列第二的位置。

以此类推,重复上述过程,通过每趟比较,将每趟最小(大)的元素交换到数列靠前位置,实现升(降)序排列。选择排序法 N-S 流程图如图 7.5 所示。

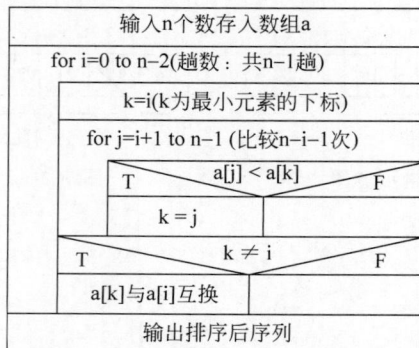

输入n个数存入数组a

图 7.5　选择排序法 N-S 流程图

【案例 7.2】　利用选择排序法,对用户输入的学生成绩进行排序,输出最高分、最低分以及平均成绩。

```c
# include < stdio. h>
# define N 10
int main()
{
 int   i, j, k, temp;
 float score[N], sumscore = 0, avescore;
 printf("请输入 % d 个人的成绩: \n", N);
 for(i = 0; i < N; i++)                     //输入学生成绩
   {
     scanf(" % f", &score[i]);
     sumscore += score[i];                 //计算成绩总和
   }
 avescore = sumscore/N;                     //计算平均成绩
 printf("\n");
 for(i = 0; i < N; i++)                     //选择排序法对学生成绩进行排序
   {
     k = i;                                 //选择当前最小数的下标为 k
     for (j = i + 1; j < 10; j++)           //查找比 score[k]小的数
       if(score[j]< score[k])              //存在比 a[k]小的数 a[j]
         k = j;                             //更改最小数的下标值
     if (k!= i)                             //如果最小数下标有更改,将最小数 a[k]与 a[i]交换
      {
        temp = score[i];
        score[i] = score[k];
        score[k] = temp; }
```

```
        }
    //排序后的数组为升序序列,第一个元素为最小,最后一个元素为最大
    printf("本组学生最高分%f,最低分%f,平均成绩%f:\n",score[N-1],score[0],avescore);
    return 0;
}
```

选择排序法相较于冒泡排序法效率更高,冒泡排序法每一趟的每次比较是发现前面数
比后面大,就立即进行数据交换,交换的平均次数要比选择排序算法多。选择排序法则是在
每一趟最多进行一次数据交换。但是循环执行次数上两者相同。冒泡排序算法与选择排序
算法都属于简单排序法。

冒泡排序法和选择排序法都是将一组无序的数据按照升序或降序的顺序排列起来,以
便后续开展搜索、查找等其他操作。接下来介绍另一种算法:二分查找法。它是一种在有
序数组中快速定位目标值的算法,其核心思想如下。

(1)每次比较数组中间元素。

(2)根据比较结果缩小一半搜索范围。

(3)重复步骤(1)、(2),直到找到目标或确定不存在。

【案例 7.3】 利用二分查找法,在一个有序数组中查找用户指定数值。

```
# include <stdio.h>
int main()
{
    int arr[] = {1, 2, 3, 4, 5, 6, 7, 8, 9, 10};    //定义一个有序数组(必须已排序)
    int target;                                       //要查找的目标值
    int found = 0;                                     //查找状态标记
    int n = sizeof(arr) / sizeof(arr[0]);             //计算数组长度
    int left = 0, right = n - 1;                       //定义左右边界指针
    printf("请输入要查找的数字: ");                    //输入要查找的数字
    scanf("%d", &target);
while (left <= right) {                                //二分查找
    int mid = (left + right) / 2;                      //计算中间位置,防止溢出
    if (arr[mid] == target) {
        printf("找到%d了!下标是: %d\n", target, mid);
        found = 1;
        break;                                         //找到后立即退出循环
    } else if (arr[mid] < target) {
        left = mid + 1;                                //目标在右半区
    } else {
        right = mid - 1;                               //目标在左半区
    }
}
if (!found)                                            //未找到的情况处理
{
    printf("%d 不存在于数组中\n", target);
}
return 0;
}
```

7.2　二维数组

所谓二维数组,就是采用两个下标标识数组元素在数组中的位置。如果把一维数组看
成向量,二维数组就是一个平面。

7.2.1　二维数组的定义与引用

二维数组的定义方式如下。

[存储类型] 数据类型 数组名[行常量表达式][列常量表达式];

与一维数组相比,二维数组的定义,除了增加了一个"列常量表达式"外,其他一样。对于二维数组的理解,通常可与矩阵对应。其中,"行常量表达式"代表数组第一维,表示矩阵行,"列常量表达式"代表数组第二维,表示矩阵列。

二维数组的元素也称为双下标变量,其引用格式如下。

数组名[下标表达式 1][下标表达式 2]

这里"下标表达式 1""下标表达式 2"均为整型常量或整型表达式,也称为"行下标""列下标",它们都是从 0 开始计数,且增量为 1。

例如:

```
int a[3][4];
```

它定义了一个 3 行 4 列的整型数组,数组名为 a。该数组共有 3×4＝12 个数组元素,即

```
a[0][0],a[0][1],a[0][2],a[0][3]
a[1][0],a[1][1],a[1][2],a[1][3]
a[2][0],a[2][1],a[2][2],a[2][3]
```

二维数组在概念上是二维的。但是,实际的硬件存储器却是连续编址的,也就是说,存储器单元是按一维线性排列的。在 C 语言中,二维数组是按行存放的。二维数组中的各个数组元素"按行存放"于一片连续的内存空间中。即依次存放完第 1 行的各个元素之后,再顺次存放第 2 行的各个元素,……,如图 7.6 所示。

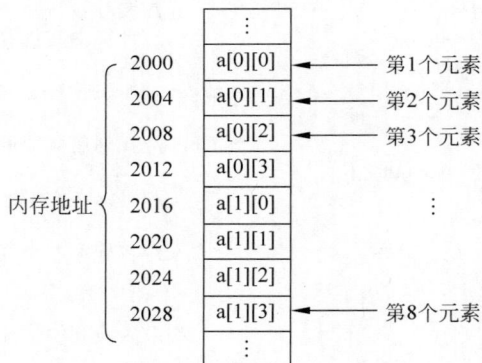

图 7.6　二维数组 a[3][4]的存储形式

假设一个 $m \times n$ 的数组 $x[m][n]$,则第 i 行第 j 列的元素 $x[i][j]$ 在数组中的位置为 $i \times n + j$(行号、列号均从 0 开始)。

在 C 语言中,可将二维数组看作一个特殊的一维数组,它的数组元素又是一个个一维数组。例如,定义的数组 a 可以看作由三个数组元素组成,即 a[0]、a[1]、a[2],其中,a[0]、a[1]、a[2]分别为一个拥有 4 个整型数组元素的一维数组。a[0]是一维数组名,其中包含a[0][0]、a[0][1]、a[0][2]、a[0][3]共 4 个元素,如图 7.7 所示。

a[0]→	a[0][0]	a[0][1]	a[0][2]	a[0][3]
a[1]→	a[1][0]	a[1][1]	a[1][2]	a[1][3]
a[2]→	a[2][0]	a[2][1]	a[2][2]	a[2][3]

图 7.7　二维数组是特殊的一维数组

7.2.2　二维数组元素的初始化与赋值

1. 二维数组初始化

与一维数组类似,二维数组初始化是在编译阶段进行的,可以减少运行时间,提高执行效率。二维数组初始化赋值一般有以下两种形式。

1) 按行初始化赋值

类型说明符 数组名[行常量表达式][列常量表达式] = {{第 1 行初值表},{第 2 行初值表},…};

赋值规则为:将第 1 行初值表中的数据依次赋给第 1 行中各个元素,以此类推,直至完成全部元素赋值操作。

例如:

int a[3][4] = {{1,2,3,4},{5,6,7,8},{9,10,11,12}};　　//对数组元素按行全部初始化赋值

此时,数组 a 中各元素赋值情况如图 7.8 所示。

int b[3][4] = {{1},{2},{3}};　　　　　　　　　//对数组元素部分初始化赋值

1	2	3	4	5	6	7	8	9	10	11	12
a[0][0]	a[0][1]	a[0][2]	a[0][3]	a[1][0]	a[1][1]	a[1][2]	a[1][3]	a[2][0]	a[2][1]	a[2][2]	a[2][3]

图 7.8　数组 a[3][4]按行全部元素初始化赋值

此时,数组 b 中各元素赋值情况如图 7.9 所示。

int c[][4] = {{1,2},{3}};　　　　　　　　　　//对数组元素部分赋值,省略第一维大小。

1	0	0	0	2	0	0	0	3	0	0	0
b[0][0]	b[0][1]	b[0][2]	b[0][3]	b[1][0]	b[1][1]	b[1][2]	b[1][3]	b[2][0]	b[2][1]	b[2][2]	b[2][3]

图 7.9　数组 b[3][4]按行部分元素初始化赋值

此时,编译系统依据初值表中数值个数决定第一维大小。本例初值表中有两行数值,因此该数组为两行四列二维数组,共 8 个元素,赋值情况如图 7.10 所示。但系统必须知道第二维的大小,不能省略,如 int c[2][] = {{1,2},{3}};或 int c[][] = {{1,2},{3}};均是错误的。

1	2	0	0	3	0	0	0
c[0][0]	c[0][1]	c[0][2]	c[0][3]	c[1][0]	c[1][1]	c[1][2]	c[1][3]

图 7.10　数组 c 按行部分元素初始化赋值

2) 按元素排列顺序初始化赋值

类型说明符 数组名[行常量表达式][列常量表达式] = {初值表};

赋值规则为:按二维数组中元素在内存中存储的顺序,将初值表中的数据依次赋值给相应元素。

例如：

```
int a[2][3] = {1,2,3,4,5,6};      //对数组全部元素初始化赋值
int b[2][3] = {1,2};              //对数组部分元素初始化赋值
```

此时，数组 b 中各元素赋值情况如图 7.11 所示。

```
int c[ ][3] = {1,2,3,4};          //省略第一维大小，对数组部分元素初始化赋值
```

1	2	0	0	0	0
b[0][0]	b[0][1]	b[0][2]	b[1][0]	b[1][1]	b[1][2]

图 7.11　数组 b 按元素排列顺序部分元素初始化赋值

此时，数组 c 中各元素赋值情况如图 7.12 所示。

1	2	3	4	0	0
c[0][0]	c[0][1]	c[0][2]	c[1][0]	c[1][1]	c[1][2]

图 7.12　数组 c 按元素排列顺序部分元素初始化赋值

2. 二维数组在程序中的赋值

与一维数组在程序中赋值类似，二维数组元素在程序中赋值需要使用循环结构实现对数组中元素逐一赋值。由于二维数组涉及两个纬度，一般使用双重 for 循环实现，外循环控制行，内循环控制列。

例如，二维数组元素的输入输出：

```c
#include<stdio.h>
int main()
{
  int i,j,a[3][4];
  for(i = 0;i < 3;i++)
    for(j = 0;j < 4;j++)
      scanf("%d",&a[i][j]);
  for(i = 0;i < 3;i++)
  {
    for(j = 0;j < 4;j++)
      printf("%d,",a[i][j]);
    printf("\n");
  }
}
```

7.2.3　二维数组的应用

在 C 语言中，二维数组可以作为表示矩阵的基础数据结构，其行列结构与数学中的矩阵概念直接对应。矩阵的基本运算（如加法、减法、乘法）可通过遍历二维数组元素实现。例如，矩阵加法需遍历两个数组的每个元素并逐项相加；矩阵乘法则需嵌套循环处理行与列的对应关系，同时需满足第一个矩阵列数与第二个矩阵行数相等的条件。此外，转置、行列求和、对角线计算等操作也可通过调整索引下标逻辑完成，例如，主对角线元素下标满足 $i==j$，辅对角线元素下标满足 $i+j=n-1$。

对于复杂场景（如动态矩阵或封装运算库），常结合结构体和动态内存分配实现灵活性。例如，通过结构体存储矩阵的行列数和元素指针，结合函数封装运算逻辑，构建可复用的矩

阵计算模块。这些操作与设计在科学计算和工程应用中具有重要价值。下面通过几个案例，介绍二维数组在矩阵计算中的应用。

【案例 7.4】 矩阵元素操作。

（1）求一个 3×3 的整型矩阵对角线元素之和。

```c
#include<stdio.h>
int main()
{
    int a[3][3],i,j,sum = 0;
    printf("请输入 3 * 3 数组元素：\n");
    for(i = 0;i < 3;i++)
        for(j = 0;j < 3;j++)
            scanf("%d",&a[i][j]);
    printf("显示数组为：\n");
    for(i = 0;i < 3;i++)
    {
        for(j = 0;j < 3;j++)
            printf("%4d",a[i][j]);
        printf("\n");
    }
    for(i = 0;i < 3;i++)
        for(j = 0;j < 3;j++)
            if(i == j||i + j == 2)
                sum += a[i][j];
    printf("对角线的和 = %d\n",sum);
}
```

运行结果：

```
请输入 3 * 3 数组元素：
1 2 3 4 5 6 7 8 9↙
显示数组为：
   1   2   3
   4   5   6
   7   8   9
对角线的和 = 25
```

本案例的重点在语句 if(i==j||i+j==2)sum+=a[i][j];，如果简单地将两条对角线相加，a[1][1] 会被多加一次，使用此 if 语句算法设计可以解决这个问题。

（2）矩阵 A 如下，编程输出矩阵 A 中最小元素以及所在的行号和列号。

$$A = \begin{bmatrix} 11 & 2 & 13 & 4 \\ 9 & -12 & 6 & 5 \\ -8 & 7 & 10 & 10 \end{bmatrix}$$

算法分析：本程序可以用"打擂台"的方式。先让 a[0][0] 作为"擂主"，将它的值赋给变量 min 作为最小值。接着，让下一个元素 a[0][1] 与 min 进行比较，如果 a[0][1] 小于 min，则表示 a[0][1] 是当前比较过的数据中最小的，将其赋值给 min，取代最初假设值。之后依次与数组中余下的元素进行比较，值小则赋值给 min，直至全部比较完成，min 就是最小值。

```c
#include<stdio.h>
int main()
{
```

```
int a[3][4] = {11,2,13,4,9, −12,6,5, −8,7,10,10};    //定义数组并初始化
int min,row = 0,col = 0,i,j;                          //定义变量
min = a[0][0];                                        //假设 a[0][0]是矩阵中最小元素
for(i = 0;i < 3;i++)                                  //遍历所有元素
  for(j = 0;j < 4;j++)
  if(a[i][j]< min)                                    //如某元素小于 min,就取代 min 原值
    {
        min = a[i][j];
        row = i;                                      //记录该元素行标与列标,赋值给 row 和 col
        col = j;
    }
  printf("矩阵 a 的最小值为: a[ %d][ %d] = %d\n",row,col,min);
}
```

运行结果:

矩阵 a 的最小值为: a[1][1] = −12

原矩阵	转置后矩阵
1 2 3	1 4 7
4 5 6	2 5 8
7 8 9	3 6 9

图 7.13 转置矩阵

（3）编写程序实现矩阵转置,将如图 7.13 所示矩阵进行转置。

算法分析: 矩阵转置是将原矩阵的行列互换,即原矩阵中第 i 行第 j 列的元素变为转置矩阵中第 j 行第 i 列的元素。例如,元素 matrix[0][1]值为 2,转置后变为 matrix[1][0]。本例所提供的矩阵为 3×3 矩阵,主对角线上的元素行标与列标相等(i==j),即元素(如 1、5、9)位置不变。仅需要将非对角线元素两两交换,例如,matrix[0][1]与 matrix[1][0]交换。如果直接遍历整个矩阵并交换每个 matrix[i][j]和 matrix[j][i],会导致交换两次,如先交换 i=0,j=1,再交换 i=1,j=0,因此可选择仅遍历矩阵的上三角区域 i<j,实现每个元素只需交换一次。利用外层循环遍历行 i(从 0 到 2),内层循环遍历列 j(从 i+1 到 2),确保只处理上三角区域,交换 matrix[i][j]与 matrix[j][i],完成转置。

```
# include < stdio. h>
int main()
{
int matrix[3][3] = {{1, 2, 3}, {4, 5, 6}, {7, 8, 9}};
int i, j, temp;
printf("原始矩阵:\n");                     //打印原始矩阵
for (i = 0; i < 3; i++)
 {
   for (j = 0; j < 3; j++)
     printf(" %d ", matrix[i][j]);
   printf("\n");
 }
for (i = 0; i < 3; i++)                     //转置操作
 {
  for (j = i + 1; j < 3; j++)              //交换当前元素与对称位置的元素
    {
    temp = matrix[i][j];
    matrix[i][j] = matrix[j][i];
    matrix[j][i] = temp;
    }
  }
printf("\n 转置后的矩阵:\n");               //打印转置后的矩阵
for (i = 0; i < 3; i++)
```

```
    {
        for (j = 0; j < 3; j++)
            printf(" % d ", matrix[i][j]);
        printf("\n"); }
    return 0;
}
```

运行结果：

原始矩阵：
1 2 3
4 5 6
7 8 9

转置后的矩阵：
1 4 7
2 5 8
3 6 9

杨辉三角，又称为帕斯卡三角形，在中国南宋数学家杨辉在 1261 年所著的《详解九章算法》一书中首次出现，表述了二项式系数在三角形中的几何排列。在欧洲，这一规律由帕斯卡在 1654 年发现，比杨辉晚了 393 年。杨辉三角不仅是一个数学结构，更是中华文化的重要组成部分，体现了古代中国数学家在数学领域的深厚积累和创新思维。在 C 语言中，杨辉三角是一个经典的程序设计问题，不仅展示了编程技术的应用，更体现了数学的美感与逻辑性。杨辉三角作为二项式系数的几何排列，其规律性和对称性给人以美的享受，接下来通过编程实现这一数学结构，一起感受数学的魅力和逻辑的力量。

【案例 7.5】 用数组实现杨辉三角的前 20 行。杨辉三角如下。

```
1
1  1
1  2  1
1  3  3  1
1  4  6  4  1
1  5  10  10  5  1
...
```

算法分析：其规律是第一列和对角线上的元素的值都是 1，其余元素的值是其上一行同一列与上一行前一列元素之和。可使用一个循环来计算和填充杨辉三角第一列及主对角线上的元素。利用一个嵌套循环，外层循环遍历每一行，内层循环遍历每一行的每个元素，为中间元素赋值。最后，再次使用一个嵌套的循环来输出杨辉三角。外层循环遍历每一行，内层循环遍历每一行的每个元素，并打印符合下标条件的相应元素值。

```
# include < stdio. h >
# define N 20
int main()
{
    int i, j, triangle[N][N];
    for(i = 0; i < N; i++)
    {
        triangle[i][0] = 1;
        triangle[i][i] = 1;
    }
```

```
for(i = 2;i < N;i++)
  for(j = 1;j < i;j++)
  triangle[i][j] = triangle[i - 1][j] + triangle[i - 1][j - 1];
for(i = 0;i < N;i++)
{
  for(j = 0;j < = i;j++)
    printf(" % 6d",triangle[i][j]);
  printf("\n");
}
}
```

7.3 字 符 数 组

计算机所处理的信息中,有相当一部分是非数值型的数据。例如,处理学生信息时,除了对学生成绩进行计算管理外,还需要对学生的姓名、性别、民族、身份证号、住址等信息进行处理,这些信息都是字符型或字符串数据。下面介绍在 C 语言中,如何使用数组解决字符型数据的处理方法。

7.3.1 字符数组与字符串

在第 2 章中介绍过字符串常量的概念,即用双引号引起来的一组字符。实际上,字符串是一种字符型数组,数组的最后一个单元存储'\0',用于标识字符串的结束。所以,字符串是一种以'\0'结尾的字符数组,数组存储的数据类型为字符型。因此,字符数组的定义、引用与前面介绍的数值型一维数组、二维数组的定义、引用方法一样。但是,由于存储的数据类型为字符,又存在着一些差异。

字符串可以通过字符数组变量存放。

例如:

char str[] = "China" ;   //定义存放字符型数据数组 str,并初始化存入字符串 China

以下几种形式的初始化方式等价。

char str[] = {'C','h','i','n','a','\0'};   //以初值列表形式为数组元素初始化
char str[] = {"China"};   //以初值列表形式存入字符串

这三种方式所定义初始化的 str 数组长度均为 6。此时,数组 str 中存放数组元素如图 7.14 所示。

'C'	'h'	'i'	'n'	'a'	'\0'
str[0]	str[1]	str[2]	str[3]	str[4]	str[5]

图 7.14 字符数组 str 初始化赋值

而以下面几种形式定义初始化的数组长度有所不同。

char str[] = {'C','h','i','n','a'};   //未指定最后一个单元为'\0',长度为 5
char str[10] = "China";   //数组长度为 10,存入字符串长度小于字符数组长度
char str[10] = {'C','h','i','n','a'};   //数组长度为 10,部分元素初始化赋值,其他元素为 0

另外,使用字符串为字符数组进行赋值操作,仅在定义时初始化时合法。以下赋值方法是错误的。

```
char str[10];
str = "China"
```

7.3.2 字符串常用函数

C语言提供了丰富的字符串处理函数,包括字符串的输入、输出、连接、比较、转换、复制等。使用字符串函数可以简化程序设计。用于输入/输出的字符串函数,在使用前包含头文件 stdio. h,其他字符串函数包含头文件 string. h。

下面介绍几个最常用的字符串处理函数。

1. 字符串输入函数

1) gets()函数

格式:gets(字符数组名)

功能:从标准输入设备如键盘上读取一个字符串(可以包含空格),遇到回车时结束录入,并将其存储到字符数组中。使用 gets()读取的字符串,其长度没有限制,但一定要保证字符数组有足够大的空间存放输入的字符串。

例如,

```
char str[100];
gets(str);                        //输入字符个数不能超过 99
```

输入:I□am□Chinese!↙(□表示空格,↙表示回车)时,str 中的字符串将是"I am Chinese!"

2) scanf()函数

scanf()函数在输入字符串时,使用%s 格式控制,并且对应的地址参数是一个字符数组,输入字符串过程中遇到空格或回车符标识时输入终止,并自动在最后一个单元添加 '\0'。

例如:

```
char   str[100];
scanf ("%s", str);
```

输入:□I□love□China↙时,str 将是"I",这与使用 gets()输入字符串有很大区别。

另外,为了避免输入字符串长度超过数组大小,可使用%ns 来限制输入字符个数。

例如:

```
char   str[10];
scanf ("%9s", str);
```

2. 字符串输出函数

1) puts()函数

格式:puts(字符数组名/字符串)

功能:把字符数组中的字符串输出到标准输出设备中,并用'\n'取代字符串的结束标志 '\0'。所以用 puts()函数输出字符串时,不要另加换行符。

使用 puts()函数时,字符串中允许包含转义字符,输出时产生一个控制操作。该函数一次只能输出一个字符串,而 printf()函数也能用来输出字符串,且一次能输出多个。

例如:

```
char str[] = "Welcome to China!";
puts(str);
puts("Thank you!")
```

输出结果为

```
Welcome to China!
Thank you!
```

2）printf()函数

printf()函数在输出字符串时,使用%s格式控制,并且对应的参数是一个字符数组名或数组首地址,因此输出字符串中每一个字符,直至遇到'\0'时停止。

```
char   name[] = "Han Meimei";
printf ("The name is: % s\n", name);
printf ("Last name is: % s\n", &name[4]);
printf ("The name is: % s\n", "Li Lei");
```

输出结果为

```
The name is: Han Meimei
Last name is: Meimei
First name is: Li Lei
```

3. 字符串比较函数:strcmp()函数

格式:strcmp(字符串1,字符串2)

功能:比较两个字符串的大小。

返回值:字符串1=字符串2,函数返回值等于0;字符串1<字符串2,函数返回值负整数;字符串1>字符串2,函数返回值正整数。

使用strcmp()函数时,如果一个字符串是另一个字符串从头开始的子串,则母串为大。不能使用关系运算符"=="比较两个字符串,只能用strcmp()函数来处理。

例如:

```
char str_1 = "python",str_2[] = "c is good ";
i = strcmp(s1,s2);
if(i == 0) printf("str_1 = str_2\n");
if(i > 0) printf("str_1 > str_2\n");
if(i < 0) printf("str_1 < str_2\n");
```

输出结果为

```
str_1 > str_2
```

4. 字符串复制函数:strcpy()函数

格式:strcpy(字符数组,字符串)

功能:将"字符串"完整地复制到"字符数组"中,字符数组原有内容被覆盖。

使用strcpy()函数时,字符数组必须定义得足够大,以便容纳复制过来的字符串。复制时,连同结束标志'\0'一起复制。C语言不能用赋值运算符"="将字符串直接赋值给字符数组,只能用strcpy()函数来处理。

例如:

```
char str[100],str_1[] = "c is good ";
```

```
strcpy(str,str_1);
puts(str);
```

输出结果为

```
c is good
```

5．字符串连接函数：strcat()函数

格式：strcat(字符数组,字符串)

功能：把"字符串"连接到"字符数组"中的字符串尾端,并存储于"字符数组"中。"字符数组"中原来的结束标志被"字符串"的第一个字符覆盖,而"字符串"在操作中未被修改。

使用 strcat()函数时,由于没有数组越界检查,要注意保证"字符数组"定义得足够大,以便容纳连接后的目标字符串；否则,会因字符数组长度不够而产生错误。连接前两个字符串都有结束标志'\0',连接后"字符数组"中存储的字符串的结束标志'\0'被舍弃,最后保留一个'\0',这个结束标志是"字符串"的。

例如：

```
char str_1[100] = "I am ",str_2[100];
gets(str_2);
strcat(str_1,str_2);
puts(str_1);
```

输出结果为

```
Li lei✓
I am Li lei
```

6．求字符串长度函数：strlen()函数

格式：strlen(字符串)

功能：求字符串的实际长度(不包含'\0')。

例如：

```
char s[] = "c yuyan";
printf("The length of the string is %d\n",strlen(s));
```

输出结果为

```
The length of the string is 7
```

7．字符串中大写字母转换成小写字母函数：strlwr()函数

格式：strlwr(字符串)

功能：将字符串中的大写字母转换成小写字母,其他字符不转换。

例如：

```
char s[] = "C Yuyan";
strlwr(s);
puts(s);
```

输出结果为

```
c yuyan
```

8．字符串中小写字母转换成大写字母函数：strupr()函数

格式：strupr(字符串)

功能：将字符串中小写字母转换成大写字母，其他字符不转换。

例如：

```
char s[ ] = "C Yuyan";
strupr(s);
puts(s);
```

输出结果为

C YUYAN

【**案例 7.6**】 编写程序实现，输入 5 个城市的小写英文名称，以大写字母形式按升序排列输出，并在城市前添加"Welcome to"。

```
# include < stdio. h >
# include < string. h >
# define CITYNUM   5
 int main ()
 {
    int i, j, k, num;
    char city[CITYNUM][20],str[80];
    for (i = 0; i < CITYNUM; i++)         //输入城市名字符串(长度不能超过 19 个字符)
    {
      printf ("input the name of the % dth city: ", i + 1);
      gets (str);                         //输入城市名
      if (strlen(str) > 19)               //城市名字符串超过 19 个字符时,重输
      {    i-- ;    continue;  }
      strcpy (city[i], str);              //将输入的城市名保存到字符串数组中
    }
    for (i = 0; i < CITYNUM - 1; i++)    //选择排序(升序)
    {
      k = i;                              //k 为当前城市名最小的字符串数组的下标,初始假设为 i
      //查找比 city[k]小的字符串的下标放入 k 中
      for (j =  i + 1; j < CITYNUM; j++)
        if (strcmp(city[k], city[j]) > 0)
           k = j;
      if (k != i)                         //将最小城市名的字符串 city[k]与 city[i]交换
      {
        strcpy (str, city[i]);
        strcpy (city[i], city[k]);
        strcpy (city[k], str);
      }
    }
    for (i = 0; i < CITYNUM; i++)         //显示排序后的结果
        printf ("Welcome to % s \n", strupr(city[i]));
    printf ("\n");
    return 0;
 }
```

本程序的第一个 for 语句中，用 gets()函数输入 5 个字符串。前面说过 C 语言允许把二维数组按多个一维数组处理，本程序说明 city[5][20]为二维字符数组，可分为 5 个一维数组 city[0]～city[4]。第二个 for 语句中又嵌套了一个 for 语句组成双重循环。这个双重循环完成选择法按字母顺序排序。

7.3.3　字符数组与字符串应用

【**案例 7.7**】　简单密码检测程序。功能：用户输入密码，正确则显示进入程序，输入三次密码均错误则退出程序。

```c
#include <stdio.h>
#include <string.h>
#include <stdlib.h>
int main()
{
    char password[7];
    int i = 0,j = 0;
    while(1)
    {
     printf("请输入密码(6 位数字):\n");
     gets(password);
     if(strcmp(password,"123456")!= 0)    //比对输入密码是否正确
      printf("\n 密码错误,还有 %2d 次机会!按任意键继续输入!\n",2 - j);
     else
     {
      printf("\n 密码正确,进入程序!\n");
      break;
     }
     j++;
     if(j == 3)
     {
      printf("没机会了!\n");
      exit(0); //退出程序
     }
    }
}
```

【**案例 7.8**】　利用二维数组，实现对字符串的排序。

```c
#include <stdio.h>
#include <string.h>
int main() {
    char str[5][100];                      //存储 5 个字符串,每个字符串最多 99 个字符
    int i, j;
    printf("请输入 5 个字符串(每个字符串长度小于 100): \n");
    for (i = 0; i < 5; i++)                //输入 5 个字符串
        gets(str[i]);
    //冒泡排序按字母顺序排列
    for (i = 0; i < 4; i++) {              //外层循环控制排序轮数
        for (j = 0; j < 4 - i; j++) {     //内层循环进行相邻比较
            if (strcmp(str[j], str[j+1]) > 0) {
                //交换字符串位置
                char temp[100];
                strcpy(temp, str[j]);
                strcpy(str[j], str[j+1]);
                strcpy(str[j+1], temp);
            }
        }
    }
```

C/C++程序设计与实训

```
        printf("\n排序后的字符串：\n");        //输出排序结果
        for (i = 0; i < 5; i++) {
            printf("%s\n", str[i]);
        }
        return 0;
    }
```

运行结果：

请输入 5 个字符串(每个字符串长度小于 100)：
banana
apple
grape
orange
mango

排序后的字符串：
apple
banana
grape
mango
orange

程序运行说明：定义一个二维数组 char strings[5][100]，用于存储 5 个字符串的数组，每个字符串最多 99 个字符(留 1 个位置给空字符'\0')。使用 gets()输入 5 个字符串，使用冒泡排序进行字符串比较，根据字符串比较的特殊性，借助 strcmp()比较字符串，使用 strcpy()进行字符串交换操作。

7.4　知识要点和常见错误列表

数组是程序设计中最常用的数据结构。数组可分为数值数组、字符数组等。数组的正确使用是 C 语言编程的基础。表 7.1 中列举了一些在使用数组时的常见错误。

表 7.1　数组使用时的常见错误

序号	错误程序示例	错 误 举 例	分 析 举 例
1	定义时未指定数组大小	int a[];	int a[10]；或 int a[]={1,2,3}
2	定义动态数组	int a[n]; scanf("%d",&n);	数组长度只能为整型常量或常量表达式及符号常量
3	为数组初始化时超过数组长度	int a[3]={1,2,3,4}	int a[3]={1,2,3} int a[3]={1,2}//部分初始化
4	对数组变量直接赋值	int a[5]; a=12345;	数组变量名是地址常量，不能对其赋值
5	使用()代替[]引用数组	int a[5]; a(4)=2;	int a[5]; a[4]=2;

6	数组引用越界	int a[10];
		scanf("%d",&a[10]);
		printf("%d",a[10]);
			定义数组时，数组下标从 0 到数组长度−1，其他下标的数组元素越界，编译器不检查，需要自己检查

序号	错误程序示例	错 误 举 例	分 析 举 例
7	字符串赋值操作	char s1[100],s2[]="abcd"; s1=s2;	字符串或字符数组不能整体赋值,只能使用 strcpy()函数。 strcpy(s1,s2);
8	字符串比较操作	char s1[]="asdf",s2[]="abcd"; s1>s2;	两个字符串不能直接用关系运算符比较大小,只能使用 strcmp()函数。 strcmp(s1,s2);

实训 7　数组的综合应用

一、实训目的

(1)掌握数值型一维数组和二维数组的定义、初始化、赋值和引用的用法。

(2)掌握字符数组的定义、初始化、赋值和引用的用法。

(3)运用数值型数组解决简单的数据管理问题。

(4)能够运用字符数组字符串解决问题。

二、实训任务

(1)输出斐波那契数列前 30 项。

(2)多个学生多门课程的成绩统计。

(3)输入由若干单词组成的英文文本(最多 500 个字符),统计单词数。

三、实训步骤

(1)斐波那契数列又称为黄金分割数列,因数学家列昂纳多·斐波那契(Leonardo Fibonacci)以兔子繁殖为例而引入,故又称为"兔子数列",指的是这样一个数列:1、1、2、3、5、8、13、21、34、…编写程序,使用数组实现输出 Fibonacci 数列前 20 项操作,每行输出 4 个数值。

```c
#include<stdio.h>
int main()
{
    int i,f[20]={1,1};          //定义数组 f 存放 20 个元素,将第一个和第二个元素初始化为 1
    for(i=2;i<20;i++)
        f[i]=f[i-1]+f[i-2];     //计算 f[i]的值
    for(i=0;i<20;i++)           //输出数组全部元素
    {
        if(i%4==0)              //如果 i 能被 4 整除,则输出换行
            printf("\n");
        printf("%10d",f[i]);
    }
    printf("\n");
    return 0;
}
```

(2)根据表 7.2 所提供的学生成绩,输入多名学生多门课程的成绩,分别求每名学生的平均成绩和每门课程的平均成绩。

143

第 7 章

数　　组

表 7.2　学生成绩表

语　文	数　学	英　语	物　理
90	95	86	91
88	98	83	86
92	94	90	88
95	98	93	90
89	92	89	92

算法分析：定义一个二维数组，用于存放学生各门课程的成绩。数组的每一行表示某学生的各门课程的成绩及其平均成绩，每一列表示某门课程的所有学生成绩及该课程的平均成绩。在定义学生成绩的二维数组时，行数和列数要比学生人数及课程门数多 1。多出的一列用于存放每名学生的平均成绩，多出的一行用于存储每门课程的平均成绩，如图 7.15所示。

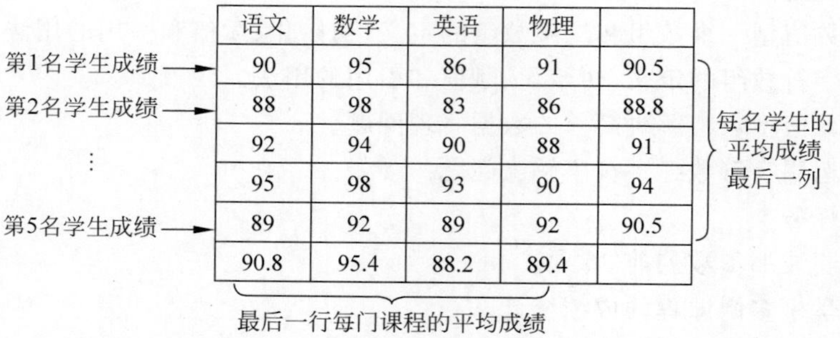

图 7.15　多名学生多门课程成绩二维数组结构

```c
# include < stdio. h>
# define NUM_std       5                        //定义符号常量学生人数为 5
# define NUM_course    4                        //定义符号常量课程门数为 4
int main ()
{
  int i, j;
  //定义成绩数组,各元素初值为 0
  float score[NUM_std + 1][NUM_course + 1] = {0};
  for (i = 0; i < NUM_std; i++)
    for (j = 0; j < NUM_course; j++)
    {
      printf ("请输入第 %d 门课程,第 %d 名学生成绩: ",j+1, i+1);
      scanf ("%f", &score[i][j]);                //输入第 i 个学生的第 j 门课的成绩
    }
for (i = 0; i < NUM_std; i++)
  {
    for (j = 0; j < NUM_course; j++)
    {
      score[i][NUM_course] += score[i][j];      //求第 i 个学生的总成绩
      score[NUM_std][j] += score[i][j];         //求第 j 门课的总成绩
    }
    score[i][NUM_course] /= NUM_course;         //求第 i 个学生的平均成绩
  }
  for (j = 0; j < NUM_course; j++)
    score[NUM_std][j] /= NUM_std;               //求第 j 门课的平均成绩
```

```
printf (" NO.       C1      C2      C3      C4      AVER\n");
//输出每个学生的各科成绩和平均成绩
for (i = 0; i < NUM_std; i++)
{
    printf ("STU % d\t", i+1);
    for (j = 0; j < NUM_course+1; j++)
        printf (" % 6.1f\t", score[i][j]);
    printf ("\n");
}
printf (" ---------------------------------------- ");   //输出一条短画线
printf ("\nAVER_C  ");
for (j = 0; j < NUM_course; j++)                //输出每门课程的平均成绩
    printf (" % 6.1f\t", score[NUM_std][j]);
printf ("\n");
return 0;
}
```

(3) 输入由若干单词组成的英文文本(最多 500 个字符),统计单词数。

算法分析:输入连续的一段不含空格类字符的字符串就是单词。将连续的若干空格作为出现一次空格,那么单词的个数可以由空格出现的次数(连续的若干空格看作一次空格,一行开头的空格不统计)来决定。如果当前字符是非空格类字符,而它的前一个字符是空格,则可看作"新单词"的开始,累计单词个数的变量加 1;如果当前字符是非空格类字符,而前一个字符也是非空格类字符,则可看作"旧单词"的继续,累计单词个数的变量取值保持不变。

```
# include < stdio. h >
# define   IN       1
# define   OUT    0
int main ()
{
    char string[80], c;
    int i, num = 0, word = OUT;
    gets (string);
    for (i = 0; (c = string[i]) != '\0'; i++)
        if (c == ' ')                          //判断 c 是否为空格
            word = OUT;
        else
            if (word == OUT)
            {
                word = IN;
                num++;
            }
    printf ("There are % d words in the line. \n", num);
    return 0;
}
```

习   题   7

一、选择题

1. 以下对一维整型数组 a 的正确说明是(   )。

    A. int a(10);

B. int n＝10,a[n]；

C. int n；scanf("%d",&n)；int a[n]；

D. ＃define SIZE 10

int a[SIZE]；

2. 已定义两个字符数组 a、b，则以下正确的输入格式是（　　）。

A. scanf("%s%s", a，b)；　　　　　　　　B. get(a，b)；

C. scanf("%s%s", &a，&b)；　　　　　　　D. gets("a")，gets("b")；

3. 若有定义 int a[10]；,则以下表达式中不能代表数组元素 a[1]的地址的是（　　）。

A. &a[0]＋1　　　　　B. &a[1]　　　　　C. &a[0]＋＋　　　　D. a＋1

4. 下列数组定义中,正确的是（　　）。

A. int array[][10]；　　　　　　　　　　B. int array[][]；

C. int array[][][10]；　　　　　　　　　D. int array[10][]；

5. 下列数据中,（　　）是字符串常量。

A. A　　　　　　　　　　　　　　　　　B. "house"

C. How do you do.　　　　　　　　　　　D. ＄abc

6. 已定义 char a[]＝"This is a program. "；,输出前 5 个字符的正确语句是（　　）。

A. printf("%.5s",a)；　　　　　　　　　B. puts(a)；

C. printf("%s",a)；　　　　　　　　　　D. a[5＊2]＝0；puts(a)；

7. 以下语句不能对二维数组 a 进行正确初始化的是（　　）。

A. int a[3][4]＝{1}；

B. int a[][4]＝{{1,2},{3}}；

C. int a[2][5]＝{{1,2},{3,4},{5,6}}；

D. int a[][2]＝{1,2,3,4,5,6}；

8. 以下数组定义中不正确的是（　　）。

A. int a[3][4]；

B. int b[][4]＝{0,1,2,3}；

C. int c[10][10]＝{1}；

D. int d[4][]＝{{1,2},{1,2,3},{1,2,3,4},{1,2,3,4,5}}；

9. 以下程序段的输出结果为（　　）。

```
char c[] = "defg";
int  i = 0;
do
;
while(c[i++]!= '\0');
printf("%d",i+1);
```

A. e　　　　　　　　　B. d　　　　　　　　C. 2　　　　　　　　D. 6

10. 执行下面的程序：

```
char s[10];
strcpy(s,"123456");
scanf("%s",s);
puts(s);
```

运行程序,输入 abc,结果为(　　　)。

    A. abc   B. 123456   C. abc456   D. a

11. 执行下面的程序：

```
int a[3][3] = {1,0, - 3,4, - 5,6,7, - 8,9};
int i,j,s = 0;
for(i = 0;i < 3;i++)
{
    for(j = 0;j < 3;j++)
    {
        if(a[i][j]< 0) continue;
        if(a[i][j] == 0) break;
        s += a[i][j];
    }
}
printf(" % d\n",s);
```

运行程序,结果为(　　　)。

    A. 0   B. 1   C. 56   D. 27

12. 执行下面的程序：

```
char a[100],b[100];
int i,j;
gets(a);
for(i = j = 0;a[i]!= '\0';i++)
    if(a[i]> = '0'&&a[i]< = '9')
    {
        b[j] = a[i];
        j++;
    }
b[j] = '\0';
puts(b);
```

运行程序,输入 ab12cd34,结果为(　　　)。

    A. ab   B. 12   C. abcd   D. 1234

二、编程题

1. 将两个字符串连起来,不使用 strcat()函数。

2. 求二维数组周边元素之和。

3. 将一个字符的首字符和尾字符去掉,其余字符升序排序。

4. 将一个数组逆序输出,用第一个元素和最后一个元素交换。

5. 输入数组,最大数与第一个数交换,最小数与最后一个数交换,输出数组。

6. 有 n 个整数,使其前面各数顺序向后移 m 个位置,最后 m 个数变成最前面的 m 个数, m 和 n 的值自定。

7. 数据加密问题,数据是 6 位整数,加密规则是每位数字加上 6,然后用和除以 9 的余数代替该数字,再将第 1 位和第 5 位交换,第 2 位和第 4 位交换。

第8章　　函　　数

学习目的和要求
- 运用自定义函数的一般结构完成函数的定义。
- 在编程实践中正确执行函数声明和函数调用操作。
- 解释函数嵌套、函数递归的核心概念及执行流程。
- 比较 auto 型和 static 型局部变量的生命周期和作用域差异。
- 回忆局部变量、全局变量的基本定义,识别变量的存储类别。

思政目标和思政点
　　函数名称的命名规则体现了"无规矩不成方圆"的道理,引导学生树立规则意识,认识到在任何领域都要遵循一定的规范和标准。主函数作为 C 程序的入口,具有核心的决定性作用,其他函数或模块都必须围绕这个核心展开,在社会生活中也存在核心领导或核心思想,强调核心意识的重要性。同时,程序设计强调模块化设计,将一个大程序划分为多个小模块,每个模块完成一个特定功能,保证各个模块能够无缝对接并共同实现整个程序的功能,强调团队合作和集体主义精神,培养学生的大局观和团队协作精神。

　　案例用递归实现斐波那契数列,递归的本质是将一个复杂的问题分解为规模更小的相同问题,通过不断调用自身来解决。引导学生在解决问题时从整体出发,分析问题的结构和内在规律,将复杂问题简单化,培养学生的逻辑思维能力和解决问题的能力。

　　模块化程序设计是面向过程程序设计的重要方法,函数体现了这种模块化的思想。本章主要介绍模块化程序设计的实现方法、函数的定义及函数的调用方式、变量的存储类型与作用域等。

8.1　函　数　概　述

8.1.1　模块化程序设计方法

　　前面章节中的案例都是规模相对较小的程序,在实际应用中,一些大型软件通常有几百、上千甚至上万行代码,为了降低开发大规模软件的复杂度,通常的做法是把大的问题分解成若干个比较容易求解的小问题,逐个解决,最终把所有问题整合起来完成整个程序,从而达到所要求的目的。这种自顶向下、逐步分解、分而治之的策略,称为模块化程序设计方法,因此 C 语言是一种结构化程序设计语言。模块化程序设计方法不仅使程序更容易理解,也更容易调试和维护。

　　在程序设计中,若干个模块是通过定义函数来实现的,把常用的功能模块编写成一个个相对独立的函数,可以被主函数或其他的函数随时调用。C 程序的全部工作都是由各种不同功能的函数来完成的,利用函数不仅可以实现程序的模块化,避免大量的重复工作,简化程序,提高程序的易读性和可维护性,还可以提高开发效率,增强程序的可靠性。

【案例 8.1】 请编程实现随机生成 10 个某个范围内的随机数。

```c
#include<stdio.h>
#include<stdlib.h>
#include<time.h>
int generRandnum(int,int);                  //函数声明
void main()
{
    int i,Number,min,max;
    printf("请输入要产生随机数的范围: ");
    scanf("%d%d",&min,&max);
    //初始化随机数生成器
    srand((unsigned)time(NULL));
    for(i=1;i<=10;i++)
    {
        Number=generRandnum(min,max);        //函数调用
        printf("%d   ",Number);
    }
}
int generRandnum(int min,int max)
{
    int num;
    num=min+rand()%(max-min+1);
    return num;
}
```

程序运行结果:

请输入要产生随机数的范围: 1 10
10 3 8 5 1 6 6 2 8 8

8.1.2 函数的分类

C 程序由函数组成,设计程序就是设计函数。一个 C 源程序文件所含函数个数没有限制,可以由一个主函数(main())和若干子函数构成,并且 C 程序中必须有也只能有一个主函数 main()。主函数是程序执行的开始点,由主函数调用子函数,子函数还可以调用除 main()函数外的其他函数,最终在 main()函数中结束整个程序的运行。在编译运行时,一个源程序文件就是一个编译单位,即以源程序为单位进行编译,而不是以函数为单位进行编译。

C 语言函数丰富,可以从不同的角度对函数进行分类。

(1) 从函数定义的角度看,函数可分为库函数和用户自定义函数。

库函数由 C 系统提供,用户无须定义,也不必在程序中做类型说明,只需在程序前包含该函数原型的头文件即可在程序中直接调用。例如,案例 8.1 中 printf()、scanf()、srand()、time()、rand()等函数均属此类。

用户自定义函数由是用户根据自己的需要编写的函数,用于解决用户的专门需要。例如,案例 8.1 中的 generRandnum()函数。对于用户自定义函数,不仅要在程序中定义函数

本身,而且在主调函数模块中还必须对该被调函数进行类型声明,例如,案例 8.1 中的第 4 行"int generRandnum(int,int);"然后才能使用。

(2) 从函数是否有返回值的角度看,函数可分为有返回值函数和无返回值函数。

有返回值函数被调用执行完后将向调用者返回一个执行结果,称为函数返回值。例如一些数学函数即属于此类函数。由用户定义的这种要返回函数值的函数,必须在函数定义和函数声明中明确返回值的类型,例如,案例 8.1 中自定义函数就属于此类。

无返回值函数用于完成某项特定的处理任务,执行完成后不向调用者返回函数值。由于函数不需要返回值,用户在定义此类函数时可指定它的返回类型为"空类型",空类型的说明符为"void"。

(3) 从函数是否有参数的角度看,函数可分为无参函数和有参函数。

无参函数是在进行函数调用时,主调函数和被调函数之间不进行数据传递,此类函数通常用来完成一组指定的功能,可以返回或不返回函数值。

有参函数是在函数调用时主调函数必须向被调函数传递数据,供被调函数使用,例如,案例 8.1 中的自定义函数就属于此类。

8.2 函数的定义和调用

函数的使用与变量的使用遵循相同的规则,即"先定义,后使用"。本节介绍函数的定义形式和函数的使用方法,即函数调用。

8.2.1 函数的定义

每一个函数都是一个具有一定功能的语句模块,模块的结构和语句结构在 C 语言中有确定的形式,即函数定义,其一般格式为

```
[<数据类型>]   <函数名>([形式参数列表])        //函数头
{
    函数体
}
```

下面通过一个简单的函数定义案例,具体说明函数定义的形式。

【案例 8.2】 求两个数中的较大值。

```
# include < stdio. h>
int max( int x, int y)                      //函数定义
{
    int z;
    z = (x > y)?x:y;
    return z;
}
void main()
{
    int a,b,c;
    printf("请输入两个整数: ");
    scanf(" % d % d",&a,&b);
    c = max(a,b);                           //函数调用
    printf("Max is % d\n",c);
}
```

程序运行结果：

请输入两个整数：8 19
Max is 19

该程序由两个函数组成：主函数 main() 和自定义函数 max()。程序从 main() 函数开始执行,当执行到程序第 12 行"scanf("%d%d",&a,&b);"时,从键盘上输入 8 和 19 分别赋给变量 a,b,调用 max() 函数后,程序转到 max() 函数执行,max() 函数的变量 x,y 接收主函数中变量 a,b 传来的数据 8 和 19,经过条件表达式"(x>y)?x:y"运算,将较大的数值 19 赋给变量 z,通过 return 语句将 z 的值又返回到主函数的调用位置,赋给变量 c,最后通过 printf 输出,整个程序结束。

说明：

1. 函数头

(1) <数据类型>规定了函数类型,也是函数返回值的类型。例如 int max(int x,int y) 表示函数 max 将返回一个 int 类型的值。一个函数可以有返回值也可以没有返回值,此时需要使用保留字 void 作为函数的类型名。例如案例 8.2 中的 main() 函数就定义为 void 类型,代表无返回值。若<数据类型>省略,表示函数返回值为整型或字符型。

(2) <函数名>是函数的标识,当函数定义之后,编程者可通过函数名调用函数。函数名是用户定义的标识符,要符合标识符的命名规则。函数名后面必须跟一对圆括号"()",用来将函数名与变量名或其他用户自定义的标识符区分开来,在圆括号中可以没有任何参数,表示该函数是一个无参函数,也可以包含形式参数表,表示该函数是一个有参函数。C 程序通过使用这个函数名和参数表调用该函数。

(3) 形式参数列表(简称为形参表)写在函数名后面的一对圆括号"()"内,它可以包含任意多个(含 0 个)参数说明项,各参数说明项之间用逗号分开。

一般形式为

类型名 1　形式参数 1,类型名 2　形式参数 2,…,类型名 *n*　形式参数 *n*

其中,"类型名"是各形式参数(简称为形参)的数据类型标识符,可以是任意一种已定义的数据类型,"形式参数"为各形参的标识符,其命名规则同变量命名规则一样。需要注意的是,一个函数可以没有形参,即函数定义中的参数表被省略,表明该函数为无参函数,但圆括号不能省略。另外,在函数定义时,系统并不会为形参分配存储空间,只有当函数被调用时,向它传递了实际参数(简称实参),才为形参分配存储空间。例如案例 8.2 中,变量 a,b 是实参,而变量 x,y 是形参。

2. 函数体

函数体是用一对花括号括起来的语句序列。它是实现函数功能的代码部分,分为说明性语句和可执行语句两部分。

说明性语句包括变量定义和函数声明等,除形参和全局变量(参见 8.5 节)外,所有在函数中用到的变量都要在花括号中先定义再使用。可执行语句是实现函数功能的核心部分,由 C 语言的基本语句组成。

函数体也可以为空,但花括号本身不能省略。这种函数被称为空函数。调用此函数,不做任何工作。只是说明有一个函数存在,函数的具体内容可在以后补充,使用空函数可以使程序的结构清楚,可读性好,以便以后扩充新功能。

当一个函数执行后需要将一个值返回给主调函数时,需使用 return 语句。案例 8.2 第 6 行,使用"return z;"将两数的较大值返回到 main()函数中调用函数"c=max(a,b);"处,将较大值赋给变量 c。

另外,C 语言规定,不能在函数体内定义函数,即函数不能嵌套定义,函数(包括主函数)都是相对独立的。

8.2.2 函数的调用

在 C 语言中,除了主函数 main()外,其他任何函数都不能单独运行,函数功能的实现是通过被主函数直接或间接调用进行的。函数调用就是调用某函数以执行相应的程序段并得到处理结果或返回值。一个函数定义后可以被多次调用。

函数调用的一般形式为

函数名(实际参数表);

说明:

(1) 实际参数表(简称为实参表)是用逗号分隔的常量、变量、表达式、数组、数组元素、指针及函数名等,无论实参是哪种类型的量,在进行函数调用时,都必须有确定值,各参数之间用逗号隔开。

(2) 函数的实参和形参是函数间传递数据的通道,两者在数量、次序和类型上必须一一对应。

(3) 对于无参函数,调用时实参表为空,但圆括号不能省略。

按照函数在程序中出现的位置来分,函数调用有以下三种方式。

1. 函数语句

函数的调用是一个单独的语句。例如:

```
printf("I am a girl.\n");
scanf("%d", &a);
```

这种方式不要求函数带返回值,函数仅完成一定的操作。

2. 函数表达式

在表达式中调用函数,使用函数的返回值参与相应的运算,这种方式要求函数要带返回值,例如:

```
c = 3 * max(a,b);
```

函数调用出现在赋值表达式中,把 max()函数的返回值乘以 3 赋予变量 c。

3. 函数参数

函数的调用出现在参数的位置,作为其他函数的实际参数,这种方式要求函数要带返回值。例如:

```
printf("Max = %d",max(a,b));
max(max(a, b),c);
```

前者把 max 函数的返回值作为 printf()函数的实参来使用,而后者把 max()函数的返回值再次作为外层 max()函数的实参来使用。

【案例 8.3】 编写一个函数,判断一个数是不是完数。

分析:完数,又称为完美数或完备数,是一些特殊的自然数。一个数如果恰好等于其所有真因子(即除了自身以外的约数)的和,则称该数为完数。

```c
# include < stdio. h>
int perfnum( int n)
{
    int i, sum = 0;
    for(i = 1;i < n;i++)              //遍历所有可能的因子
        if(n % i == 0)
            sum += i;
    if(n == sum)
        return 1;
    else
        return 0;
}
void main()
{
    int n;
    printf("Input integer n:");
    scanf(" % d",&n);
    if(perfnum(n))
        printf(" % d is perfectnum!\n",n);
    else
        printf(" % d is not perfectnum!\n",n);
}
```

程序运行结果:

```
Input integer n:6
6 is perfectnum!
Input integer n:7
7 is not perfectnum!
```

上述程序的执行过程见图 8.1,程序由主函数 main()开始执行,当执行到函数调用语句"if(perfnum(n))"时,转去执行 perfnum(n)函数的函数体语句部分,perfnum(n)函数是一个 int 类型函数,返回值为 int 类型,所以当执行某条"return"语句时,子函数执行结束,将返回值带回到调用处,继续执行函数调用语句之后的语句,直至整个程序结束。

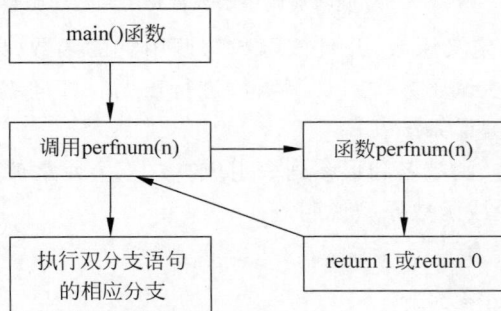

图 8.1 函数调用执行过程

特别注意本例中返回值的处理方法,返回"真"或"假"(C 语言中用 1 或 0 表示)便于后续程序的比较判断,很多数学类问题都可采用同样的处理方法,例如,素数问题、闰年问题、水仙花问题、回文数问题等。

【**案例 8.4**】 求正整数 n 以内的所有素数之积($n<28$)。

```c
# include < stdio.h >
int prime(int n)
{
    int i,flag = 1;              //i遍历因子,flag = 1标记素数
    for(i = 2;i < n;i++)
        if(n % i == 0)
        {
            flag = 0;            //满足条件,确定不是素数
            break;
        }
    return flag;
}
void main()
{
    int n,i,s = 1;              //s存储乘积
    printf("请输入正整数 n(n < 28): ");
    scanf(" % d",&n);
    for(i = 2;i < = n;i++)
        if(prime(i))
            s = s * i;
    printf(" % d 以内所有素数之积为 % d\n",n,s);
}
```

程序运行结果：

```
请输入正整数 n(n < 28): 12
12 以内所有素数之积为 2310
```

8.2.3 函数的原型声明

C 语言程序中一个函数调用另一个函数需要具备以下几个条件。

(1) 被调用的函数必须是已经存在的函数,例如,库函数或用户自定义函数。

(2) 如果调用库函数,必须要在程序文件的开头用"# include"文件包含命令将包含该库函数的头文件包含到文件中。例如:

```c
# include < math.h >          //说明被调用函数将要用到数学函数
```

(3) 如果调用用户自定义函数,并且该函数与调用它的函数(即主调函数)在同一个程序文件中,一般还应该在主调函数中对被调函数进行声明。即向编译系统声明将要调用此函数,并将有关信息通知编译系统。

函数声明由函数类型、函数名和形参列表组成。这三个元素被称为函数原型,所以函数声明也称为函数原型声明或函数原型说明。

函数声明的一般形式为

<函数类型> <函数名>(<形参列表>);

函数声明与函数定义在函数类型、函数名和参数类型方面必须一致；函数声明是语句,必须以分号";"结束。

例如,在案例 8.3 中若需对被调用函数 int perfnum(int n)进行函数原型的声明时,需

将函数头部复制并在其后再加一个分号放到源文件开始位置,即:

```
int perfnum(int n);
```

另外,在函数声明中,形参列表可以只列出形参类型而不写形参名,在案例 8.3 中的函数声明也可以写成

```
int perfnum(int);
```

实际上,编译系统并不检查参数名,因此参数名是什么都无所谓,如果上面的函数声明写成"int perfnum(int m);"效果完全相同。

函数的原型声明并不是必需的,以下几种情况可以不在主调函数中对被调函数原型进行声明。

(1) 如果被调用函数的定义出现在主调函数之前,可以不必加声明。

在案例 8.2 和案例 8.3 中,函数 max()和 perfnum()均被写在主函数 main()之前,在主函数的前面可以不必对被调函数 max()、perfnum()进行声明。

(2) 如果一个函数只被另一个函数所调用,在主调函数中声明和在函数外声明是等价的。如果一个函数被多个函数所调用,可以在所有函数的定义之前对被调函数进行声明,这样在主调函数中就不必再对被调函数进行声明了。

函数的定义和函数原型的声明不是一回事。函数的定义是对函数功能的确定,包括指定函数名、函数值的类型、形式参数及其类型、函数体等,它是一个完整的、独立的程序函数单位。

函数原型声明的作用是把函数的名字、函数的类型及参数的类型、个数、顺序通知编译系统,以便在调用该函数时系统按此进行对照检查(函数名是否正确,实参和形参的个数、类型、顺序是否一致)。一个函数只能定义一次,但是可以声明多次。

8.3 函数间的数据传递

函数通常是实现一个具体功能的模块,因此函数必然要与程序中其他模块进行信息交换。函数可以从函数之外获得所需数据,也可以将处理的结果返回给函数的调用者。这些数据主要是通过函数的参数和返回值的传递实现的。本节就从函数的参数传递和函数返回值两方面来介绍函数间的数据传递。

8.3.1 函数的参数传递

函数的参数主要用于在主调函数和被调函数之间进行数据传递。在定义函数时,函数名后面圆括号中的参数称为形式参数,简称为形参。在主调函数调用一个函数时,函数名后面圆括号中的参数称为实际参数,简称为实参。函数调用时,主调函数把实参的值传送给被调函数的形参,从而实现主调函数向被调函数的数据传递。

在 C 语言中,参数的类型不同,其传递方式也不同,下面给出 C 语言中的参数传递方式。

1. 简单变量作为函数参数

简单变量作为函数参数时,主调函数把实参的值传送给被调函数的形参,从而实现主调

函数向被调函数的数据传送。

进行数据传送时,形参和实参具有以下特点。

(1) 在定义函数时指定的形参变量,在未出现函数调用时,并不占用内存的存储单元,只有在发生函数调用时,形参才被临时分配内存单元,在调用结束时,形参所占的内存单元被立即释放。因此,形参只有在函数内部使用,函数调用结束返回主调函数后,则不能再使用该形参变量。

(2) 实参与形参的类型应相同或赋值兼容。当实参和形参的类型不匹配时,编译器将实参转换为与形参一致的类型再赋给形参。例如,实参值 a 为 3.5,而形参 b 为整型,则将实数 3.5 转换成整数 3,然后送到形参 b。字符型与整型可以互相通用。

(3) 函数调用中发生的数据传送是单向的(也被称为"值传递"方式),即只能把实参的值送给形参,而不能把形参的值反向地传送给实参。在内存中,形参与实参各占独立的存储单元,因此在函数调用过程中,形参的值发生改变而实参中的值不会变化。

【**案例 8.5**】 函数参数间的值传递。

```c
#include<stdio.h>
void change(int x,int y)          //简单变量作形参
{
    int t;
    printf("x=%d,y=%d\n",x,y);
    t=x;   x=y;   y=t;            //引入中间变量t,实现两数交换
    printf("x=%d,y=%d\n",x,y);
}
void main()
{
    int a=3,b=4;
    printf("a=%d,b=%d\n",a,b);
    change(a,b);                  //函数调用语句,简单变量a,b作实参
    printf("a=%d,b=%d\n",a,b);
}
```

程序运行结果:

```
a=3,b=4
x=3,y=4
x=4,y=3
a=3,b=4
```

程序从主函数开始执行,当执行到 change(a,b)语句前,编译器为实参 a、b 分配了内存单元,形参 x、y 未分配内存单元,如图 8.2 所示。在主函数中通过 change(a,b)语句调用 change()函数,此时给形参 x、y 分配存储单元,并将实参 a、b 的值分别传递给形参 x、y,使得 x=3,y=4,如图 8.3 所示。程序转到 change()函数中执行,通过中间变量 t,在 change()函数中交换 x 和 y 的值,因为形参和实参占不同的存储单元(如图 8.3 所示),因此形参的改变不会影响到实参,当调用结束后,形参 x、y 的内存单元被释放,程序返回主调函数的调用位置继续执行,实参单元仍保留并维持原值。因此,最后输出 a 的值仍为 3,b 的值仍为 4。

如果实现 a 与 b 两个参数交换,需使用指针变量,通过地址传递完成,请在学习第 9 章指针内容后完成变量交换的程序设计(第 9 章编程作业第 2 题)。

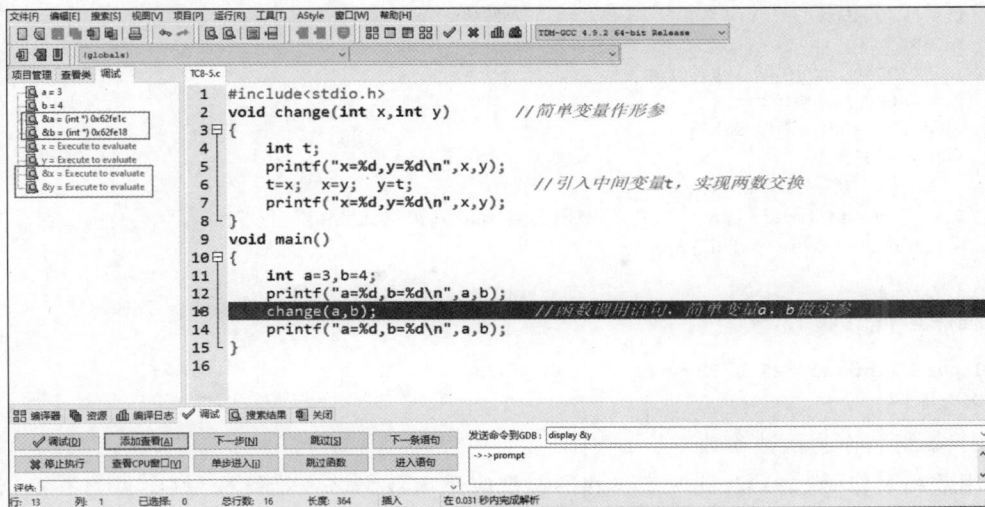

图 8.2　调用前实参、形参的值与内存

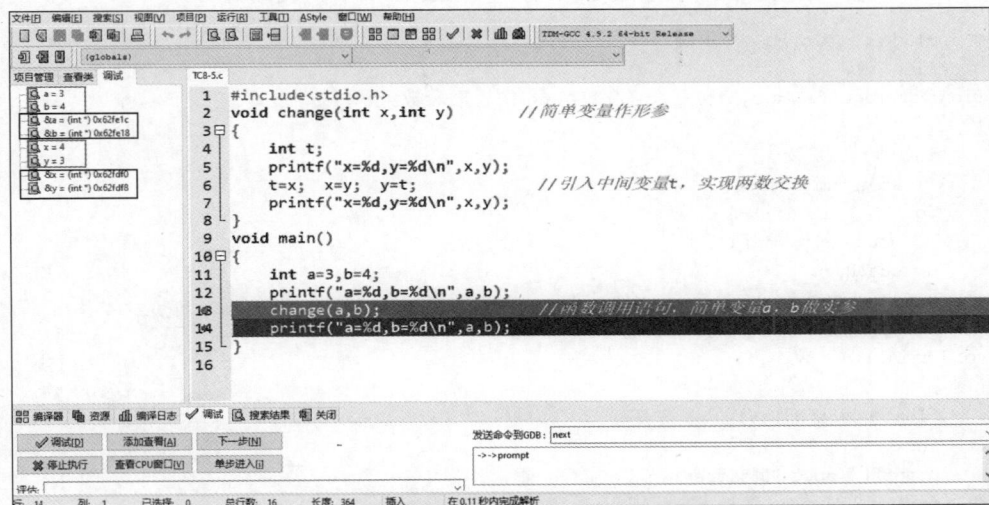

图 8.3　调用后实参、形参的值与内存

2. 数组作为函数参数

数组作函数参数有两种情况,一种是数组元素作为函数参数,另一种是数组名作为函数参数。

1) 数组元素作为函数参数

数组元素作为函数的参数,与简单变量作为参数一样,遵循单向的"值传递",即数组元素把它的值传递到系统为形参变量分配的临时的存储单元中。

【案例 8.6】　用一维数组存储 10 个任意整数,求其中最大值并输出。

```
#include<stdio.h>
int max(int x,int y)                    //函数定义,简单变量 x,y 作形参
{ return(x>y?x:y); }
void main()
```

```
{
    int a[10],i,m;
    printf("Input 10 integers: ");
    for(i = 0;i < 10;i++)
        scanf("%d",&a[i]);
    m = a[0];
    for(i = 1;i < 10;i++)
        m = max(m,a[i]);            //调用函数 max(),数组元素 a[i]作实参
    printf("Max is %d\n",m);
}
```

程序运行结果：

```
Input 10 integers:25 34 22 41 19 40 55 62 48 53
Max is 62
```

2）数组名作为函数参数

用数组名作函数参数，此时实参和形参都应采用数组名或指针变量（参见第 9 章）作为形式参数。

【案例 8.7】 数组 score 中存放 10 个学生的成绩，求平均成绩。

```
#include<stdio.h>
#define   N   10
float average(float cj[N])        //数组 cj 作为形参数组
{
    int i;
    float m,sum = cj[0];
    for(i = 1;i < N;i++)
        sum = sum + cj[i];
    m = sum/N;
    return m;
}
void main()
{
    float score[N],av;
    int i;
    printf("Input 10 scores:\n");
    for(i = 0;i < N;i++)
        scanf("%f",&score[i]);
    av = average(score);            //函数调用,score 作为实参数组
    printf("average score is %5.2f\n",av);
}
```

程序运行结果：

```
Input 10 scores:
78 97 68 94.5 79.6 80 65 75.4 88.3 77
average score is 80.28
```

说明：

（1）用数组名作为函数参数，实参和形参都应使用数组名或指针变量形式，且二者的数据类型应相同，如果不一致，就会发生错误。案例 8.7 中 score 是实参数组，cj 是形参数组，二者都是 float 型数组。

（2）在被调函数中，可以说明形参数组的大小，也可以省略不写。如案例 8.7 中，

average()函数可以写成 float average(float cj[ ])。因为 C 语言编译时对形参数组的大小不做检查,只是将实参数组的首地址传给形参数组,形参数组和实参数组指向同一段内存单元。有时为了处理需要,可以设置另一个参数传递需要处理的数组元素的个数。

【案例 8.8】 从键盘为一维整型数组输入 10 个整数,调用函数找出其中最小的数,并在 main()函数中输出。

```c
# include < stdio. h >
int findMin(int x[ ],int n)   //不指定数组长度,引入另外一个参数 n
{
    int min,i;
    min = x[0];
    for(i = 1;i < n;i++)
        if(x[i]< min)
            min = x[i];
    return min;
}
void main()
{
    int a[10],i,min;
    for(i = 0;i < 10;i++)
        scanf(" % d",&a[i]);
    min = findMin(a,10);
    printf("the min is % d\n",min);
}
```

程序运行结果:

```
78 79 68 94 79 80 65 75 88 77
the min is 65
```

定义函数 findMin()时,不指定形参数组 x 的长度,而是设置了另一个参数 n,用来接收需要处理的数据个数,当发生函数调用时,通过一个实参 10 传递给形参 n,表示求 10 个数据中的最小值。

(3) 简单变量和数组元素作为函数的参数,遵循的是单向的“值传递”方式,形参和实参分别占不同的内存单元。而数组名作为函数的参数,遵循的是“地址传递”方式,函数调用时,实参传递给形参的是数组的首地址(数组名代表数组的首地址),此时形参数组和实参数组使用相同的内存单元,函数操作中对形参的改变会直接影响到实参。

【案例 8.9】 用比较法对数组中 10 个整数按从大到小排序。

```c
# include < stdio. h >
void sort( int x[ ],int n)
{
    int i,j,k,t;
    for(i = 0;i < n - 1;i++)
        for(j = i + 1;j < n;j++)
            if(x[i]< x[j])
                { t = x[i];x[i] = x[j];x[j] = t;}
}
void main()
{
    int a[10],i;
```

```
        printf("Input the array:");
        for(i = 0;i < 10;i++)
            scanf(" % d",&a[i]);
        sort(a,10);
        printf("The sorted array:");
        for(i = 0;i < 10;i++)
            printf(" % 5d",a[i]);
        printf("\n");
}
```

程序运行结果：

```
Input the array:12 15 22 31 17 20 19 35 11 28
The sorted array:    35   31   28   22   20   19   17   15   12   11
```

从案例 8.9 中可以看到，执行函数调用语句"sort(a,10);"前后，a 数组中元素的排列顺序是不同的。调用前 a 数组的元素是无序的，调用后数组 a 的元素有序。如图 8.4 所示，实参数组 a 的起始地址为 0x62fdf0，调用发生后形参数组 x 的起始地址也为 0x62fdf0，显然 a 和 x 同占一段连续的内存单元，a[0]与 x[0]同占一个单元……由此可以看到，形参数组中各元素的值如发生变化会使实参数组元素的值同时发生变化。因此，对形参数组 x 使用比较法进行的排序，实际上就是对实参数组 a 的排序，即形参数组的改变也使实参数组发生了改变。

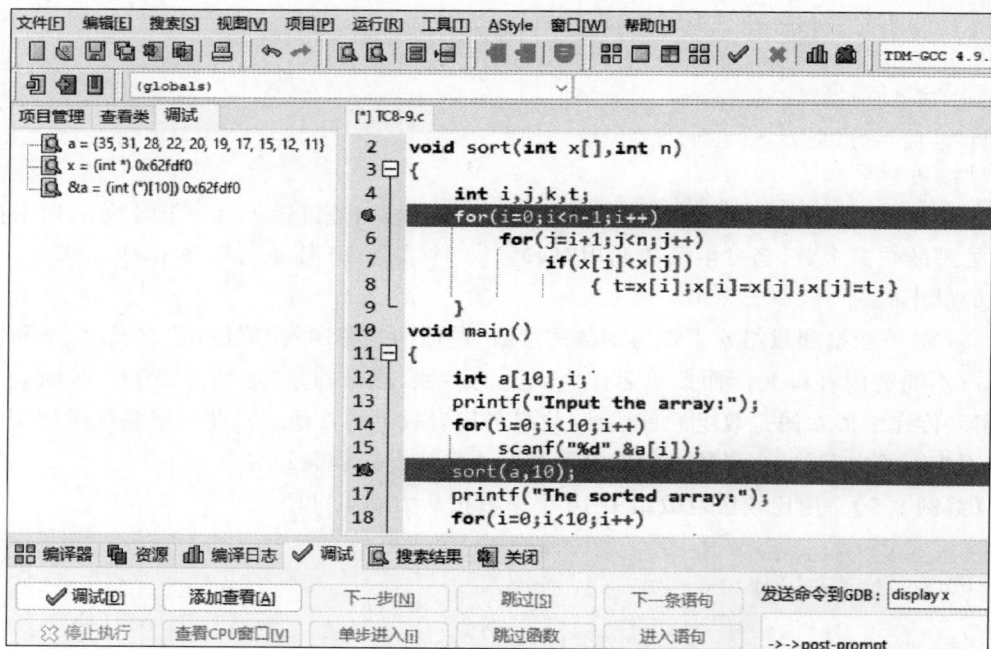

图 8.4　形参数组和实参数组所占内存单元

3）多维数组名作为函数参数

多维数组名作为函数的参数时，遵循"地址传递"的方式，除第一维可以不指定长度外（也可以指定），其余各维都必须指定长度。因此，以下写法都是合法的。

```
int max(int x[3][5])
```

或

```
int max(int x[][5])
```

【**案例 8.10**】 将 $N \times N$ 矩阵主对角线元素的值与反向对角线对应位置上元素的值进行交换。例如,若 $N=3$,有下列矩阵。

1	2	3
4	5	6
7	8	9

交换后为

3	2	1
4	5	6
9	8	7

```c
#include<stdio.h>
#define N 3
/*定义矩阵元素赋值函数
形参为二维数组,第一个维度不省略*/
void input(int c[N][N])
{
    int i,j;
    printf("please input datas of array:\n");
    for(i=0;i<N;i++)
        for(j=0;j<N;j++)
            scanf("%d",&c[i][j]);
}
/*定义为输出矩阵函数
形参数组为二维数组,第一个维度省略*/
void output(int c[][N])
{
    int i,j;
    printf("array is:\n");
    for(i=0;i<N;i++)
    {
        for(j=0;j<N;j++)
            printf("%5d",c[i][j]);
        printf("\n");
    }
    printf("\n");
}
/*对角线元素交换位置*/
void change(int a[][N],int n)
{
    int i,temp;
    for(i=0;i<N;i++)
    {
        temp=a[i][i];
        a[i][i]=a[i][n-i-1];
        a[i][n-i-1]=temp;
    }
}
void main()
```

```
{
    int a[N][N];
    input(a);
    output(a);
    change(a,N);
    output(a);
}
```

程序运行结果：

```
please input datas of array:
1 2 3 4 5 6 7 8 9
array is:
    1    2    3
    4    5    6
    7    8    9
array is:
    3    2    1
    4    5    6
    9    8    7
```

8.3.2 函数的返回值

函数的返回值是指函数被调用后,执行函数体中的语句序列后所取得的值。函数的返回值只能通过 return 语句返回主调函数。return 语句的一般形式为

return(表达式);

或

return 表达式;

return 语句的作用是结束函数的执行,并将表达式的值带回给主调函数。

利用返回值的方式传递数据,需要注意下列几点。

(1)使用返回方式传递数据,所传递的数据可以是整型、实型、字符型及结构体类型等,但不能传回整个数组。

(2)当被调函数的数据类型与函数中的 return 后面表达式的类型不一致时,表达式的值将被自动转换成函数的类型后传递给主调函数。

(3)一个函数中可以有多个 return 语句,但不论执行到哪个 return 语句都将结束函数的调用,并将表达式的值返回主调函数。

【案例 8.11】 求两数的较大值。

```
#include<stdio.h>
int max(float x,float y)
{
    if(x>y)
        return x;
    return y;
}
void main()
{
    float a,b;
    int c;
```

```
    printf("input a,b:\n");
    scanf(" % f % f",&a,&b);
    c = max(a,b);
    printf("Max is % d\n",c);
}
```

程序运行结果：

```
input a,b:3.5  7.9
Max is 7
```

在案例 8.11 中,函数 max()的数据类型为整型,return 语句中的 x、y 均为浮点型,显然二者不一致,最终带回主调函数的返回值的类型以函数类型 int 型为准,即先将浮点型转换为整型,再由 return 语句带回到主函数调用位置,赋值给整型变量 c。

max()函数中有两条 return 语句,当"x＞y"成立时,执行"return x;"语句,之后函数调用将立即结束,不再执行后续语句,直接返回主调函数。当"x＞y"不成立时,不执行该单分支语句,执行"return y;"语句,函数调用结束。

(4) 如果一个函数有返回值,就必须使用 return 语句。如果不需要返回值,可以用 void 作为函数的类型说明,如案例 8.10 中的各个函数:

```
void input(int c[N][N])
void output(int c[][N])
void change(int a[][N], int n)
```

以上函数只完成相应的操作,无须返回任何值,因此函数体内不需要书写 return 语句,且函数的类型定义为 void 类型。

8.4 函数的嵌套调用和递归调用

8.4.1 函数的嵌套调用

C 语言中任何一个函数的定义都是独立的、平行的,不允许在一个函数的定义中再定义另一个函数,即不允许函数的嵌套定义,但允许嵌套调用函数。嵌套调用指的是在调用一个函数的过程中又调用了另一个函数,执行过程如图 8.5 所示。

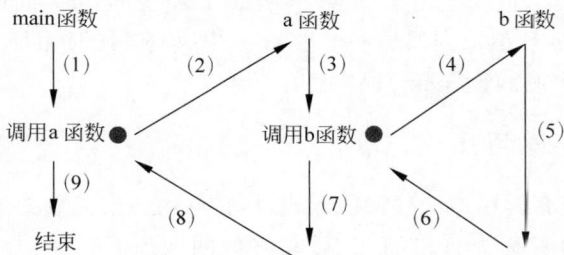

图 8.5 函数嵌套调用示意图

图 8.5 表示了两层嵌套的情形。其执行过程是:首先执行 main 函数,在 main 函数中执行调用 a 函数的语句时,流程即转去执行 a 函数,在执行 a 函数过程中调用 b 函数时,流程又转去执行 b 函数,b 函数执行完毕后,流程返回 a 函数中调用 b 函数的断点处继续向后执行,当 a 函数执行完毕后,流程又返回到 main 函数中调用 a 函数的断点处继续向后执行,

直至整个程序结束。

【案例 8.12】 编写程序计算 $1^k + 2^k + 3^k + \cdots + n^k$ 的值。

```
# include < stdio. h >
int sump( int, int);                //函数原型声明
int powers( int, int);              //函数原型声明
void main( )                        //主函数
{
    int k,n;
    printf("请输入 n 的值: ");
    scanf(" % d", &n);
    printf("请输入指数 k 的值: ");
    scanf(" % d", &k);
    printf("从 1 到 % d 的 % d 次幂之和为",n,k);
    printf(" % d\n",sump(n,k));     //调用函数 sump
}
int powers( int n, int k)           //函数定义,计算 n^k
{
    int i,p = 1;
    for( i = 1;i < = k;i++)
        p * = n;
    return p;
}
int sump( int n, int k)             //函数定义,求累加和 sum
{
    int i,sum = 0;
    for( i = 1;i < = n;i++)
        sum += powers(i,k);         //嵌套调用函数 powers
    return sum;
}
```

程序运行结果:

请输入 n 的值: 8
请输入指数 k 的值: 4
从 1 到 8 的 4 次幂之和为 8772

在案例 8.12 中,主函数通过调动函数 sump 来计算 $1^k + 2^k + 3^k + \cdots + n^k$ 的累加和。在调用 sump 函数过程中,嵌套调用了 powers 函数计算每一项 n^k 的值,通过 for 循环把每次调用 powers 函数的返回值加到累加和变量 sum 中,当 i>n 时循环结束,sump 函数将最终结果 sum 的值返回主调函数 main,程序运行结束。

8.4.2 函数的递归调用

递归调用是函数嵌套调用的一种特殊形式,即在调用一个函数的过程中,又直接或间接地调用该函数本身。前者称为直接递归,后者称为间接递归。递归调用的函数称为递归函数。

例如:

```
int f(int x)
{
    int y,z;
    z = f(y);
```

```
        return(2 * z);
    }
```

上例中,f()就是递归函数,在 f()函数的函数体中直接调用了 f()函数自身。

一般来说,递归问题的求解可以分为以下两个阶段。

(1) 递推阶段:将一个原始问题逐步分解为对多个新问题的求解,而每一个新的问题的解决方法都与原始问题的解决方法相同,只是问题规模递减,并向已知推进,最终达到递归结束条件,这时递推过程结束。

(2) 回归阶段:从递归结束条件出发,沿递推的逆过程,逐一求值回归,直至递推的起始处,结束回归过程,完成递归调用。

值得注意的是,为了防止递归调用无终止地进行,必须在递归函数的函数体中给出递归终止条件,当条件满足时则结束递归调用,返回上一层,从而逐层返回,直到返回最上一层而结束整个递归调用。

【**案例 8.13**】 有 5 个人坐在一起,问第 5 个人多少岁,他说比第 4 个人大 2 岁。问第 4 个人岁数,他说比第 3 个人大 2 岁。问第 3 个人,又说比第 2 个人大 2 岁。问第 2 个人,说比第 1 个人大 2 岁。最后问第 1 个人,他说是 10 岁。请问第 5 个人多大?

分析:从题意可知,除了第 1 个人的年龄已知外,求其余每个人的年龄的方法都一样,都是由其前一个人的年龄加 2 得来,这是一个递归问题,可以用一个函数来描述上述问题的求解:

$$age(n) = \begin{cases} 10, & n=1 \\ age(n-1)+2, & n>1 \end{cases}$$

求解过程如下。

递推阶段:当 $n>1$ 时,$age(n) = age(n-1)+2$,因此求解 $age(n)$ 的问题转换为求 $age(n-1)$ 的问题,而求 $age(n-1)$ 的问题与求 $age(n)$ 的方法一样,只是求解的对象值缩小了,当 n 的值递减到 1 时,因 $age(1)$ 已知,就不必再向前推了。

回归阶段:从已知出发,把 $age(1)$ 的值带入求得 $age(2)$ 的值,把 $age(2)$ 的值带入求得 $age(3)$ 的值,……以此类推,直至求得 $age(n)$ 的值,问题得解。

```
# include < stdio. h >
int age( int n)
{
    int c;
    if(n == 1) / * 终止递归调用的条件 * /
        c = 10;
    else
        c = age(n - 1) + 2;
    return c;
}
void main()
{
    printf(" % d",age(5));
}
```

程序运行结果:

18

案例8.13中,main()函数只有一条语句,通过调用函数age(5)来解决问题。age()函数在整个程序运行过程中共被调用了5次,第一次是由main()函数调用,其余4次都在age()函数中调用,即自己调用自己,而且每次调用时,实参传递给形参n的值都在递减,直至当n=1时,age()函数有返回值为10,然后再依次返回对应层的调用函数,最后一次返回主函数。这就是递归调用的全过程。递归调用的具体过程如图8.6所示。

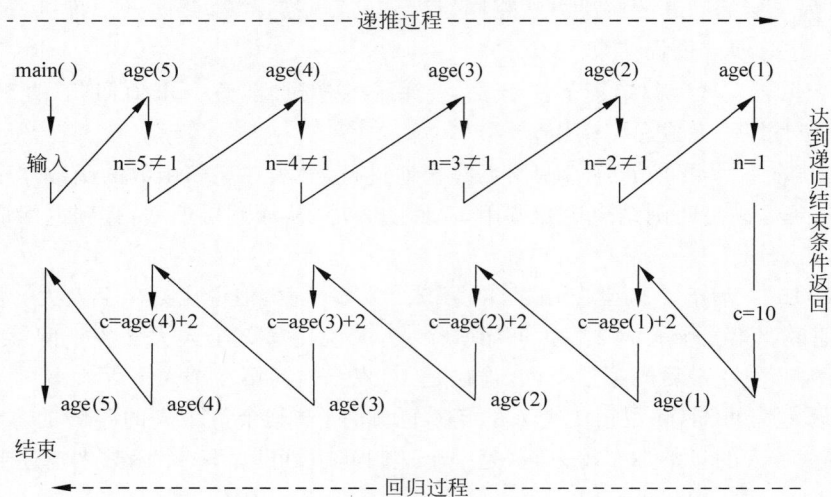

图8.6 求age(5)的递归调用示意图

【案例8.14】 输出斐波那契(Fibonacci)数列的前 n 项,要求采用递归。

分析:斐波那契数列,又称为黄金分割数列,指的是这样一个数列:1,1,2,3,5,8,13,21,34,55,89,144,233,377,610,…这个数列从第3项开始,每一项都等于前两项之和,即斐波那契数列的第 n 项 $f(n)=f(n-1)+f(n-2)$,第 $n-1$ 项 $f(n-1)=f(n-2)+f(n-3)$…最后 $f(3)=f(2)+f(1)$,当 $n=1$、$n=2$ 时,就可以向回推,计算出 $f(n)$。

```
# include < stdio. h>
int fib( int n)
{
    int f;
    if(n == 1||n == 2)              //当 n = 1 或 n = 2 时,递归结束
        f = 1;
    else
        f = fib(n-1) + fib(n-2);  //递归调用
    return f;
}
void main()
{
    int n,i;
    printf("input n = ");
    scanf(" % ld",&n);
    for(i = 1;i < = n;i++)
        printf(" % d   ",fib(i));   //调用 fib()函数,并输出返回值
}
```

程序运行结果:

```
input n = 10
1  1  2  3  5  8  13  21  34  55
```

斐波那契数列常用递归算法来实现,递归的本质是将一个复杂的问题分解为规模更小的相同问题,通过不断调用自身来解决。这反映了事物之间普遍存在的内在联系和相互依存的关系,即复杂的事物可以由简单的基本单元通过一定的规则组合而成。在解决问题时,可以从整体出发,分析问题的结构和内在规律,将复杂问题简单化,培养学生的逻辑思维能力和解决问题的能力。

8.5 变量的作用域与存储类型

C 语言程序中的任何变量,系统都会在适当的时间为变量分配内存单元,而且每一个变量都有两个属性:数据类型和数据的存储类别。变量的数据类型决定了变量在内存中所占的字节数以及数据的表示方法。变量的存储类别决定了变量在时间上的生存期(变量存在的时间)。变量的定义位置决定了变量在空间上的作用域。

例如,在前面已介绍,以某种数据类型声明的函数的形参变量只有在函数被调用期间才分配内存单元,调用结束立即释放。这一点表明形参变量只有在函数内才是有效的,离开该函数就不能再使用了。本节将介绍变量的作用域与存储类别。

8.5.1 局部变量和全局变量

在 C 语言中,所有的变量都有自己的作用域。变量的作用域是指变量在 C 程序中的有效范围,变量定义的位置不同,其作用域也不同,C 语言中的变量按照作用域,可以分为局部变量和全局变量(也称为内部变量和外部变量)。

1. 局部变量

变量定义在某函数或复合语句内部,则称该变量为局部变量。局部变量只在定义它的函数内部或复合语句内有效,超过这个范围将不能使用。

```
int f1( int a)          //函数 f1
{
  int b,c;                  ⎫  a、b、c 有效
  …                         ⎬
}                           ⎭
int f2( int x)          //函数 f2
{
  int y,z;                  ⎫  x、y、z 有效
  …                         ⎬
  }                         ⎭
void  main()            //主函数
{
  int m,n;
  …
  if(m > n)                 ⎫  m、n 有效
  {                     ⎫
    int t;              ⎬ t 有效
    …                   ⎭
    }                       ⎬
  }                         ⎭
```

【案例 8.15】 分析下列程序的运行结果及变量的作用域。

```c
# include < stdio.h >
void sub(int a, int b)                //形参 a、b 是局部变量,在 sub()函数中有效
{
    int c;                           //变量 c 是局部变量,在 sub()函数内有效
    a = a + 1; b = b + 2; c = a + b;
    printf("sub:a = % d,b = % d,c = % d\n",a,b,c);
}
void main()
{
    int a = 1,b = 2,c = 3;          //a,b,c 是局部变量,在 main()函数内有效
    printf("main:a = % d,b = % d,c = % d\n",a,b,c);
    sub(a,b);
    printf("main:a = % d,b = % d,c = % d\n",a,b,c);
    {
        int a = 2,b = 2;            //a,b 是局部变量,在复合语句内有效
        c = 4;
        printf("comp:a = % d,b = % d,c = % d\n",a,b,c);
    }
    printf("main:a = % d,b = % d,c = % d\n",a,b,c);
}
```

程序运行结果:

```
main:a = 1,b = 2,c = 3
sub:a = 2,b = 4,c = 6
main:a = 1,b = 2,c = 3
comp:a = 2,b = 2,c = 4
main:a = 1,b = 2,c = 4
```

说明:

(1) 不同函数中可以有相同名字的局部变量,它们代表不同的对象,在内存中占不同的内存单元,互不干扰。例如,主函数 main()和 sub()函数中的变量 a 和 b。

(2) 形式参数和在函数体内定义的变量都是局部变量,都只能在本函数内使用,不能被其他函数直接访问。例如,sub()函数的形参 a 和 b 及内部定义的变量 c。

(3) 如果局部变量的有效范围有重叠,则有效范围小的优先。主函数中定义的变量 a、b、c 在主函数中有效,但由于主函数的复合语句中又重新定义了同名变量 a、b,则在复合语句中,外层的同名变量 a、b 暂时不起作用,出了复合语句,外层的同名变量 a、b 起作用,而复合语句中的 a、b 就不再起作用。

2. 全局变量

如果变量定义在所有函数外部,则称该变量为全局变量。全局变量的作用范围是从定义变量的位置开始到本程序文件结束,即全局变量可以被在其定义位置之后的所有函数所共享。

```c
int a,b;              //外部变量
void f1()             //函数 f1
{
    ...
}
float x,y;            //外部变量
```

```
int f2()              //函数 f2
{
    …
}
void main()           //主函数
{
    …
}
```

在上例中，a、b、x、y 都是全局变量，但它们的作用范围不同，a、b 定义在源程序最前面，因此在函数 f1、f2 及 main()内都可使用；而 x、y 定义在函数 f1 之后，所以它们在 f1 内无效，只能在 f2 和 main()中使用。

【案例 8.16】 统计若干学生的平均成绩、最高分以及得最高分的人数。例如，输入 10 名学生的成绩分别为 92,87,68,56,92,84,67,75,92,66,则输出平均成绩为 77.9,最高分为 92,得最高分的人数为 3 人。

```
# include < stdio. h >
float Max = 0;                  //全局变量最高分
int Count = 0;                  //全局变量最高分人数
/ * 定义函数求平均值、最高分及最高分人数 * /
float fun(float a[ ],int n)
{
    int i;
    float sum = 0,ave;          //ave 存储平均成绩
    Max = a[0];                 //引用全局变量
    for(i = 0;i < n;i++)        //求累加和及最高分
    {
        if(Max < a[i])
            Max = a[i];
        sum += a[i];
    }
    ave = sum/n;
    for(i = 0;i < n;i++)        //统计最高分人数
        if(a[i] == Max)
            Count++;            //引用全局变量
    return ave;                 //只能带回一个值
}
void main()
{
    float a[10],ave;
    int i;
    for(i = 0;i < 10;i++)
        scanf(" % f",&a[i]);
    ave = fun(a,10);
    printf("平均分为 % f\n",ave);
    printf("最高分为 % f\n",Max);
    printf("最高分人数 % d\n",Count);
}
```

程序运行结果：

```
92 87 68 56 92 84 67 75 92 66
平均分为 77.900002
最高分为 92.000000
最高分人数 3
```

第 8 章

函　数

说明：

（1）设全局变量的作用是增加函数间的数据传递。函数调用只能带回一个返回值，当函数有多个执行结果时，可以通过设置全局变量使主调函数得到一个以上的"返回值"。

在案例 8.16 中，通过调用 fun()函数求数组的平均值、最高分及统计最高分人数，fun 函数中 ave 的值通过 return 语句带回到 main()函数，全局变量 Max、Count 可以被程序中的所有函数使用。因此，在 fun()函数中 Max 和 Count 被分别赋值后，不用带回主函数，就可以在主函数 main()中直接输出它们的值。

由此看出，可以利用全局变量减少函数实参与形参的个数，从而减少传递数据时带来的时间消耗。

（2）全局变量在整个程序执行过程中始终占用存储单元，过多的全局变量会占用较多的存储单元，浪费内存空间，降低程序的可靠性和通用性。

（3）全局变量破坏了函数的封装性能。函数通过形参和返回值实现数据传递，函数内部相对独立，函数中如果使用全局变量，函数体语句可以绕过形参和返回值进行存取，破坏了函数的独立性，同时也降低了函数的可移植性。因此，非必要不建议使用全局变量，可以通过数组来实现多个数据的"带回"。

函数的 return 只能返回一个值，下面的案例通过数组参数 b 可以实现函数的多值返回。

【案例 8.17】 求一个 3×4 矩阵的最大值和最小值。

```c
# include< stdio. h>
/ * 求矩阵元素中的最大值和最小值的函数
形参 1: 二维矩阵
形参 2: 一维数组存储最大值和最小值 * /
void max_min( int a[ ][4], int b[ ])
{
    int i,j;
    b[0] = a[0][0];                //假设矩阵第 1 行第 1 列元素为最大值
    b[1] = a[0][0];                //假设矩阵第 1 行第 1 列元素为最小值
    for(i = 0; i < 3; i++)
    {
        for(j = 0; j < 4; j++)
        {
            if(a[i][j]> b[0])
                b[0] = a[i][j];   //将矩阵中最大的元素存放在 b[0]中
            if(a[i][j]< b[1])
                b[1] = a[i][j];   //将矩阵中最小的元素存放在 b[1]中
        }
    }
}
void main()
{
    int b[2],a[3][4] = {3,5,12, - 9,15, - 1,7,8,10,14,6,11};
    int i,j;
    for(i = 0; i < 3; i++)
    {
        for(j = 0; j < 4; j++)
            printf(" % d\t",a[i][j]);
        printf("\n");
```

```
    }
    max_min(a,b);
    printf("\nmax value is: %5d\nmin value is: %5d\n",b[0],b[1]);
}
```

（4）在一个函数内定义了一个与全局变量同名的局部变量（或者是形参）时，则局部变量优先，而全局变量在该函数内不起作用。

【案例 8.18】 全局变量和局部变量同名。

```
#include<stdio.h>
int a = 8,b = 5;                    //a,b 为全局变量
int max(int a,int b)                //a,b 为局部变量
{
    int c;
    c = a<b?a:b;            形参 a,b 作用范围
    return c;               全局变量 b 失效
}
void main()
{
    int a = 3;              //a 为局部变量    局部变量 a 作用范围
    printf("%d\n",max(a,b));                 全局变量 b 作用范围
}
```

程序运行结果：

3

程序第 2 行定义了全局变量 a＝8，b＝5，其作用范围应该是从第 2 行定义位置开始到整个程序结束，第 3 行开始定义 max()函数 a、b 是形参，形参是局部变量，因 max()函数中的形参 a、b 与全局变量的 a、b 同名，此时局部变量优先，全局变量 a、b 在 max()函数内部失效，形参的作用范围从第 4 行到第 8 行。在主函数 main()中，定义了一个局部变量 a，同理，主函数范围内全局变量 a 不起作用，而全局变量 b 在此范围内有效，因此 printf 函数中的函数调用 max(a,b)中，实参 a＝3，b＝5，即 max(3,5)，程序的运行结果是 3。

8.5.2 变量的生存期和存储类别

前面已经介绍，从变量的作用域（即从空间）角度来分，变量可以分为全局变量和局部变量。而从变量值存在的时间（即生存期）角度来分，变量又可以分为静态存储变量和动态存储变量。

一个 C 源程序经编译和连接后，产生可执行程序。要执行该程序，系统必须为程序分配内存空间，并将程序装入所分配的内存空间内。一个程序在内存中占用的存储空间可以分为三部分：程序区、静态存储区和动态存储区，如图 8.7 所示。

程序区用来存放可执行程序的程序代码。变量一般存放在静态存储区或动态存储区。通常，静态存储变量被存放在静态存储区，它在程序运行期间始终占据内存空间；动态存储变量则被存放在动态存储区，它只在程序运行时的某段时间内占据内存空间。存放于不同存储空间内的变量的生存期也不同，变量的生存期及存储区是由变量的存储类别决定的。

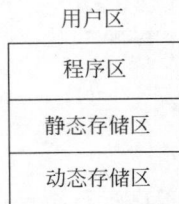

用户区

程序区
静态存储区
动态存储区

图 8.7 程序存储内存
空间示意图

第 8 章

函 数

C 语言根据变量的动态和静态存储方式提供了 4 种存储类别,分别是 auto(自动存储类)、register(寄存器存储类)、static(静态存储类)和 extern(外部存储类)。

C 语言中每一个变量都有两个属性:数据类型和存储类别。变量的数据类型决定了变量在内存中所占的字节数以及数据的表示方法。变量的存储类别决定了变量在空间上的作用域和时间上的生存期(变量存在的时间)。因此,一个完整的变量定义格式为

存储类别标识符 数据类型标识符 变量名 1,变量名 2,…,变量名 n;

例如:

```
static float x,y;                    //定义两个静态存储类别的浮点型变量 x 和 y
```

下面对变量的 4 种存储类别进行详细介绍。

1. 自动变量

函数中的局部变量,如没有特别声明为 static 存储类别,都是自动变量,用关键字 auto 作存储类别的声明。自动变量被分配在动态存储区中,函数中的形参和在函数中定义的变量(包括在复合语句中定义的变量)都属于此类。在调用函数时,系统在动态存储区为自动变量开辟存储单元,当函数调用结束时,所占内存空间便即刻释放。

例如:

```
int max( int a, int b)          //定义 max 函数,a,b 为形参
{ auto int t = 0;               //定义 t 为自动变量
   …
}
```

上例中,a、b 是形参,t 是自动变量,程序中对 t 赋初值 0,执行完 max 函数后,自动释放 a、b、t 所占的存储单元。

关键字 auto 可以省略,即变量的默认存储类别是 auto,如本例中,"auto int t=0;"与 "int t=0;"等价。

说明:自动变量如果只定义而不初始化,其值是不确定的。如果初始化,则赋初值操作是在调用时进行的,且每次调用都要重新赋一次初值。

【**案例 8.19**】 分析下列程序的运行结果。

```
# include < stdio. h>
void fun( )
{
    int n = 5;                   //等价于 auto int n = 5;
    n++;
    printf("n = % d\n",n);
}
void main( )
{
    fun( );
    fun( );
}
```

程序运行结果:

```
n = 6
n = 6
```

在案例 8.19 中,函数 fun() 中定义的 n 为自动变量。主函数第一次调用 fun 函数时,系统为 n 分配临时存储单元,并赋初值为 5,执行 n++后,n 的值为 6,输出 n=6 后,函数调用结束,程序返回主调函数,同时分配给 n 的存储单元被收回,第二次调用 fun 函数时,系统重新为 n 分配存储单元,再次赋初值为 5,因此输出结果仍为 6。

2. 静态变量

除了形参外,可以将局部变量和全局变量都定义为静态变量,用关键字 static 作为存储类别的标识符。静态变量分为两种:一种是静态局部变量,另一种是静态全局变量。

例如:

```
static float x = 4.5;            //x 为静态全局变量
void f()
{ static int y;                  //y 为静态局部变量
  …
}
```

用 static 说明的局部变量和全局变量具有不同的含义。

1) 静态局部变量

对于某些局部变量,如果希望在函数调用结束后仍然保留原值,即占用的内存空间不释放,以便下次调用函数时继续使用上一次的运行结果,则可以把局部变量用 static 定义为静态局部变量。编译时,静态局部变量被分配在静态存储区中。

【案例 8.20】 观察静态局部变量的值。

```
# include < stdio.h >
int f(int b)
{
    static int m = 4;           //m 定义为静态变量
    m += b;
    return m;
}
void main()
{
    int i,a = 1;                //等价于: auto int i,a = 1;
    for(i = 0;i < 3;i++)
    {
        a += f(a);
        printf(" % d\t",a);
    }
    printf("\n");
}
```

程序运行结果:

```
6        17        45
```

在案例 8.20 中,在第一次调用 f 函数时 m 的初始值为 4,第一次调用结束时,m=5,变量 a=1+5=6,由于 m 是静态局部变量,在函数调用结束后,它的内存空间并不释放,仍然保留 m=5;当第二次调用 f 函数时,形参 b 的初值是 6,m 的初值是 5(上一次调用结束时的结果),第二次函数调用结束时,m=11,变量 a=6+11=17,此时 m 的值仍不消失,仍然保留 m=11;继续进行第三次函数调用,形参 b 的初值是 17,m 的初值为 11,当调用结束时,m=28,变量 a=17+28=45,整个程序结束。

对静态局部变量的几点说明如下。

（1）静态局部变量是在静态存储区内分配存储单元，在程序整个运行期间都不释放。因此函数调用结束后，它的值不消失，其值能够保持连续性。

（2）静态局部变量是在编译时赋初值的，且只赋一次初值，在程序运行时它的值始终存在，以后每次调用函数时不再重新分配空间和赋初值，而是保留上一次函数调用结束时的值。

（3）如果定义静态局部变量时没有赋初值，则编译器自动将其初值置为 0（对数值型变量）或空字符'\0'（对字符型变量）。

（4）静态局部变量的生存期是全程的，作用域是局部的，即虽然静态局部变量在函数调用结束后仍存在，但其他函数不能引用它。

【案例 8.21】 打印 1~5 的阶乘值。

```c
# include < stdio. h >
float fac( int n)
{
    static float f = 1;
    f = f * n;
    return f;
}
void main()
{
    int j;
    for(j = 1;j < = 5;j++)
        printf(" % d!= % .0f\n",j,fac(j));
}
```

程序运行结果：

```
1!= 1
2!= 2
3!= 6
4!= 24
5!= 120
```

2）静态全局变量

所有的全局变量都存储在静态存储区中，如果在定义全局变量时，用关键字 static 修饰，表示所说明定义的全局变量仅限于本程序文件内使用，其他文件不能使用。即使在其他文件中使用了 extern 说明（extern 的使用请参见外部变量），也无法使用该变量。

例如：

```
file1.c              file2.c
static int A;        extern int A;
void main()          void fun( int n)
{ …                   { …
 }                      A = A * n;}
```

上例中，在 file1. c 中用 static 声明了静态全局变量 A，可以被 file1. c 文件中的所有函数引用，其他文件不能引用。虽然在 file2. c 中用 extern 声明 A 为外部变量，也不能引用file1. c 中的全局变量 A。

若一个程序仅由一个文件组成，在定义全局变量时，有无 static 修饰并无区别。对于多文件构成的程序来说,如果将全局变量仅局限于一个文件中使用,用 static 修饰,则能有效避免全局变量的重名问题。

3. 寄存器变量

C 语言允许将局部变量的值放在 CPU 中的寄存器中,这种变量叫作"寄存器变量"。由于 CPU 中寄存器的读/写速度比内存读/写速度快,因此,可以将程序中使用频率高的变量(如控制循环次数的变量)定义为寄存器变量,这样可以减少内存访问延迟,提高算法的执行效率。

【案例 8.22】 使用寄存器变量。

```
# include < stdio.h >
int fac(int n)
{
    register int i,f = 1;        //设置循环控制变量 i 和自动变量 f 作为寄存器变量
    for(i = 1;i < = n;i++)
        f = f * i;
    return(f);
}
void main()
{
    int i;
    for(i = 0;i < = 5;i++)
        printf("%d!= %d\n",i,fac(i));
}
```

程序运行结果:

```
0!= 1
1!= 1
2!= 2
3!= 6
4!= 24
5!= 120
```

说明:

(1) 只有局部自动变量和形式参数可以作为寄存器变量。

(2) 一个计算机系统中的寄存器数目有限,不能定义任意多个寄存器变量。

(3) 静态局部变量不能定义为寄存器变量。

4. 外部变量

外部变量就是定义在所有函数之外的全局变量。实际上,外部变量和全局变量是对同一类变量从空间和时间两个不同角度上的提法,全局变量是从变量的作用域即空间角度提出的,外部变量是从变量的生存期即时间角度提出的。

编译时,系统把外部变量分配在静态存储区,程序运行结束释放存储单元。若定义变量时未对外部变量赋初值,在编译时,系统自动赋初值 0(对数值型变量)或空字符 '\0'(对字符型变量)。外部变量的生存期是整个程序的执行期间,作用域是从定义处开始到源文件结束,在作用域范围内,变量可以被程序中的所有函数引用。

用关键字 extern 来声明外部变量,一般格式为

extern 数据类型 变量名 1,变量名 2,…,变量名 n;

或

extern 变量名 1,变量名 2,…,变量名 n;

对外部变量声明时,系统不分配存储空间,只是让编译系统知道该变量是一个已经定义过的外部变量,与函数声明的作用类似。

用 extern 声明外部变量,可以扩展外部变量的作用域。

当全局变量的定义位置不在文件的开头时,其作用域的范围就只限于从它的定义处到程序文件结束。如果在变量定义之前的位置需要引用该全局变量,则应该在引用之前用 extern 对要使用的全局变量加以声明,表示该变量是一个已经定义的全局变量。有了此声明,对全局变量的引用就是合法的。

【案例 8.23】 在一个文件内声明全局变量。

```
# include < stdio.h>
int x = 2,y = 2;                    //定义全局变量 x,y
void f()
{
    extern c1,c2;                   //声明全局变量 c1,c2,可注释此行尝试
    scanf("% d % d",&c1,&c2);
}
int c1,c2;                          //定义全局变量 c1,c2
void main()
{
    f();
    printf("c1 + c2 = % d\n",c1 + c2);
    printf("x + y = % d\n",x + y);
}
```

程序运行结果:

```
5 9
c1 + c2 = 14
x + y = 4
```

在案例 8.23 中,文件的开始位置定义了全局变量 x、y,并赋初值 x=2,y=2,其作用域从程序第 2 行到本程序文件结束,因此 x、y 可以被后边的 f() 和 main() 函数直接引用。在程序第 8 行也定义了全局变量 c1 和 c2,它们的作用域从第 8 行到本程序结束,当函数 f() 想要引用 c1、c2 时,因全局变量定义位置在函数 f() 之后,f() 函数不能直接引用全局变量 c1 和 c2,需要用 extern 对 c1、c2 进行外部变量声明,如程序第 5 行,这样 f() 函数就可以合法引用全局变量 c1 和 c2 了。对于 main() 函数,因全局变量 c1 和 c2 定义位置在 main 函数前面,main 函数可以直接引用它们,故不用声明外部变量。

另外,在多文件程序结构中,如果一个文件中的函数需要使用其他文件里定义的全局变量,也可以用 extern 关键字声明所要用的全局变量。

【案例 8.24】 在多文件的程序中声明全局变量。

```
//ex1.c
# include < stdio.h>
void fun();                         //函数声明
extern double gl,gw,gperim,garea;   //声明外部变量,文件内扩展
int main()
```

```
{
    gl = 5;gw = 6;
    fun();
    printf("周长 = % lf,面积 = % lf\n",gperim,garea);
}
double gl,gw,gperim,garea;            //定义全局变量
//ex2.c
extern double gl,gw,gperim,garea;        //声明外部变量,扩展到其他文件
void fun()
{ gperim = 2 * (gl + gw);
  garea = gl * gw;
}
```

程序运行结果:

周长 = 22.000000,面积 = 30.000000

从案例 8.24 可以看到,ex2.c 文件开头有一个 extern 声明,它声明了在本文件中出现的变量 gl、gw、gperim、garea 都是已经在其他文件中定义过的外部变量,在本文件中不需要再为它们分配内存空间。这些全局变量的定义出现在了 ex1.c 文件的最后,现在用 extern 声明将它们的作用域扩展到 ex2.c 文件中。另外,在 ex1.c 文件中,全局变量 gl、gw、gperim、garea 的定义出现在了 main()函数的后面,所以在程序第 3 行用 extern 声明外部变量,这样在主函数中就可以合法引用这些外部变量了。

8.6　知识要点和常见错误列表

函数是编程提高篇的开始,学习者需加倍努力,多多上机练习。

本章知识要点如下。

(1) 函数是结构化程序设计在 C 程序设计中的具体应用: 一个函数就是一个功能模块,一个简单的 C 语言程序,通常是由一个主函数和若干个函数组成的。

(2) 函数的分类。

(3) 实现一个函数要完成"三部曲"。

① 函数声明——三部曲之一。

存储类型标识符　数据类型标识符　函数名(形式参数类型表);

② 函数定义——三部曲之二。

数据类型标识符 函数名(形式参数类型及名称表)
{
　声明部分
　执行部分
}

③ 函数调用——三部曲之三。

函数名(实际参数表)

(4) 普通变量作为形参时,函数调用,实参到形参的数值传递是单向的。

形参是形式上的局部变量,函数被调用时,才为形参开辟存储单元,将调用函数实参的值单向传递给形参,由函数对这些数据进行处理。形参变量值的变化无法影响到实参。

（5）根据是否要返回处理结果,将函数分为以下两类。

无返回值的函数:定义时声明为 void 型的函数,只处理,不返回任何值。

有返回值的函数:向调用者返回一个处理结果,返回值的类型以定义时的类型为准。

（6）变量定义时可以在函数内,也可以在函数外,还可以在同一个工程的不同文件中,这就涉及变量的存储位置、作用域和生存期。重点掌握局部动态变量及形参。

（7）变量的作用域是指一个范围,这个范围内变量是可见的。变量的生存期指变量在内存中占用的内存单元的时间。作用域和生存期是变量的空间和时间属性。

（8）在 C 语言中,不允许函数嵌套定义,但允许函数的嵌套调用和函数的递归调用。

嵌套调用:在调用一个函数的过程中又调用另一个函数。

递归函数:一个函数直接或间接地调用自己。

函数是完成一定规模和深度的程序设计必须要掌握的重要内容。

本章常见错误如表 8.1 所示。

表 8.1　常见错误列表

序号	错误类型	错误举例	解释及更正

1	定义函数时,函数头的最后多加了一个分号";"	void disp();
		{ printf("error");
		}
			阴影处的分号像刀一样将函数的头部与身体砍开了,这是粗心的学习者最易犯的错,提示为 missing function header

2	声明函数原型时漏掉了分号	void disp()	错误声明,语句尾加分号";"

3	函数定义时嵌套	int maxnum()
		{ 　int x,y;
		　　int getnum()
		　　{…
		　　}
		　　y=getnum();
		　　return x>y?x:y;
		}
			函数定义不能嵌套,调用可以嵌套。getnum 函数不能嵌在函数 maxnum 中定义,应该在 maxnum 定义前或后单独定义

4	自定义函数与标准库函数重名	# include < math. h > int abs() {… }	无语法与逻辑错误,只是以自定义函数为准。建议修改自定义函数的名字,简单的办法是在前面加 my_ 即可

5	使用库函数时,忘记包含该函数所在的头文件	如完整的源程序如下。
		void main()
		{ char s[10];
		　int len;
		　gets(s);
		　len=strlen(s);
		　…
		　}
			编译时两行阴影处出错:
			第一行要求在程序开始有预处理命令"# include < stdio. h >",
			第二行必须在程序开始有预处理命令"# include < string. h >"

6	函数的局部变量与形参同名或与函数名同名	int max(int x,int y)
		{ int max,x,y;
		　max=x>y? x:y;
		　return max;
		　}
			在 C 中,函数的局部变量与形参的作用域都是所定义函数的内部,是同一个区域,所以不能同名。当然,变量名与函数名是完全不同性质的标识符,也不可同名,易导致混乱

序号	错误类型	错误举例	解释及更正
7	形参列表的形式写错	void func(int x,y,z) { … }	定义函数时,每个形参的定义都需要带一个类型标识符,必须写成 void func(int x,int y,int z){ … }
8	函数调用时,实参形式写错	int max(int x,int y) { return x>y?x:y; } void main() { a=max(int a,3);	实参是主调函数准备传给形参的具体数据,可以是变量或者已经有了具体值的变量或表达式,不能定义变量。实参前多了阴影部分

9	在函数调用时,实参个数与形参个数不匹配	void main()
		{ int a,b;
		a=max(a,b,4);
		b=max(a);
		}
		int max(int x,int y)
		{ return x>y? x:y;}
			C要求实参个数和类型必须与定义时的形参的个数和类型完全一致。
			阴影第一行:实参个数多于形参,错。
			阴影第二行:实参个数少于形参,错

10	函数的实参与形参类型不一致	如上例,若函数调用为max(3.9,3),实参3.9赋给整型形参 x 时,被截尾成整型数3了,结果只能得到错误的3	把"大类型数"赋给"小类型数"变量时,即实型整型字符型,可能把"大数"削足适履,虽没有错误提示,但警告可能引发错误的结果

11	函数中少了 return 语句	int min(int x,int y)
		{ int z;
		z=x<y?x:y;
		printf("%d\n",z);
		}
		void main()
		{ int a,b;
		scanf("%d%d",&a,&b);
		printf("%d\n",min(a,b));
		}
			函数定义时默认函数返回值类型为 int,函数体内应该有一个 return 返回处理结果,没有则会导致编译出错。
			(1) 上阴影处无错误提示,但通常结果输出不应该在子函数中进行,应尽量放在主调函数中。
			(2) 下阴影处想输出 min 函数调用的返回值,因 min 函数中缺少 return 而出错

12	认为形参的改变会影响到实参的值	void getnum(int n)
		{ scanf("%d",&n);
		}
		void main()
		{ int a=0;
		getnum(a);
		printf("%d\n",a);
		}
			实参到形参的传递是单行值传递,普通变量作为形参,形参值的改变不会反过来影响实参。以为阴影处可以打印输入的任意数,其实永远打印出 0

实训 8　函数应用程序设计

一、实训目的

(1)掌握全局变量与局部变量的作用域及生命周期。

(2)理解函数的参数传递与返回值机制。

第8章

函　数

（3）实践模块化编程思想，提升代码组织能力。

二、实训任务

开发一个命令行交互的简易银行账户管理系统，该系统应具备以下几个功能。

（1）存款（需输入存款金额）。

（2）取款（需输入取款金额，余额不足时有提示信息）。

（3）查询余额。

（4）退出系统。

三、实训步骤

（1）账户余额定义为全局变量。

（2）局部变量处理临时输入的数据。

（3）自定义函数实现存款、取款、查询。

（4）主函数完成与用户的交互。

工程案例 8.1 参考代码如下。

```c
#include <stdio.h>
//全局变量：账户余额(整个程序可见)
float balance = 0.0;
//函数声明
void deposit(float amount);          //存款功能
int withdraw(float amount);          //取款功能
float get_balance();                 //获取余额
void display_menu();                 //菜单展示
void main()
{
    int choice;                      //菜单选择
    float money;                     //金额
    do {
        display_menu();
        printf("请输入操作编号：");
        scanf("%d", &choice);
        switch(choice) {
            case 1:                  //存款
                printf("请输入存款金额：");
                scanf("%f", &money);
                deposit(money);
                printf("存款成功!\n");
                break;
            case 2:                  //取款
                printf("请输入取款金额：");
                scanf("%f", &money);
                if(withdraw(money)) {
                    printf("取款成功!\n");
                } else {
                    printf("余额不足!\n");
                }
                break;
            case 3:                  //查询
                printf("当前余额：%.2f 元\n", get_balance());
                break;
            case 4:                  //退出
```

```
                printf("感谢您使用,请取走卡片,再见!\n");
                break;
            default:
                printf("输入错误,请重新选择!\n");
        }
    } while(choice!= 4);
}


//存款函数:修改全局变量
void deposit(float amount)
{
    if(amount > 0)
        balance += amount;                  //直接操作全局变量
}
//取款函数:带条件判断
int withdraw(float amount)
{
    if(amount > 0 && balance >= amount)
    {
        balance -= amount;                  //修改全局变量
        return 1;                           //返回成功标志
    }
    return 0;                               //返回失败标志
}
//查询函数:返回全局变量值
float get_balance()
{
    return balance;
}
//显示菜单:无参数无返回值
void display_menu()
{
    printf("\n====== 银行账户管理系统 ======\n");
    printf("1. 存款\n");
    printf("2. 取款\n");
    printf("3. 查询余额\n");
    printf("4. 退出\n");
    printf(" =========================== \n");
}
```

习 题 8

一、选择题

1. 如果一个函数无返回值,定义时它的函数类型应是(   )。

    A. 任意   B. int   C. void   D. 无

2. 在参数传递过程中,对形参和实参的说法正确的是(   )。

    A. 函数定义时,形参一直占用存储空间

    B. 实参可以是常量、变量或表达式

    C. 形参可以是常量、变量或表达式

    D. 形参和实参的类型和个数都可以不同

3. 对数组名作函数的参数,下面描述正确的是(　　　)。

　　A. 数组名作函数的参数时,调用时将实参数组复制给形参数组

　　B. 数组名作函数的参数时,主调函数和被调函数共用一段存储单元

　　C. 数组名作函数的参数时,形参定义的数组长度不能省略

　　D. 数组名作函数的参数时,不能改变主调函数中的数据

4. 如果在一个函数的复合语句中定义了一个变量,则该变量(　　　)。

　　A. 只在该复合语句中有效　　　　　　　B. 在该函数中有效

　　C. 在本程序范围内有效　　　　　　　　D. 为非法变量

5. 若函数中有定义语句"int k;",则(　　　)。

　　A. 系统将自动给 k 赋初值 0　　　　　　B. 这时 k 中的值无意义

　　C. 这时 k 中无任何值　　　　　　　　　D. 系统将自动给 k 赋初值－1

6. 下列各类变量中,(　　　)不是局部变量?

　　A. register 型变量　　　　　　　　　　B. 外部 static 变量

　　C. auto 型变量　　　　　　　　　　　　D. 函数形参

7. 在一个函数中定义的静态变量的作用域为(　　　)。

　　A. 本文件的全部范围

　　B. 本程序的全部范围

　　C. 本函数的全部范围

　　D. 从定义该变量的位置开始至本函数结束为止

8. 全局变量的定义不可能在(　　　)。

　　A. 最后一行　　　　B. 函数外面　　　　C. 文件外面　　　　D. 函数内部

9. 关于函数的声明和定义正确的是(　　　)。

　　A. 函数在声明时,其参数标识符可省略,但参数的类型、个数与顺序不能省略

　　B. 函数的声明是必需的,只有这样才能保证编译系统对调用表达式和函数之间的参数进行检测,以确保参数的传递正确

　　C. 函数的定义和声明可以合二为一,可以只有函数定义即可

　　D. 函数的存储类型为外部型,所以可以在其他函数中被调用,它在定义时像其他外部变量一样,可以在其他函数内定义

10. 以下正确的函数定义形式为(　　　)。

　　A. double fun(int x,int y;)　　　　　　B. double fun(int x,y)

　　C. double fun(int x; int y)　　　　　　D. double fun(int x,int y)

二、填空题

1. 使用数组名作为函数参数,形实结合时,传递的是_____。

2. 在 C 程序中,若对函数类型未加显式说明,则函数的隐含说明类型为_____。

3. C 语言程序由 main 函数开始执行,应在_____函数中结束。

4. 当函数调用结束时,该函数中定义的_____变量占用的内存不收回,其存储类别的关键字为 static。

5. 函数调用语句"fun(a * b,(c,d))"的实参个数是_____。

6. 一个函数内部定义的变量称为_____,它存放于_____存储区,在函数外部定

义的变量称为_____,它存放于_____存储区。

7. 函数中定义的静态局部变量可以赋初值,当函数多次调用时,赋值语句执行_____次。

8. 函数调用时,若形参和实参均为变量名,传递方式为_____;若形参、实参均为数组,其传递方式是_____。

9. 函数形参的作用域是_____,当函数调用结束时,变量占用的内存系统收回。

10. 函数外定义的变量,默认是_____。

三、程序分析题

1. 下列程序的执行结果是_____。

```c
# include < stdio. h>
int d = 1;
void fun( int p)
{   int d = 5;
    d += p++;
    printf(" % - 5d",d);
 }
void main()
 {   int a = 3;
    fun(a);
    d += a++;
    printf(" % d\n",d);
   }
```

2. 下列程序的执行结果是_____。

```c
# include < stdio. h>
int fun( int a, int b)
{ int c;
  c = a + b;
  return c;
}
void main()
{ int x = 5, y;
  y = fun(x + 4, x);
  printf(" % d\n",y);
}
```

3. 下列程序的执行结果是_____。

```c
# include < stdio. h>
int max( int a[ ], int n)
{ int i,m;
  m = a[0];
  for(i = 1;i < n;i++)
  if(a[ i]> m) m = a[ i];
    return m;
}
void main()
{ int a[10] = {3,54,23,43,54,65,78,21,37,20};
  printf(" % d\n",max(a,10));
}
```

4. 以下程序的输出结果是_____。

```c
#include <stdio.h>
void fun(int a, int b, int c)
{ a = 456; b = 567; c = 678; }
void main()
{ int x = 10, y = 20, z = 30;
  fun(x, y, z);
  printf("%d,%d,%d\n",z,y,x);
}
```

5. 以下程序的输出结果是_____。

```c
#include <stdio.h>
func(int a, int b)
{ static int m = 0, i = 2;
  i += m + 1;
  m = i + a + b;
  return m;
}
void main()
{ int k = 4, m = 1, p;
  p = func(k, m);
  printf("%d",p);
  p = func(k, m);
  printf("%d\n",p);
}
```

四、程序填空题

1. 计算输出某数的平方值，请填空。

```c
#include <stdio.h>
_____;
void main()
{ int x = 3, y = 5, z;
 z = square(x + y);
 printf("the square is %d\n",z);
}
int square(int x)
{ return_____;
}
```

2. 以下函数的功能是求 x^y ($y > 0$)，请填空。

```c
double fun(double x, int y)
{ int i;
 double z;
 for(i = 1, z = x; i < y; i++)
   z = z * _____;
 return z;
}
```

3. 下面 invert() 函数的功能是将一个字符串 str 的前后对称位置上的字符两两对调，请填空。

```c
void invert(char str[])
{ int i, j;
```

```
        _____;
    for(i = 0,j = _____;i < j;i++,j−− )
    { k = str[i];
      srt[i] = str[j];
      str[j] = k;
    }
}
```

4. 下面程序是计算 sum＝1+(1+1/2)+(1+1/2+1/3)+…+(1+1/2+…+1/m) 的值。例如，当 $m＝3$,sum＝4.3333333 ,请填空完成程序功能。

```
＃include < stdio. h >
_____f(int n)
{ int i;
  double s;
  s = 0;
  for(i = 1;i <= n;i++)
    _____;
  return s;
}
void main()
{ int i,m = 3;
  float sum = 0;
  for(i = 1;i <= m;i++)
    _____;
  printf(" % f \n",sum);
}
```

五、编程题

1. 编写函数，判断 year 是否为闰年，若是则返回 1,否则返回 0。

2. 定义一个排序函数 sort(),用冒泡法对 10 个整数从小到大排序。

3. 定义一个求 $n!$ 的函数 fac()；在主函数中调用此函数，计算 sum＝1!−2!+3!−4! +…+$n!$的和,n 的值要求从键盘输入。

4. 编写函数，将给定的一个 4×4 矩阵转置。

5. 编写函数，用递归函数求十进制数对应的二进制数。

6. 编写函数，将一个数据插入有序数组中，插入后数组仍然有序。提示：主函数中定义 int array[10]＝{1,3,6,7,9,21,23,27,30},并读入待插入数据 $n＝14$,调用函数 void fun (int b[],n)实现。

7. 编写函数，显示 100～200 中大于 a 小于 b 的所有偶数,a、b 的值由键盘输入。

第9章   指   针

学习目的和要求

- 能准确回忆指针的定义,以及指针运算的基本规则(如指针的算术运算、关系运算等)。
- 用自己的语言解释指针的概念,说明指针与所指向变量之间的关系。
- 解释指针访问简单变量、数组和字符串的原理。
- 评估在特定问题中选择数组指针、指针数组的合理性,判断其对程序性能、可读性和可维护性的影响。

思政目标和思政点

  指针是 C 语言中一种非常重要的数据类型,同时也是 C 语言的一个重要特色。正确运用指针,可以有效地表达复杂的数据结构,使操作更加灵活和高效,借此鼓励学生探索技术优化,培养创新精神;指针能够直接对内存地址进行操作,方便对内存进行动态分配,在使用过程中强调指针必须赋值才能使用,否则可能会引发内存泄漏问题,向学生强调遵守技术规范的重要性,强化规则意识与风险意识,告诫学生要遵守社会规则,具备责任意识。

  案例过滤字符串使用指针高效地实现了内存管理和数据操作。指针是一把双刃剑,指针的误用也可能导致程序崩溃等安全问题,引导学生在学习指针的同时,培养正确的编程伦理和责任感。

9.1   指针的概念与定义

  在计算机中,所有的数据类型都存放在存储器中,不同类型的数据占有的内存空间的大小各有不同。内存是以字节为单位的连续编址空间,每个内存单元对应着唯一的编号,这个编号被称为内存单元的地址。例如,int 类型占 4B,char 类型占 1B 等。系统在内存中,为变量分配存储空间的首个字节单元的地址,称为该变量的地址。地址用来标识每个存储单元,方便用户对存储单元中的数据进行正确的访问。在 C 语言中,这个内存地址称为指针,即变量的指针就是变量所在内存单元的地址。在 C 语言中,允许用一个变量来存放内存地址,这种变量称为指针变量。一个指针变量的值就是某个内存单元的地址,或称为某个内存单元的指针。

  指针变量也是一种变量,它和普通变量一样也占用一定的存储空间。但与普通变量不同,指针变量的存储空间中存放的是另一个变量的地址。当一个指针变量中存放了一个地址时,该指针变量就指向该地址的内存空间。这样就可以通过指针变量对该地址的存储区域中存放的数据进行访问和各种运算。

例如,一个指针变量 p,把变量 a 的地址赋值给指针变量 p。这样变量 a 的地址 1001 就存放到系统为指针变量 p 所分配的存储空间中,指针变量 p 的内容就是变量 a 的地址。通常称为 p 指向 a,如图 9.1 所示。

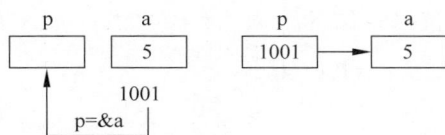

变量的地址装入指针变量中　　指针变量指向变量

图 9.1　指针的概念

有了指针变量以后,对变量的访问既可以通过变量名进行,也可以通过指针变量进行。通过变量名或其地址访问变量的方式称为直接访问;通过指针变量的方式,即通过访问它所指向的变量的方式称为间接访问。

指针变量也是一个变量,因此和其他所有变量一样,必须先定义后使用。定义指向变量的指针变量的一般格式如下。

数据类型标识符 ＊变量名;

例如:

```
int * p, * q;
float * t;
```

在指针变量定义中,指针变量名前的"＊"仅是一个符号,并不是指针运算符,表示定义的是指针变量;数据类型标识符代表该指针变量所指向的变量中存放的数据类型,并不是指针变量自身的数据类型。所有指针变量中存放的都是变量的地址,即所有指针变量的类型是相同的,只是它们所指向的变量类型不同。例如,p、q 可以指向整型变量,而 t 指向单精度实型变量。

9.2　指针的使用

1. 指针运算符

1) 取地址运算符"&"

"&"是单目运算符,其结合性为从右向左,功能是提取变量的地址。取地址运算符"&"是优先级别最高的运算符之一。&a 表示变量 a 所占据的内存空间的首地址。

2) 取内容运算符"＊"

"＊"是单目运算符,其结合性为从右向左,功能是提取指针变量所指向的存储区域内存放的值。取内容运算符"＊"是优先级别最高的运算符之一。"＊"符号在程序中出现的位置不同,作用不同。例如,在定义语句"int ＊ p"中"＊"是一个标识符,表明 p 是一个指针变量而非普通变量;程序中其余地方的 ＊p 代表 p 所指向的内存中的数据;表达式语句中代表乘法运算符。

2. 指针变量的初始化

指针变量与普通变量一样,使用之前不仅要定义说明,而且必须赋予具体的值。未经赋值的指针变量不能使用,否则将造成系统混乱。指针变量的赋值只能赋予地址值,不可赋值为其他类型的数据,否则将引起错误。在 C 语言中,变量的地址由编译系统分配,用户只能通过"&"符号来获取内存地址。

指针变量初始化的一般格式如下。

数据类型标识符 * 指针变量名 = 初始地址;

例如:

int a, * p = &a;

指针变量除了可以在定义的同时进行赋初值操作外,还可以先定义指针变量,然后赋值;相同类型的指针变量之间也可以赋值;也可以为指针变量赋空值。例如:

```
float x, * q;          int a, * p = &a, * q;          int * p = 0;
q = &x;                q = p;
```

以上几种方式都可以完成指针变量的赋值,特别注意,变量的地址是由编译系统分配的,不可以人为指定。指针变量未赋值时,可以是任意的,是不能使用的,否则会造成意外错误。而指针变量赋 0 值以后,则可以使用,只是不指向具体变量而已。

【案例 9.1】 指针与变量的关系应用。

```
# include < stdio. h>
void main()
{
    int a = 10, b = 2;
    int * p;            //定义指针变量 p
    p = &a;             //将变量 a 的地址赋给 p
    b = * p + 6;        //将指针 p 所指向的变量 a 中的数据提取后与 6 相加,值赋给 b
    printf("b = % d\n",b);
    * p = 20;           //将 20 赋给指针 p 所指向的变量 a
    printf("a = % d, * p = % d",a, * p);
}
```

程序运行结果:

```
b = 16
a = 20, * p = 20
```

3. 指针变量的运算

指针变量的运算是以指针变量所持有的地址值为运算对象进行的运算,所以指针变量的运算实际上是地址的运算。指针运算只允许有限的几种运算。除了赋值运算可以将指针指向某个存储单元外,指针变量还可以与整数进行加减运算;两个指针之间也可以进行运算和比较。

1) 指针与整数进行运算(指针的移动)

设 p 为指针变量,n 为整数,可以进行 p+n、p-n 的运算,指针 p 还可以进行 p++、p--、++p、--p 等操作。在进行加减法运算和自增自减运算时,其实是 p 指向地址向增加或减小的方向移动。

注意:由于指针变量指向的变量类型不同,占用数据存储空间的长度也不同,因此在进行算术运算时,指针移动后所指向的地址值,取决于指针变量所指向的变量的数据类型。如果指针 p 指向的是 float 型变量,其在内存中占 4B 的存储空间,p=p+2 操作,指针将往后

移动 $2 \times$ sizeof(float)$=8$,即 8B,移动后的地址值在原来的基础上加 8。

【案例 9.2】 指针与整数的运算。

```c
#include<stdio.h>
void main()
{
    int m, * p = &m;
    double n, * q = &n;
    p = p + 2;                          //指针后移
    q = q + 2;                          //指针后移
    printf("&m: % d\tp: % d\n",&m,p);
    printf("&n: % d\tq: % d\n",&n,q);
}
```

程序运行结果：

```
&m:6487564        p:6487572
&n:6487552        q:6487568
```

2）两个相同类型指针相减

两个指向同一数据类型的指针可以进行减法运算。相减的结果是这两个指针之间所包含的数据个数（特别注意指针指向的存储单元为该元素占用连续存储单元的首单元）。

【案例 9.3】 两个相同类型指针的运算。

int 数据占 4 字节单元,p 指针（a[1]）和 q 指针（a[4]）之间数据存储示意图如图 9.2 所示。

```c
#include<stdio.h>
void main()
{
    int a[10];
    int * p, * q;
    p = &a[1];
    q = &a[4];
    printf("q-p= % d\n",q-p);
}
```

程序运行结果：

```
q-p=3
```

3）同类型指针的比较

同类型指针间的比较,即指向的地址位置之间的比较（两指针指向同一连续存储空间）,因此也可以是一个指针和一个地址量间的比较。比较的结果反映出两个指针所指向的存储位置间的前后关系:指向后面存储单元的指针变量的值大于指向前面存储单元的指针变量的值;指向同一存储单元的两个指针变量的值相等。因此,两个指针变量间可以进行大于、大于或等于、等于、小于、小于或等于、不等于的比较运算。

不同类型指针或指针与整型数据之间的比较是没有实际意义的。但指针与 0 之间进行比较通常可以判断指针 p 是否为一个空指针。例如,若 p==0 成立,则表明 p 是一个空指针。

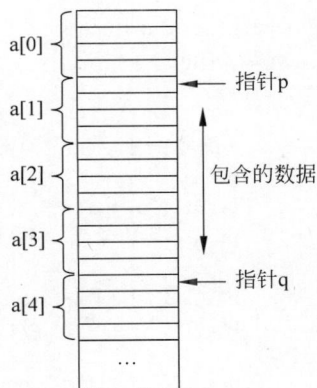

图 9.2 两指针之间包含数据示意图

第 9 章

指 针

【案例 9.4】 同类型指针的比较。

```c
# include < stdio. h >
void main()
{
    int a = 6, * p1;
    char ch = 'A', * p2;
    float x,y, * p3, * p4;
    p1 = &a;                 //将变量 a 的地址赋给指针变量 p1
    p2 = &ch;                //将变量 ch 的地址赋给指针变量 p2
    p3 = &x;                 //将变量 x 的地址赋给指针变量 p3
    p4 = p3 + 1;             //将指针变量 p3 指向的下一个变量 y 的地址赋给指针 p4
    printf("a = % d,ch = % c.",a,ch);
    * p1 = * p1 + 10;        ///p1 指向 a,即将 6 + 10 的值赋给 * p1
    * p2 = * p2 + 10;        ///p2 指向 a,即将 ch + 10 的值赋给 * p2
    printf("指针与整数进行运算: a = % d,ch = % c.\n",a,ch);
    if(p3 < p4)
        printf("同类型指针比较: p3 位置在前\n");
    else
        printf("同类型指针比较: p3 位置在 p4 后\n");
}
```

程序运行结果:

a = 6,ch = A.
指针与整数进行运算: a = 16,ch = K.
同类型指针比较: p3 位置在前

但在使用指针变量进行运算时需注意以下几点。

(1) 指针运算符 * 与++、--的优先级相同,结合方向为从右到左。

(2) p++使指针 p 指向下一个元素。p--同理。

(3) p1-p2,得到 p1 和 p2 指向元素的下标差值。

(4) p+j,得到在当前地址基础上向后偏移 j 个元素的地址。p-j 同理。

(5) * p++等价于先得到 p 所指向变量的值,再进行 p=p+1 操作,使 p 指向下一个元素。

(6) ++(* p),先取 * p 的值,加 1 存入 p 所指向的地址。

【案例 9.5】 指针的混合运算。

```c
# include < stdio. h >
void main()
{
    int * p;
    int a[ ] = {1,3,5,7,9};
    p = a;                   //指针指向一维数组首地址
    printf("a[ % d] = ",p - a);
    printf(" % d\n", * p++);  //先取内容,输出,再指针移动

    printf("a[ % d] = ",p - a);
    printf(" % d\n", * p);

    printf("a[ % d] = ",p - a);
    printf(" % d\n",++( * p)); //先取内容,内容值自加,输出

    printf("a[ % d] = ",p - a);
```

```
    printf("%d\n",(*p)++);              //先取内容,输出,内容值自加

    printf("a[%d] = %d,%d\n",p-a,*p,a[1]);
}
```

程序的运行结果:

```
a[0] = 1
a[1] = 3
a[1] = 4
a[1] = 4
a[1] = 5,5
```

9.3 形参指针的传递方式

C语言函数参数的传递方式有值传递与地址传递。当进行值传递时,主调函数把实参的值传递给形参,形参获得从主调函数传递过来的值执行函数。这种值的传递方式,被调函数中形参值的更改不能导致实参值的更改。地址传递时,实参传递过来的是地址,形参和实参共用同一个地址,所以被调函数中形参值的更改会直接导致实参值的更改。因此,若需要被调函数返回多个值时,可将这些返回值作为数组元素定义成一个数组的形式,并使该数组的地址作为函数的形式参数,以传址方式传递数组参数。这种地址传递方式,函数被调用后,形参组元素改变导致实参改变,主调函数中从改变后的实参数组元素中获得函数的多个"返回值"。

指针变量的值就是某个内存单元的地址,因此指针作为函数的形参时,参数的传递方式为地址传递,形参指针接收实参传递过来的地址值,将被调函数中操作的结果存储到该指针指向的地址单元。这种指针作为形参的函数,并通过该指针"返回"一个值或多个值,可以省略 return 关键字。

【案例9.6】 指针作为形参"带回"一个值,将两个两位数的正整数 a、b 合并形成一个整数放在 c 中。合并的方式如下。

- a 数的十位和个位数依次放在 c 数的千位和十位。
- b 数的十位和个位数依次放在 c 数的个位和百位。

例如,当 a=45,b=12。调用该函数后,c=4251。

```
#include<stdio.h>
/*形参指针 p 接收变量的地址*/
void fun(int a,int b,long *p)
{
    *p = a/10*1000 + a%10*10 + b/10 + b%10*100;  //将重组后的数据放入指针指向的内存中
}
void main()
{
    int a,b;
    long c;
    printf("input a and b:");
    scanf("%d%d",&a,&b);
    fun(a,b,&c);                                    //将变量 c 的地址传递给指针 p
    printf("The result is:%d\n",c);
}
```

程序运行结果:

```
input a and b:45 12
The result is:4251
```

【案例 9.7】 指针作为形参"带回"多个值,为一维数组输入 10 个整数,求一维数组的最大值与最小值,并把最大值与最小值返回给主调函数。

分析:此内容涉及指针与数组之间的关系,知识点参考 9.4 节。以指针方式传递该一维数组的地址,然后把数组的最大值与数组的第一个元素交换,把数组的最小值与最后一个元素交换。函数被调用完毕后,实参数组中的第一个元素为数组的最大值,实参数组中最后一个元素为数组的最小值,从而实现返回数组的最大值与最小值的功能。

```c
# include < stdio.h >
void max_min(int * ptr,int n)              //求数组最大值、最小值的函数,传递数组指针
{
    int i,j,k;                             //j 保存最大值所在位置,k 保存最小值所在位置
    int temp;                              //用于交换位置
    for(i = 0;i < 6;i++)
    {
        if( * ptr < * (ptr + i))           //最大值与第一个元素进行交换
        {
            k = i;
            temp = * ptr;
            * ptr = * (ptr + k);
            * (ptr + k) = temp ;
        }
        if( * (ptr + n - 1)> * (ptr + i))   //最小值与最后一个元素进行交换
        {
            j = i;
            temp = * (ptr + n - 1);
            * (ptr + n - 1) = * (ptr + j);
            * (ptr + j) = temp ;
        }
    }
}
void main()
{
    int a[6],i;
    for(i = 0;i < 6;i++)
        scanf(" % d",&a[i]);
    max_min(a,6);
    printf("max = % d, min = % d\n \n",a[0],a[5]);
}
```

程序运行结果:

```
5 8 9 32 - 6 4
max = 32, min = - 6
```

9.4 指针与数组

由于数组的存储是一个连续编址的空间,其内存单元是按一维线性排列,因而在程序员进行编程时,数组的地址非常重要。C 语言规定,数组名代表数组的首地址,即下标为 0 的

元素地址,它也可以作为指针常量使用,其类型为数组元素类型的指针。

9.4.1　指针与一维数组

在实际编程中,完全可以使用指针代替下标或使用指针代替数组。指向一维数组的指针定义与指针变量的定义格式类似:

类型名　数组标识符[数组长度], * 指针标识符

例如,定义一个指向一维数组的指针:

int a [50], * p = a;

由于 p、a、&a[0] 均指向同一单元,它们是数组 a 的首地址,也是 0 号元素 a[0] 的首地址,因此它们之间具有如表 9.1 所示的关系。

表 9.1　指针与一维数组的关系

	含　义	数组元素描述	含　义
a、&a[0]、p	a 的首地址	* a、a[0]、* p 或 p[0]	数组元素 a[0] 的值
a+1、&a[1]、p+1	a[1] 的地址	* (a+1)、a[1]、* (p+1) 或 p[1]	数组元素 a[1] 的值
a+i、&a[i]、p+i	a[i] 的地址	* (a+i)、a[i]、* (p+i) 或 p[i]	数组元素 a[i] 的值

【案例 9.8】　指针与一维数组的关系。

```
# include < stdio. h >
void main()
{
    int a[5],i, * p, * q;
    for(i = 0;i < 5;i++)
        a[i] = i;
    printf("\n 数组下标法: \n");
    for(i = 0;i < 5;i++)
        printf("a[ % d] = % d,",i,a[i]);

    printf("\n 指针移动法: \n");
    for(p = a;p <(a + 5);p++)
        printf("a[ % d] = % d,",i, * p);

    printf("\n 指针不动表示法: \n");
    q = a;
    for(i = 0;i < 5;i++)
        printf("a[ % d] = % d 或 % d,",i, * (q + i),q[i]);

    printf("\na 地址: % d\np: % d\nq: % d\n",a,p,q);
}
```

程序运行结果:

数组下标法:
a[0] = 0,a[1] = 1,a[2] = 2,a[3] = 3,a[4] = 4,
指针移动法:
a[5] = 0,a[5] = 1,a[5] = 2,a[5] = 3,a[5] = 4,
指针不动表示法:
a[0] = 0 或 0,a[1] = 1 或 1,a[2] = 2 或 2,a[3] = 3 或 3,a[4] = 4 或 4,
a 地址: 6487536

p:6487556
q:6487536

【案例 9.9】 在一个一维整型数组中找出其中最大的数及其下标。

```
# include < stdio. h>
# define N 10
float fun(int * a, int * b, int n)        //指针 a 存储数组,指针 b 存储最大数下标
{
    int * c, max = * a;                   //指针 c 指向数组,通过指针移动完成数据访问
    for(c = a + 1; c < a + n; c++)
        if( * c > max)
        {
            max = * c;
            * b = c - a;                  //将指针差,即下标存储到 b 指向的地址中
        }
    return max;
}
void main()
{
    int a[N], i, max, p = 0;
    printf("请输入 10 个整数: \n");
    for(i = 0; i < N; i++)
        scanf(" % d", &a[i]);
    max = fun(a, &p, N);
    printf("max = % d, Position = % d", max, p);
}
```

程序运行结果:

请输入 10 个整数:
20 30 45 – 10 32 5 99 19 89 7
max = 99, Position = 6

9.4.2 指针与二维数组

已知定义了一个二维数组 int a[3][4]＝{{0,1,2,3},{4,5,6,7},{8,9,10,11}};,a 为二维数组名,表示二维数组的首地址。此数组有 3 行 4 列,共 12 个元素。

1. 从一维数组角度看二维数组

数组 a 由三个元素组成:a[0]、a[1]、a[2],而其中每个元素又是一个一维数组,且都含有 4 个元素,a[0]所代表的一维数组所包含的 4 个元素为 a[0][0]、a[0][1]、a[0][2]、a[0][3]。

从这个角度看,指向二维数组的指针,实际上是多个指向一维数组指针的集合,C 语言中称为指针数组。指针数组是指由若干具有相同存储类型和数据类型的指针变量构成的集合。指针数组本质上是数组,数组中的每个元素都是一个指针,通常用于指向多个字符串。

指针数组的定义形式为

数据类型标识符 * 数组标识符[数组长度]

例如,定义一个指针数组,元素是二维数组每行地址:

```
int *p[3],a[3][4];
p[0] = a[0],p[1] = a[1],p[2] = a[2];
```

由于 p[0]、* p、a[0]指向同一个存储单元,它们是数组第 0 行首地址,在指针与一维数组的关系中,a[0]与 *(a+0)等价,a[1]与 *(a+1)等价,因此 a[i]+j 就与 *(a+i)+j 等价,它表示数组元素 a[i][j]的地址。它们之间的关系如表 9.2 所示。

表 9.2　指针数组与二维数组的关系

表 示 形 式	含　义
p[0]、* p、a[0]	第 0 行首地址
p[i]、*(p+i)、a[i]、a+i	第 i 行首地址
p[i]+j、*(p+i)+j、a[i]+j、*(a+i)+j、&a[i][j]	第 i 行第 j 列元素地址
(p[i]+j)、(*(p+i)+j)、p[i][j]、*(a[i]+j)、*(*(a+i)+j)、a[i][j]	第 i 行第 j 列元素的值

2. 从二维数组角度看二维数组

从二维数组的角度来看,a 是二维数组名,a 代表整个二维数组的首地址,也是二维数组 0 行的首地址,a+1 是数组第 1 行的首地址,二维数组名是指向行的。因此,可定义一个指针用于指向二维数组,该指针变量与二维数组名具有相同的性质,C 语言中称为数组指针,也称为行数组指针。数组指针是指向特定位数组的指针,本质上是指针。定义形式如下。

数据类型 (* 指针变量名)[长度]

例如,定义一个指向二维数组的数组指针:

```
int ( * p)[4],a[3][4];
p = a;
```

指针变量 p 和数组名的性质相同,因此,数组指针与二维数组的关系如表 9.3 所示。

表 9.3　数组指针与二维数组的关系

表 示 形 式	含　义
p、a	第 0 行首地址
p+i、a+i	第 i 行首地址
(a+i)+j、(p+i)+j	第 i 行第 j 列元素的地址
((a+i)+j)、*(*(p+i)+j)、p[i][j]、a[i][j]	第 i 行第 j 列元素

数组指针与指针数组都可以通过特定的赋值方式将指针与二维数组之间产生关联,但它们之间存在以下区别。

(1)指针数组书写格式为 int * p[3],通常用存储指向多个字符串的指针,按照运算符的优先顺序,p 先与[]结合,说明 p 是一个数组,然后与 * 结合,说明数组的元素为指针,然后与 int 结合,说明指针指向的是 int 类型的变量。所以,p 是一个含 4 个元素的指向 int 类型变量的指针组成的数组。

(2)数组指针书写格式为 int(* p)[4],按照运算符的优先顺序,p 先与 * 结合,说明 p 是一个指针,然后与[]结合,说明指针指向的内容是含 4 个元素的数组,然后与 int 结合,说明数组中的元素为 int 类型。所以,p 是一个指向含 4 个 int 类型元素的数组的指针。

(3)两者正确赋值后,都可以用 *(*(p+i)+j)或 p[i][j]来表示二维数组的元素。

（4）当二维数组名作为实参传递数据时，只能以数组指针作为形参。

【**案例 9.10**】 请将程序补全，完成功能：对于 N×N 矩阵，将矩阵的外围元素做顺时针旋转。操作顺序：首先将第一行元素的值存入临时数组 r，然后使第一列成为第一行，最后一行成为第一列，最后一列成为最后一行，再使临时数组中的元素成为最后一列。

例如，若 N=3，有下列矩阵：

```
1  2  3
4  5  6
7  8  9
```

操作后应为

```
7  4  1
8  5  2
9  6  3
```

```c
#include<stdio.h>
#define N 4
/ *********** SPACE *********** /
void fun(【?】)
{
    int   j,r[N];
    for(j=0; j<N; j++)
        r[j]=t[0][j];
    for(j=0; j<N; j++)
/ *********** SPACE *********** /
        t[0][N-j-1]=【?】;
    for(j=0; j<N; j++)
        t[j][0]=t[N-1][j];
/ *********** SPACE *********** /
    for(j=N-1; j>=0;【?】)
        t[N-1][N-1-j]=t[j][N-1];
    for(j=N-1; j>=0; j-- )
/ *********** SPACE *********** /
        t[j][N-1]=【?】;
}
void main()
{
    int t[][N]={21,12,13,24,25,16,47,38,29,11,32,54,42,21,33,10}, i, j;
    printf("\nThe original array:\n");
    for(i=0; i<N; i++)
    {
        for(j=0; j<N; j++)
            printf(" %2d   ",t[i][j]);
        printf("\n");
    }
    fun(t);
    printf("\nThe result is:\n");
    for(i=0; i<N; i++)
    {
        for(j=0; j<N; j++)
            printf(" %2d   ",t[i][j]);
        printf("\n");
    }
}
```

程序答案：

空 1：int（＊t）[N]
空 2：t[j][0]
空 3：j—
空 4：r[j]

9.4.3 指针与字符串

在 C 语言中，字符串是以"\0"作结束符的字符序列。可以用两种方法实现字符串的访问。

1. 用字符数组实现

例如，static char str[]="C language"；首先定义一个字符数组，然后把字符串中的字符存放在字符数组中，str 是数组名，代表字符数组的首地址。

2. 用字符指针实现

例如，char ＊pstr="C language"；不定义字符数组，而定义一个字符指针，该字符指针指向字符串。虽然没有定义字符数组，但字符串在内存中是以数组形式存放的。它有一个起始地址，占用一片连续的存储单元，并且以"\0"结束。上述语句的作用是：使指针变量pstr 指向字符串的起始地址。该语句等价于"char ＊pstr；pstr="C language"；"。

再如，char ＊ptr[3]={ "C language"，"math"，"English"}；定义了一个指针数组，该数组的元素为指针，分别指向不同的字符串。

【案例 9.11】 输入一个字符串，过滤此串，只保留串中的字母字符，并统计新生成串中包含的字母个数。

例如，输入的字符串为 ab234 $ df4，新生成的串为 abdf。

```
# include< stdio. h>
void main( )
{
    char str[10] = "ab234 $ df4", * ptr;
    ptr = str;
    printf("The original string is :");
    puts(ptr);
    int i,j;                        //j用于记录删除字符后新的下标
    for(i = 0,j = 0; * (ptr + i)!= '\0';i++)
    {
        if( * (ptr + i)< = 'z'&& * (ptr + i)> = 'a'|| * (ptr + i)< = 'Z'&& * (ptr + i)> = 'A')
            {
                * (ptr + j) = * (ptr + i);
                j++;
            }
    }
        * (ptr + j) = '\0';              //存储字符串结束标记
    printf("The new string is :");
    puts(str);
    printf("There are % d char IN the new string.",j);
}
```

程序运行结果：

The original string is :ab234 $ df4

```
The new string is :abdf
There are 4 char IN the new string.
```

思考：字符串可以用指针变量去访问，若将程序的第 4～5 行语句"char str[10]＝"ab234＄df4"，＊ptr;""＊ptr＝str;"去掉字符数组的中间存储过程，直接用"char ＊ ptr＝"ab234＄df4""语句来表达，请分析程序能否正常执行。

【案例 9.12】 输入 N 个字符串，输出其中最大者，使用指针数组完成。

分析：定义指针数组 p，包含 N 个数组元素，每一个元素指向一个字符串。定义整型变量 max 代表最大字符串的下标，初始值为 0，即将第一个字符串作为最大串，而后依次与其他字符串进行比较，使得 max 中始终存放最大串的下标。

```c
# include < stdio. h >
# include < string. h >
void main()
{
    char * p[5] = {"happy","department","instrument","follow","computer"};
    int i;
    int max = 0;                          //max 中存放最大字符的下标
    for(i = 0;i < 4;i++)
        if(strcmp(p[max],p[i])< 0)
            max = i;
    printf("the max string is: % s\n",p[max]);
}
```

程序运行结果：

```
the max string is: instrument
```

9.5 知识要点和常见错误列表

本章知识要点如下。

(1) 指针的概念及定义方式。

(2) 指针的运算，包括指针与整数的运算，指针的自增自减运算，同类型指针间的比较。

(3) 使用指针时注意"＆"和"＊"运算符的使用方法。

(4) 利用指针作为函数形参，实现函数返回一个或多个值。

(5) 熟练使用并区分指针数组和数组指针。

常见错误列表如表 9.4 所示。

表 9.4 本章知识常见错误列表

序号	错 误 类 型	错 误 举 例	分　析
1	定义时，多个指针只用了一个 ＊	int * p1,p2,p3;	定义了一个指针变量 p1 和两个整型变量 p2、p3 int * p1, * p2, * p3//定义了三个指针
2	最危险的指针操作：在没有明确的指向前就改变指针所指向单元的值	int * p,n; * p=10;	指针 p 尚没有赋值，这是通过间接访问就给它所指向单元赋值，容易引起错误。 int n, * p=＆n; * p=10;

序号	错误类型	错误举例	分析
3	未注意指针的当前位置	int a[10],i, * p ; for(i=0;i<10;i++) {printf("%d", * p++)}	利用指向数组的指针访问数组时,指针可以上下移动,使用起来非常灵活,这就要随时注意指针的当前位置。此时必须在阴影行后加一句 p=a;才能正确输出刚读入的数组元素
4	利用"=="比较两个字符串是否相等	char s1[20]="abcde"; char s2[20]="abcd"; if(s1==s2) …	真正要比较两个字符串是否相同,不能用关系运算符"==",应该调用 strcmp 函数,即阴影部分换成 if(strcmp(ps1, ps2)==0)即可
5	错加取地址符 &	int n, * p=&n; scanf("%d",&p);	指针变量本身就是地址,在 scanf 时就不需要再加取地址符了。 应改为 scanf("%d",p);

6	用错指针	void swap2(int * pa,int * pb)
		{…}
		void main()
		{
		int a. b. * p1, * p2;
		a=10;b=20;
		p1=&a;p2=&b;
		swap2(p1,p2);
		printf("a=%d,b=%d",
		* pa, * pb);
			pa、pb 是形参指针,是 swap2 子函数的局部变量,只在子函数内有效。返回主函数后,就被释放掉了,所以阴影行的引用是错误的。
			主函数内只能用主函数内的指针 p1、p2,不能用 pa 和 pb

7	指向字符串常量的字符指针不可修改内容	char * p="english"; p[0]='E';	字符串常量存储在文字常量区,不可修改内容,应改为 char s[10]="english", * p=s;

实训 9　指针形参和数组参数程序设计

一、实训目的
(1)掌握指针的概念,会定义使用指针变量。
(2)掌握并正确使用指针与数组作为参数进行编程
(3)掌握利用字符串的指针和指向字符串的指针变量。

二、实训任务
在环境工程中,常常需要对不同区域的空气质量指数(AQI)数据进行处理、分析和通报。请模拟多个监测站点采集的 AQI 数据,利用指针来实现对这些数据的排序和查找的功能。

三、实训步骤
(1)定义数组存储观测点编号。
(2)定义数组存储 AQI 数据。
(3)定义函数实现数据的排序及通报。

(4) 定义函数实现查找。

工程案例 9.1 参考代码如下。

```c
#include<stdio.h>
#include<string.h>
#define N 10
//函数声明
void bubble_sort(int * arr,char * st[N]);
int find_station(char * st[N],char * target);
//使用冒泡排序对 AQI 数据进行排序
void bubble_sort(int * arr,char * st[N])
{
    int i,j,temp;
    char s[10];
    for (i = 0; i < N - 1;i++)
        for (j = 0;j < N - i - 1;j++)
        {
            if ( * (arr + j)> * (arr + j + 1))
            {
                //交换元素
                temp = * (arr + j);
                * (arr + j) = * (arr + j + 1);
                * (arr + j + 1) = temp;
                //交换站点
                strcpy(s, * (st + j));
                strcpy( * (st + j), * (st + j + 1));
                strcpy( * (st + j + 1),s);
            }
        }
}
//查找指定站点的 AQI 值
int find_station(char * st[N],char * target)
{
    int i;
    for(i = 0;i < N;i++)
    {
        if(strcmp(st[i],target) == 0)
        {
            return i;
        }
    }
    return - 1;
}

void main()
{
    //模拟不同 AQI 数据及站点编号
    int aqi_data[N] = {120,80,150,90,110,150,89,165,151,80};
    char aqi_station[N][10] = {"1901","1808","1120","1768","0324","0551","7882","1960",
"1878","0997"};
    char * st[N];
    int i;
    for(i = 0;i < N;i++)
    {
```

```
        st[i] = aqi_station[i];
    }
    printf("原始 AQI 数据\n ");
    printf("站点编号: AQI 数值\n");
    for(i = 0;i < N;i++)
    {
        printf(" % s: % d\n",aqi_station[i],aqi_data[i]);
    }
    printf("\n");
    //对 AQI 数据进行排序
    bubble_sort(aqi_data,st);
    //打印排序后的 AQI 数据
    printf("排序后的 AQI 数据: \n");
    printf("站点编号: AQI 数值\n");
    for(i = 0;i < N;i++)
    {
        printf(" % s: % d\n",aqi_station[i],aqi_data[i]);
    }
    printf("\n");
    //查找特定站点的 AQI
    char target_station[10];
    printf("请输入要查询的站点编号: ");
    gets(target_station);
    int index;
    index = find_station(st,target_station);
    if (index!= - 1)
    {
        printf("站点编号为 % s 的 AQI 值为: % d\n",target_station,aqi_data[index]);
    }
    else
    {
        printf("未找到编号为 % s 的站点数据\n",target_station);
    }
}
```

习　题　9

一、选择题

1. 已定义以下函数

```
fun(char  * p2,  char   * p1)
{   while(( * p2 = * p1)!= '\0'){p1++;p2++; }   }
```

函数的功能是(　　)。

　　A. 将 p1 所指字符串复制到 p2 所指内存空间

　　B. 将 p1 所指字符串的地址赋给指针 p2

　　C. 对 p1 和 p2 两个指针所指字符串进行比较

　　D. 检查 p1 和 p2 两个指针所指字符串中是否有'\0'

2. 不正确的字符串赋值或赋初值方式是(　　)。

　　A. char * str; str＝"string";

B. char str[7]={'s','t','r','i','n','g'};

C. char str1[10]; str1="string";

D. char str1[]="string";

3. 若有定义 int * p[3];,则以下叙述中正确的是（　　　）。

A. 定义了一个基类型为 int 的指针变量 p,该变量具有三个指针

B. 定义了一个指针数组 p,该数组有三个元素,每个元素都是基类型为 int 的指针

C. 定义了一个名为 * p 的整型数组,该数组含有三个 int 类型元素

D. 定义了一个可指向一维数组的指针变量 p,所指一维数组应有三个 int 类型元素

4. 若有说明语句 double * p,a;,则能通过 scanf 语句正确给输入项读入数据的程序段
是（　　　）。

A. * p=&a; scanf("%lf",p);   B. p=&a; scanf("%lf",p);

C. * p=&a; scanf("%f",p);   D. p=&a; scanf("%lf", * p);

5. 设有以下语句：

```
char str[4][12] = {"aaa","bbb","ccc","ddd"};
char * strp[4];
int i;
for(i = 0;i<4;i++)  strp[i] = str[i];
```

若 0≤k<4,下列选项中对字符串的非法引用是（　　　）。

A. strp   B. str[k]   C. strp[k]   D. * strp

6. 若有定义 char * p1, * p2, * p3, * p4,ch;,则不能正确赋值的程序语句为（　　　）。

A. p1=&ch; scanf("%c", p1);

B. p2=(char *)malloc(1); scanf("%c", p2);

C. p3=getchar();

D. p4=&ch; * p4=getchar();

7. 若有以下定义和语句,则输出结果是（　　　）。

```
char * sp = "\t = \v\0will\n";
printf(" % d",strlen(sp));
```

A. 14   B. 3

C. 9   D. 字符串中有非法字符,输出值不定

8. 下面程序的输出是（　　　）。

```
# include < stdio. h>
main()
{
  char * a = "1234";
  fun(a); printf("\n");
}
fun(char * s)
{
  char t;
  if( * s){t = * s++; fun(s);}
  if(t!= '\0')putchar(t);
}
```

A. 1234   B. 4321   C. 1324   D. 4231

9. 若有定义 int a[10]，* p＝a;,则 p＋5 表示（   ）。

    A. 元素 a[5]的值   B. 元素 a[5]的地址

    C. 元素 a[6]的地址   D. 元素 a[6]的值

10. 下面程序的输出是（   ）。

```
main()
{
    char a[] = "ABCDEFG",k, * p;
    fun(a,0,2);fun(a,4,6);
    printf(" % s\n",a);
    }
fun(char * s,int p1,int p2)
{
    char c;
    while(p1 < p2)
{
    c = s[p1]; s[p1] = s[p2];
    s[p2] = c; p1++; p2 -- ;}
}
```

    A. ABCDEFG   B. DEFGABC

    C. GFEDCBA   D. CBADGFE

11. 下面程序的输出是（   ）。

```
main()
{
    char * s = "wbckaaakcbw";
    int a = 0, b = 0, c = 0, x = 0, k;
for(; * s; s++)
    switch( * s)
    {
        case 'c':c++;
        case 'b':b++;
        default:a++;
        case 'a':x++;
    }
    printf("a = % d,b = % d, c = % d, x = % d\n",a,b,c,x);
}
```

    A. a＝8，b＝4，c＝2，x＝11   B. a＝4，b＝2，c＝2，x＝3

    C. a＝8，b＝4，c＝2，x＝3   D. a＝4，b＝4，c＝2，x＝3

12. 若有以下的定义和语句：

```
main()
{int  a[4][3], * p[4], j;
 for(j = 0; j<4; j++) p[j] = a[j];
 …
}
```

则能表示 a 数组元素的表达式是（   ）。

    A. * (p[1])   B. a[4][3]   C. a[1]   D. * (p+4)[1]

13. 以下正确的定义和语句是（　　）。

    A. int a[10], * p；char * s；p＝a；s＝a；

    B. double a[5][3],b[5][3], * s；s＝a；b＝a；

    C. float a[5][3], * p[3]；p[0]＝a[0]；p[2]＝a[4]；

    D. int a[5][3],(* pb)[5],(* pp)[3]；pb＝a；pp＝a；

14. 若有以下定义和语句,0≤i＜10,则对数组元素地址的正确表示是（　　）。

```
int a[] = {1,2,3,4,5,6,7,8,9,0}, * p,i;
p = a;
```

    A. &(a+1)　　　　B. a++　　　　C. &p　　　　D. &p[i]

15. 不正确的字符串赋值或赋初值方式是（　　）。

    A. char * str；str＝"string"；

    B. char str[7]＝{'s','t','r','i','n','g'}；

    C. char str1[10]；str1＝"string"；

    D. char str1[]＝"string",str2[]＝"12345678"；

16. strcpy 库函数用于复制一个字符串。若有以下定义,则对 strcpy 库函数的错误调用是（　　）。

```
char * str1 = "copy",str2[10], * str3 = "hijklmn";
char * str4, * str5 = "abcd";
```

    A. strcpy(str2,str1)；　　　　　　B. strcpy(str3,str1)；

    C. strcpy(str4,str1)；　　　　　　D. strcpy(str5,str1)；

17. 运行下面程序的输出是（　　）。

```
void fun(int * s,int n1,int n2)
{   int i,j,t;
    i = n1;
    j = n2;
    while(i < j)
    {
    t = * (s + i); * (s + i) = * (s + j); * (s + j) = t;
    i++;j -- ;
    }}
main()
{
    int a[10] = { 1,2,3,4,5,6,7,8,9,0},i, * p = a;
    fun(p,0,3);fun(p,4,9);fun(p,0,9);
    for(i = 0;i < 10;i++)
        printf(" % d ", * (a + i));
    printf("\n");
}
```

    A. 5 6 7 8 9 0 1 2 3 4　　　　　　B. 0 9 8 7 6 5 4 3 2 1

    C. 4 3 2 1 0 9 8 7 6 5　　　　　　D. 0 9 8 7 6 5 1 2 3 4

二、填空题

1. 以下程序的输出结果是_____。

```
main()
```

```
{
    char  * p = "abcdefgh", * r;
    long  * q;
    q = (long * )p;
    q++;
    r = (char * )q;
    printf(" % s\n",r);
}
```

2．设有以下程序：

```
main()
{
    int a,b,k = 4,m = 6, * p1 = &k, * p2 = &m;
    a = p1 == &m;
    b = ( * p1)/( * p2) + 7;
    printf("a = % d\n",a);
    printf("b = % d\n",b);
}
```

执行该程序后，a 的值为_____，b 的值为_____。

3．以下程序调用 fun 函数求数组中最大值所在元素的下标。

```
void fun( int  * s, int n, int  * k)
{
    int i;
    for(i = 0, * k = i;i < n;i++)
    if(s[ i]> s[ * k]) _____ ;
}
main()
{
    int a[5] = {1,6,2,8,0},k;
    fun(a,5,&k);
    printf(" % d   % d\n",k,a[k]);
}
```

4．下列程序的输出结果是_____。

```
# include < stdio. h>
void fun( int  * n)
{
    while( ( * n) -- );
    printf(" % d",++( * n));
}
main()
{
    int a = 100;
    fun(&a);
}
```

5．以下程序的输出结果是_____。

```
main()
{
    int arr[ ] = {30,25,20,15,10,5}, * p = arr;
    p++;
    printf(" % d\n", * (p + 3));
}
```

6. 下列程序段的输出结果是_____。

```c
void fun(int * x, int * y)
{
    printf(" % d  % d", * x, * y);
    * x = 3;
    * y = 4;
}
main()
{
    int x = 1, y = 2;
    fun(&y, &x);
    printf(" % d  % d", x, y);
}
```

7. 下列程序的输出结果是_____。

```c
main()
{
    char a[10] = {9,8,7,6,5,4,3,2,1,0}, * p = a + 5;
    printf(" % d", * -- p);
}
```

8. 下列程序的运行结果是_____。

```c
void fun(int * a, int * b)
{
    int * k;
    k = a; a = b; b = k;
}
main()
{
    int a = 3, b = 6, * x = &a, * y = &b;
    fun(x, y);
    printf(" % d  % d", a, b);
}
```

9. 下面程序的输出结果是_____。

```c
main()
{
    int a[] = {1,2,3,4,5,6,7,8,9,0,}, * p;
    p = a;
    printf(" % d\n", * p + 9);
}
```

三、编程题

本章习题均要求用指针方法处理。

1. 输入 5 个整数,按由小到大的顺序输出。

2. 应用指针变量作为参数,实现案例 8.5 变量交换。

3. 输入 10 个整数,将其中最小的数与第一个数对换,最大的数与最后一个数对换。分别定义函数实现以下功能:①输入 10 个数;②进行处理;③输出 10 个数。

4. 定义一个函数,求一个字符串的长度。在 main 函数中输入字符串,并输出其长度。

5. 有一个字符串,包含 n 个字符。定义一个函数,将此字符串中从第 m 个字符开始的全部字符复制成为另一个字符串。

6. 定义一个函数,将一个 3×3 的整型矩阵转置。

第 10 章　结构体和共用体

学习目的和要求
- 理解并熟记结构体和共用体的类型的定义。
- 辨别结构体和共用类型与变量的关系。
- 举例说明结构体与共用体变量的定义、初始化与引用。
- 运用结构体类型定义数组和指针。

思政目标和思政点

　　结构体可以将不同类型的数据组合在一起,形成一个有机的整体,这就像是一个团队,每个成员变量都有自己独特的技能和职责,共同协作,为实现一个共同的目标而努力。每个成员都不可或缺,构成了一个完整的功能体系,体现了团队合作与成员的协同;这些成员变量可以是整数、字符、浮点等不同的类型,引导学生生活或工作的群体是多样性的,不同性格、不同背景、不同能力的人要相互包容、相互配合,共同营造丰富多彩的生活,同时也强调要尊重和接纳多样性,充分发挥每个人的优势;结构体中的成员变量按照一定的顺序和规则进行排列和存储,在各自所属的群体中每个人都有特定的位置和作用,要注重组织性和纪律性,遵守规则,实现高效的生活和工作。

　　共用体以一种简洁的方式实现了多种数据类型的存储和使用,共用体的所有成员共享同一块内存空间,在不同的时刻可以存储不同类型的数据,但在同一时刻只能使用其中一个成员。启示学生要注重资源的共享和高效利用,在社会资源有限的情况下,需要合理分配和使用资源,避免浪费,以达到最大的效益。在团队中,通过共享资源和信息,提高工作效率,实现资源的优化配置。

10.1　结　构　体

　　第 2 章学习了 C 语言的基本数据类型,如整型、实型、字符型等,它们用于表示单一类型的单个数据。第 7 章学习了构造型的数据结构即数组,可用于表示和存储单一类型的多个数据。

　　但在实际问题中,往往需要将不同类型的数据组合成一个有机的整体,以便于数据处理。例如,为了描述一个学生,需要学号、姓名、性别、年龄、身高和体重等信息,它们具有不同的数据类型,却又属于同一个处理对象,如图 10.1 所示。

num	name	sex	age	score	addr
10010	Li Fan	m	18	85	tangshan

图 10.1　学生属性的描述

如果将 num、name、sex、age、score、addr 分别定义为互相独立的简单变量,难以反映它们之间的内在联系;数组作为一个整体可用来处理一组相关的数据,但一个数组只能按顺序组织一组相同类型的数据,对于一组不同类型的数据,显然不能用一个数组来存放。如何解决此类问题呢?

处理这样的二维表数据时,通常以一条记录为单位进行处理,而每条记录中包含多种基本数据类型或数组。为了处理这样的二维表数据,C 语言引入了结构体,结构体是一个或多个变量的集合,这些变量可能属于不同的类型,为了处理方便而组织在一起,构成一种新的类型。

10.1.1 结构体类型定义

C 语言将多个基本类型作为一个整体定义成一种新的构造类型,结构体类型定义的一般格式为

```
struct 结构体类型名
    {
        类型标识符 1   成员变量名 1;
        类型标识符 2   成员变量名 2;
                ...
        类型标识符 n   成员变量名 n;
    };
```

说明:

(1)"struct"是关键字,用于标识结构体类型定义的开始。

(2)"结构体类型名"是标识符,用于说明构造的结构体类型的名称,不是变量名。

(3)"类型标识符"为已学习过的各种基本数据类型(如 int、char、float 等),也可以是已定义的构造类型。

(4)"成员变量名"是结构体中声明的变量的标识符,称为成员变量,可用于表示数据库二维表中的各个字段名。

(5)分号(;)用于标识结构体类型定义结束。

结构体成员变量可以和普通变量(非结构体成员变量)同名,也可以和另一结构体的成员变量同名,不会产生冲突。

【**案例 10.1**】 定义一个名为 point 的结构体类型表示平面坐标系中的点,平面坐标系中的点用横、纵坐标表示,且都取整数,如图 10.2 所示。

```
struct point
{
    int x;        //横坐标
    int y;        //纵坐标
};
```

在 C 语言中,结构体类型可以嵌套定义,即在定义结构体类型时,结构体成员变量的类型又是一个已定义过的结构体类型,即构成了嵌套的结构体类型。

【**案例 10.2**】 定义一个名为 rect 的结构体类型表示矩形,用对角线上的两个点来定义矩形,如图 10.3 所示。

```
//结构体类型 point 在案例 10.1 中已定义
```

```
struct rect
{
    struct point p1;
    struct point p2;
}
```

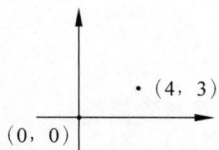

图 10.2　坐标系中的点

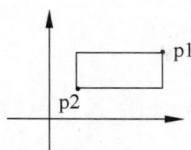

图 10.3　坐标系中的矩形

【案例 10.3】　有如下所示的数据结构，请定义该数据结构的结构体类型。

num	name	birthday			score
		month	day	year	

```
struct date
{
  int month;
  int day;
  int year;
};
struct stu
{
  int num;
  char name[20];
  struct date birthday;
  float score;
};
```

10.1.2　结构体变量的定义和内存分配

一个由 struct 关键字开始的结构体说明语句定义了一种新的构造类型，基于此构造类型可以进一步定义结构体变量。结构体变量的定义有三种格式，以案例 10.1 所定义结构体类型来说明，格式如下。

格式一：先定义结构体类型，再进行结构体变量的定义。

```
struct point
    {
        int x;              //横坐标
        int y;              //纵坐标
    };
struct point start,end;
```

这里定义结构体类型 point，用该构造类型定义了两个变量 start 和 end。

格式二：在结构体类型定义的同时进行结构体变量定义。

```
struct point
{
    int x;              //横坐标
    int y;              //纵坐标
```

结构体和共用体

```
}start,end;
```

这种格式可以省略结构体名,用一个无名结构体类型直接定义结构体类型变量。

```
struct
{
    int x;                      //横坐标
    int y;                      //纵坐标
}start,end;
```

这种格式定义结构体变量以后无法再定义此同类型的其他变量。

格式三:使用 typedef 自定义一个用于表示结构体类型的标识符,再用新类型名定义结构体变量。

```
typedef struct
{
    int x;
    int y;
} POINT;                        //自定义类型名
POINT start,end;
```

说明:typedef 的具体用法见 10.4 节,POINT 为用户自定义的一个结构体类型的标识符,因此可用它来定义结构体变量,而不再需要关键字 struct 了。

与之前定义的普通变量类似,程序编译时,系统为结构体变量分配内存空间,所分配的内存空间大小(字节数)因编译的软硬件环境不同而有差异,但系统为该结构体变量所分配的内存空间大小至少为其所包含的各个成员变量所占字节数之和,同时满足结构体大小必须是结构体中占用最大字节数成员类型的整数倍。

【案例 10.4】 计算结构体 stud 和结构体变量 a 所占内存空间大小。

```
# include < stdio. h >
void main()
{
    struct stud
    {char num[6];
    int s[4];
    double ave;
    }a;
    printf("stud 类型占用内存空间:%d\n",sizeof(struct stud));
    printf("结构体变量 a 占用内存空间:%d\n",sizeof(a));
}
```

运行结果:

```
stud 类型占用内存空间:32
结构体变量 a 占用内存空间:32
```

10.1.3 结构体变量的初始化

由于结构体变量是由若干不同数据类型的成员构成,因此对结构体变量进行初始化时需按照成员的数据类型依次赋值。

结构体变量的初始化是在其定义后加上初始化值表,初始化值表中与各个成员变量对应的数值必须是常量表达式。

【案例 10.5】 用名为 point 的结构体类型定义两个点 start 和 end,坐标分别为(10,10)和(20,30),输出这两个点的坐标。

```
# include < stdio.h >
void main()
{
    typedef struct
    {
        int x;
        int y;
    } POINT;                                    //自定义类型名
    POINT start = {10,10},end = {20,30};
    printf("起点坐标: % d, % d\n",start.x,start.y);   //成员引用见 10.1.4 节
    printf("终点坐标: % d, % d\n",end.x,end.y);
}
```

运行结果:

起点坐标: 10,10
终点坐标: 20,30

10.1.4 结构体变量的引用

C 语言不支持结构体变量的整体输出,不能直接将一个结构体变量作为整体进行输入/输出。定义了结构体变量后,一个结构体变量包含多个成员,要访问其中的一个成员,必须同时给出这个成员所属的变量名以及其中要访问的成员名。结构体变量的成员访问方式如下。

结构体变量名.成员变量名

其中,“.”称为成员运算符,是优先级别最高的运算符之一。

通过以上方法访问成员变量后,对成员变量可以像普通变量一样进行各种操作。例如,案例 10.5 中最后两行的输出:

```
printf("起点坐标: % d, % d\n",start.x,start.y);
printf("终点坐标: % d, % d\n",end.x,end.y);
```

如果结构体类型是一个嵌套的结构体类型,结构体变量的某一成员本身又是一种结构体类型时,那么对其下级子成员再通过成员运算符去访问,一级一级地直到最后一级成员为不再为结构体类型为止,例如:

结构体变量名 1.结构体成员变量名 2.成员变量名…

【案例 10.6】 求案例 10.5 中 start 和 end 两点之间的距离(保留两位小数)。

分析:假设平面中两点坐标分别为(x1,y1)和(x2,y2),那么这两点之间的距离可用公式 $d = \sqrt{(x2-x1)^2 + (y2-y1)^2}$ 求解。

```
# include < stdio.h >
# include < math.h >
void main()
{
    typedef struct
    {
```

```
        int x;
        int y;
    } POINT;                                      //自定义类型名
    POINT start = {10,10},end = {20,30};
    double d;
    d = sqrt(pow(end.x - start.x,2) + pow(end.y - start.y,2));
    printf("两点间的距离为%.2lf\n",d);
}
```

运行结果：

两点间的距离为 22.36

【案例 10.7】 输入两个顶点 p1 和 p2 的坐标，计算案例 10.2 中图 10.3 的矩形面积。

```
# include < stdio.h >
# include < math.h >
void main()
{
    typedef struct
    {
        int x;
        int y;
    } POINT;                                      //自定义类型名
    struct
    {
        POINT p1;
        POINT p2;
    }rect;
    double area;
    printf("请输入 p1 点坐标 x1 和 y1: ");
    scanf("%d%d",&rect.p1.x,&rect.p1.y);          //成员变量的逐级访问
    printf("请输入 p2 点坐标 x2 和 y2: ");
    scanf("%d%d",&rect.p2.x,&rect.p2.y);
    area = (rect.p2.x - rect.p1.x) * (rect.p2.y - rect.p1.y);
    printf("矩形的面积 area = %.2lf\n",area);
}
```

运行结果：

请输入 p1 点坐标 x1 和 y1: 10 10
请输入 p2 点坐标 x2 和 y2: 20 30
矩形的面积 area = 200.00

10.1.5 结构体数组

基于结构体类型，也可以进一步定义结构体数组。结构体数组中的每一个数组元素都是同一类型的结构体变量，它们分别包含结构体成员。与结构体变量的定义格式类似，结构体数组的定义也有三种格式，以定义图 10.1 的学生信息为例。

（1）先定义结构体类型，再定义该种类型的数组，例如：

```
struct student{
    int number;
    char name[20];
    char sex;
```

```
    int age;
    float score;
    char addr[30];
};
struct student stu[20];
```

（2）在定义结构体类型的同时定义数组，例如：

```
struct student{
    int number;
    char name[20];
    char sex;
    int age;
    float score;
    char addr[30];
}stu[20];
```

（3）省略结构体名定义数组，例如：

```
struct {
    int number;
    char name[20];
    char sex;
    int age;
    float score;
    char addr[30];
}stu[20];
```

结构体类型数组的初始化和普通数组的初始化类似，同时结合结构体变量的初始化。结构体数组初始化有如下两种形式。

（1）初始化时将每个数组元素的成员值用花括号括起来，之后将数组全部元素值用一对花括号括起来。

```
struct student stu[4] = {
{101,"Zhang Liu",'F',19,85,"66 Beijing Road"},
{102,"Wang Fang",'F',20,90,"86 Kaiping Road"},
{103,"LI Lin Liang",'M',19,78,"68 Nangjing Road"},
{104,"Zhao Hong",'M',18,93,"88 Daozhao Road"}
};
```

（2）在一个花括号内依次列出各个元素的成员值。例如：

```
struct student stu[4] = {
101,"Zhang Liu",'F',19,85,"66 Beijing Road",
102,"Wang Fang",'F',20,90,"86 Kaiping Road",
103,"LI Lin Liang",'M',19,78,"68 Nangjing Road",
104,"Zhao Hong",'M',18,93,"88 Daozhao Road"
};
```

结构体数组初始化以后，占用内存的逻辑示意图如图 10.4 所示。

引用数组元素时按元素引用，引用结构体成员时按结构体成员引用，因此结构体数组元素的成员引用格式如下。

数组名[下标].成员名

结构体和共用体

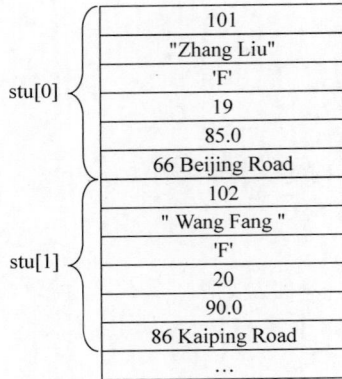

图 10.4　结构体数组内存占用

【案例 10.8】　依次输出上述结构体数组 stu[4]存储的学生信息。

```
# include < stdio. h >
void main( )
{
    struct student
    {
        int number;
        char name[20];
        char sex;
        int age;
        float score;
        char addr[30];
    };
    struct student stu[4] = {
        101,"Zhang Liu",'F',19,85,"66 Beijing Road",
        102,"Wang Fang",'F',20,90,"86 Kaiping Road",
        103,"LI Lin Liang",'M',19,78,"68 Nangjing Road",
        104,"Zhao Hong",'M',18,93,"88 Daozhao Road"};
    int i;
    for(i = 0;i < 4;i++)
    {
        printf(" % d\t % s\t % c\t",stu[i]. number,stu[i]. name,stu[i]. sex);
        printf(" % d\t % f\t % s\n",stu[i]. age,stu[i]. score,stu[i]. addr);
    }
}
```

运行结果：

```
101      Zhang Liu       F       19      85.000000       66 Beijing Road
102      Wang Fang       F       20      90.000000       86 Kaiping Road
103      LI Lin Liang    M       19      78.000000       68 Nangjing Road
104      Zhao Hong       M       18      93.000000       88 Daozhao Road
```

【案例 10.9】　设计对候选人得票进行统计的程序,设有三个候选人,每次输入一个候选人的名字,最后统计出每个候选人得票的结果。

```
# include < stdio. h >
# include < string. h >
void main( )
```

```
{
    struct person
    {
        char name[20];
        int count;
    };                                          //定义候选人和选票的结构体类型
    struct person per[4] = {{"liu",0},{"yang",0},{"li",0},{"无效票",0}};   //初始化选票
    int i,j;
    char name[20];
    for(i = 0;i < 5;i++)                         //5 张选票
    {
        printf("请输入被投票人姓名：\n");
        scanf("% s",&name);
        for(j = 0;j < 3;j++)
        {
            if(strcmp(name,per[j].name) == 0)    //name 比对,计票
            {
                per[j].count++;
                break;
            }
        }
        if(j == 3)                               //比对失败,无效票
            per[j].count++;
    }
    printf("投票结果是：\n");
    for(i = 0;i < 4;i++)
    {
        printf("% s:% d\n",per[i].name,per[i].count);
    }
}
```

运行结果：

请输入被投票人姓名：liu
请输入被投票人姓名：guo
请输入被投票人姓名：yang
请输入被投票人姓名：liu
请输入被投票人姓名：yang
投票结果是：
liu:2
yang:2
li:0
无效票:1

10.1.6 结构体指针

一个结构体类型的数据在内存中占用一段连续的存储区域,可以定义一个指针变量来存储该存储区域的起始地址,这样的指针变量称为指向结构体类型数据的指针变量,简称为结构体指针。

1. 定义指向结构体变量的指针

定义一个结构体指针的方法和定义结构体变量的方法相同,也有以下三种方式。

第一种格式：先定义结构体类型再定义指向该类型的指针变量。例如：

结构体和共用体

```
struct student{
    int number;
    char name[20];
    char sex;
    int age;
    float score;
    char addr[30];
};
struct stud, * s;
```

第二种格式：定义类型的同时定义指针变量。例如：

```
struct student{
    int number;
    char name[20];
    char sex;
    int age;
    float score;
    char addr[30];
}stud, * s;
```

第三种格式：直接定义指针变量。例如：

```
struct student{
    int number;
    char name[20];
    char sex;
    int age;
    float score;
    char addr[30];
}stud, * s;
```

定义结构体指针变量 s 后，也需先赋值才能使用。例如：

s = &stud;

这样，指针变量 s 就指向了结构体变量 stud，* p 表示指针变量所指向的结构体变量 stud。

2. 通过结构体指针引用结构体变量

通过结构体指针引用结构体变量主要是利用结构体指针引用结构体成员变量，以下三种表示形式是等价的。

（1）结构体变量.成员变量名。

（2）（* 结构体指针名).成员变量名。

（3）结构体指针名->成员变量名。

这里"->"称为指向结构体成员运算符，是优先级别最高的运算符之一，其左侧只能是结构体指针变量。

【案例 10.10】 对结构体指针的引用。

```
# include < stdio. h>
void main()
{
    struct student
    {
```

```
        int num;
        char * name;
        float score;
    }stud = {101,"Li Ping",45}, * s;
    s = &stud;
    printf("num = % d,name = % s,score = % f\n",stud. num,stud. name,stud. score);
    printf("num = % d,name = % s,score = % f\n",( * s).num,( * s).name,( * s).score);
    printf("num = % d,name = % s,score = % f\n",s - > num,s - > name,s - > score);
}
```

程序运行结果：

```
num = 101,name = Li Ping,score = 45.000000
num = 101,name = Li Ping,score = 45.000000
num = 101,name = Li Ping,score = 45.000000
```

10.1.7 结构体作为函数参数

在函数调用过程中使用结构体作为参数可以使 C 语言的函数调用时的数据传递操作更加灵活。

同普通变量类似，结构体变量可以作为参数，实现主调函数与被调函数间的传递数据。结构体变量可以简化函数之间的数据传递。结构体变量把多个数据作为一个有逻辑联系的整体，函数之间需要传递的参数数目减少了。结构体变量作为函数参数有下列三种方式。

（1）结构体成员变量作为实际参数，这属于值传递方式。函数调用时将成员变量的值传递给被调函数的形式参数。

（2）结构体变量作为实际参数，也属于值传递方式。要求对应的形式参数也是同类型的结构体体变量。这种方式会加大内存开销，一般很少使用。

（3）结构体指针变量（或结构体数组名）作为实际参数，此种方式属于地址传递，调用时将结构体变量（或数组）的首地址传递给形式参数。要求对应的形式参数也是结构体指针变量（或结构体数组）。

【案例 10.11】 有一个结构体变量 stu，内含学生学号、姓名和三门课的成绩。要求在 main 函数中为各成员赋值，在 ave 函数中求总成绩。

方法 1：用结构体变量作函数参数。

```
# include < stdio. h >
typedef struct                      //自定义结构体类型名为 ST
{
    int number;
    char name[20];
    float score[3];
}ST;
float ave(ST stu);                  //函数声明,形参类型为结构体 ST
void main( )
{
    //定义结构体变量并初始化
    ST stu = {101,"Zhang Ming",{67.5,89,78.5}};
    float sum;
    sum = ave(stu);
    printf("总分: % .2f\n",sum);      //调用 ave 函数,求总分
```

```
}
float ave(ST stu)
{
    int i;
    float sum = 0.0;
    for(i = 0;i < 3;i++)
        sum += stu.score[i];
    return sum;
}
```

方法 2：用指向结构体变量的指针作实参。

```
#include < stdio.h >
typedef struct        //自定义结构体类型名为 ST
{
    int number;
    char name[20];
    float score[3];
}ST;
float ave(ST * s);              //函数声明,形参类型为结构体 ST
void main()
{
    //定义结构体变量并初始化
    ST stu = {101,"Zhang Ming",{67.5,89,78.5}};
    ST * pt = &stu;
    float sum;
    sum = ave(pt);
    printf("总分: %.2f\n",sum);    //调用 ave 函数,求总分
}
float ave(ST * p)
{
    int i;
    float sum = 0.0;
    for(i = 0;i < 3;i++)
        sum += p -> score[i];
    return sum;
}
```

运行结果：

总分: 235.00

10.2 共 用 体

共用体类型是指将多个不同变量组织成一个整体,这些不同的变量在内存中占用同一段存储单元。

10.2.1 共用体类型定义

共用体也是一种自定义类型,允许不同数据类型的成员共享一块公用的存储空间,所占用的空间由所需字节数最多的成员而定,共用体的定义与结构体类型类似。其定义形式为

union 共用体类型名

```
{
    数据类型 共用体成员名 1;
    数据类型 共用体成员名 2;
        …
    数据类型 共用体成员名 n;
};
```

例如：

```
union student
{
    int number;
    char name[20];
    char sex;
    int age;
    float score;
    char addr[30];
};
```

10.2.2　共用体变量的定义

定义了共用体类型以后就可以进一步定义共用体变量。共用体变量的定义也有以下三种方式。

（1）先定义共用体类型，再定义共用体变量。

```
union 共用体类型名
{
    成员表列;
};
union 共用体类型名 变量列表;
```

（2）定义共用体类型同时定义共用体变量。

```
union 共用体类型名
{
    成员表列;
}变量列表;
```

（3）省略共用体类型名直接定义共用体变量。

```
union
{
    成员表列;
}变量列表;
```

由于共用体结构是几个不同的变量共同占用同一块内存空间，在某一时刻只能存放其中的一种数据。因此，共用体变量占据的内存空间的大小是由组成共用体的成员变量中占据内存最大的那一个所需要的字节数决定的。可用 sizeof()运算符获取共用体变量占用内存空间的大小。

10.2.3　共用体变量的引用和初始化

定义了共用体变量以后，不能引用共用体变量，只能引用共用体变量中的各个成员。对共用体变量成员的引用与结构体变量成员的引用类似。其一般格式如下。

共用体变量名.成员变量名

但由于共用体所有成员共用同一段内存单元,使用时要根据需要引用其中的某一个成员。

共用体类型的特点是方便程序设计人员在同一内存空间面向不同数据类型的变量交替使用,增加灵活性,节省内存。

在使用共同体类型变量时要特别注意的是在共用体类型变量中,起作用的是最后一次赋值的成员,当存入一个新成员值时,原来成员就失去作用。

【案例 10.12】 分析下面程序运行的结果,理解共同体变量的使用及共用体类型的内存管理。

```c
# include < stdio. h >
union data{
    int n;
    char ch;
    short m;
};
void main()
{
    union data a;                    //定义共用体变量 a
    printf("%d, %d\n", sizeof(a), sizeof(union data));
    a.n = 0x40;                      //赋值十六进制值
    printf("%X, %c, %hX\n", a.n, a.ch, a.m);
    a.ch = '9';                      //赋值字符 9
    printf("%X, %c, %hX\n", a.n, a.ch, a.m);
    a.m = 0x2059;                    //赋值十六进制值
    printf("%X, %c, %hX\n", a.n, a.ch, a.m);
    a.n = 0x3E25AD54;                //赋值十六进制值
    printf("%X, %c, %hX\n", a.n, a.ch, a.m);
}
```

运行结果:

```
4, 4
40, @, 40
39, 9, 39
2059, Y, 2059
3E25AD54, T, AD54
```

由以上程序可知,共同体类型及共用体变量 a 的内存空间由 int 类型决定,即为 4B。几次赋值操作,可知共用体成员之间相互影响,修改一个成员的值会影响其他成员。

要想理解上面的输出结果,弄清成员之间究竟是如何相互影响的,就需要了解各个成员在内存中的分布。以上述案例为例,各个成员在内存中的分布(绝大多数 PC 中)如图 10.5 所示。

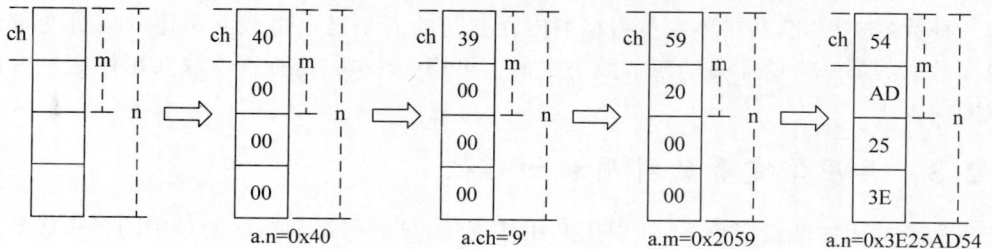

图 10.5　共用体成员变量的存储

共用体一般在 PC 中应用不多,常用于内存相对紧张的单片机中。

【案例 10.13】 有若干学生和教师数据如表 10.1 所示,学生信息有编号、姓名、性别、班级、职业;教师信息有编号、姓名、性别、职务、职业,编写程序完成数据的输出。

表 10.1 学生和教师数据表(示例)

编 号	姓 名	性 别	职 业	班 级	职 务
1001	Mali	F	S	3	无
1002	Liulin	M	S	2	无
9001	Guoshan	F	T	无	班主任

分析:结构体类型可将表中的各个字段名组织为一个有机的整体,因此定义为一个新的结构体类型。从表 10.1 可看出,职业为学生"S"的数据,职务信息不填写;职业为教师"T"的数据,班级信息不填写。在组织数据时,若将"编号""姓名""性别""职业""班级""职务"都作为结构体类型的成员,空间的利用率不高,告诫学生在社会资源有限的情况下,应该合理分配和使用资源,避免浪费,以达到最大的效益。通过分析"班级"和"职务"信息可共享一块空间资源,将以上两个字段定义为共用体类型。

```c
#include<stdio.h>
typedef struct
{
    int num;
    char name[8];
    char sex;
    char zy;
    union                          //存储班级或职务
    {
        int class;
        char * zw;
    }s1;
} P;
void main()
{
    P per[3] = {{1001,"Mali",'F','S',0},
                {1002,"Liulin",'M','S',0},
                {9001,"Guoshan",'F','T',0}
               };
    int i;
    per[0].s1.class = 3;
    per[1].s1.class = 2;
    per[2].s1.zw = "班主任";
    printf("编号\t 姓名\t 性别\t 职业\t 班级/职务\n");
    for(i = 0;i < 3;i++)
    {
        if(per[i].zy == 'S')
            {printf("%d\t%s\t%c\t",per[i].num,per[i].name,per[i].sex);
             printf("%c\t%d\n",per[i].zy,per[i].s1.class);}
        else
            {printf("%d\t%s\t%c\t",per[i].num,per[i].name,per[i].sex);
             printf("%c\t%s\n",per[i].zy,per[i].s1.zw);}
    }
}
```

程序运行结果：

编号	姓名	性别	职业	班级/职务
1001	Mali	F	S	3
1002	Liulin	M	S	2
9001	Guoshan	F	T	班主任

10.3 枚 举 类 型

在实际应用中,有的变量只有几种可能的取值。例如,人的性别只有两种可能取值,星期只有 7 种可能取值。在 C 语言中,对这样取值比较特殊的变量可以定义为一种新的数据类型——枚举类型。

所谓枚举是指将变量的值一一列举出来,变量只限于在列举出来的值的范围内取值。

10.3.1 枚举类型的定义

枚举类型定义的一般形式为

enum 枚举类型名 { 枚举值表 };

例如：

enum Weekday{sun,mon,tue,wed,thu,fri,sat};

这里 enum 是枚举关键字,表示枚举定义的开始。Weekday 是枚举类型名,枚举是一个集合,枚举类型名是一个标识符,可以看成这个集合的名字,是一个可选项。

花括号中的"sun,mon,tue,wed,thu,fri,sat"是枚举值表,也为枚举元素,不是变量,而是符号常量,因此枚举元素又称为枚举常量。

第一个枚举常量的默认值为整型值 0,后续枚举成员的值在前一个成员上加 1。枚举元素是常量不能赋值,但可以在定义枚举类型时人为设定枚举常量的值,从而自定义某个范围内的整数。

例如：

enum weekday{sun = 1,mon,tue,wed,thu,fri,sat};

此时,sun,mon,tue,…的值是从 1 开始顺序加 1,如 tue 的默认值为 2,现在取值为 3。

10.3.2 枚举变量的定义和使用

利用自定义的枚举类型可以定义枚举变量,和结构体与共用体类似,也可以有三种不同的定义方式。

（1）先定义枚举类型,再定义枚举变量。

例如：

```
enum color {Red,Yellow,Blue,White,Black};    //定义枚举类型名为 color
enum color change,select;                      //定义枚举变量 change 和 select
```

（2）定义枚举类型的同时定义枚举变量。

例如：

```
enum color {Red,Yellow,Blue,White,Black}change,select;
```

（3）直接定义枚举变量。

例如：

```
enum {Red,Yellow,Blue,White,Black} change,select;
```

这里需要注意，虽然枚举元素的取值是整型值，但是一个整型值不能直接赋值给一个枚举变量。例如：

```
enum color {Red,Yellow,Blue,White,Black} change,select;
select = 1;    //这是错误的,select 和 1 分属于不同的数据类型,应先进行强制类型转换才能赋值
```

例如：

```
select = (enum weekday)1;
```

枚举常量可以直接赋值，也可以用作条件判断表达式。例如：

```
enum color {Red,Yellow,Blue,White,Black} change,select;
select = Red
if(change == Red) …
```

【案例 10.14】 箱子中装有红、黄、蓝三种颜色的球若干个。每次从箱子中取出两个球，问得到两种不同颜色的球的可能取法，并打印出每种组合的两种颜色。

分析：球有三种颜色，每个球的颜色只能是三种中的一种，要判断各球是否同色，使用枚举变量完成本题。设取出的两个球分别用 ball_1、ball_2 表示，它们的可能取值是 Red、Yellow、Blue。当 ball_1 和 ball_2 不同时，表示取出了两个不同颜色的球。

```
# include < stdio. h >
void main()
{
    enum Color {Red,Yellow,Blue};
    char name[][10] = {"Red","Yellow","Blue"};        //存储颜色名称
    int ball_1,ball_2,num = 0;                          //num 表示枚举条目
    for(ball_1 = Red;ball_1 <= Blue;ball_1++)
        for(ball_2 = Red;ball_2 <= Blue;ball_2++)
            if(ball_1!= ball_2)
                {
                    num++;
                    printf("\n% - 5d",num);
                    printf(" % - 9s % - 9s",name[ball_1],name[ball_2]);
                }
}
```

运行结果：

```
1    Red      Yellow
2    Red       Blue
3    Yellow   Red
4    Yellow   Blue
5    Blue     Red
6    Blue     Yellow
```

第 10 章

结构体和共用体

10.4 用户自定义类型

　　C 语言允许用户使用 typedef 关键字定义用户习惯的数据类型名称，来代替系统默认的基本类型名称、数组类型名称、指针类型名称与用于自定义的结构体类型名称、共用体类型名称、枚举类型名称等。

　　用户自定义数据类型的目的主要就是提高程序的可读性，只是给已有的数据类型重新定义了一个方便使用的别名，没有产生新的数据类型，一般格式如下。

typedef 已有类型名 新数据类型名；

　　为了区分于已有数据类型名，新数据类型名通常采用大写字母组成的标识符。在实际使用中，主要有以下 4 种。

　　(1) 为基本数据类型定义别名。例如：

```
typedef int INTEGER;
INTEGER a, b;
```

　　这里 INTEGER a，b；等价于 int a，b；。

　　(2) 为数组类型定义别名。例如：

```
typedef int ARRAY[20];
ARRAY a1, a2;
```

　　这里，相当于给一个长度 20 的整型数组定义一个别名 ARRAY，应用 ARRAY 直接定义 a1 和 a2，相当于：int a1[20]，a2[20]；

　　(3) 为结构体类型定义别名。例如：

```
typedef struct stu
{
char name[20];
int age;
 char sex;
} STU;
STU body1,body2;
```

　　STU 是 struct stu 的别名，它等价于：

```
struct stu body1, body2;
```

　　(4) 为指针类型定义别名。例如：

```
typedef int * IntPtr;
IntPtr p;
```

　　这里表示 IntPtr 是类型 int * 的别名，定义 int 类型的指针变量 p，等价于 int * p。

　　typedef 用于定义一种类型的别名，而不只是简单的宏替换。typedef 在表现上有时类似于♯define，但它和宏替换之间存在一个关键性的区别。正确思考这个问题的方法就是把 typedef 看成一种彻底的"封装"类型，声明之后不能再往里面增加别的东西。两者的区别主要体现在以下两个方面。

　　(1) 可以使用其他类型说明符对宏类型名进行扩展，但对 typedef 所定义的类型名却不能这样做。例如：

```
#define INTEGER int
unsigned INTEGER n;              //正确
typedef int INTEGER;
unsigned INTEGER n;              //错误,不能在 INTEGER 前面添加 unsigned
```

（2）在连续定义几个变量的时候,typedef 能够保证定义的所有变量均为同一类型,而 #define 则无法保证。例如：

```
#define PTR_INT int *
PTR_INT p1, p2;
```

经过宏替换以后,第二行变为

```
int * p1, p2;
```

这使得 p1、p2 成为不同的类型：p1 是指向 int 类型的指针,p2 是 int 类型。

相反,在下面的代码中：

```
typedef int * PTR_INT
PTR_INT p1, p2;
```

p1、p2 类型相同,它们都是指向 int 类型的指针。

10.5　知识要点和常见错误列表

结构体类型可以将多个相互关联、类型不同的数据项作为一个整体进行操作,在定义结构体类型后可以利用它定义结构体变量,结构体变量的每一成员都要分配独立的存储空间。

共用体类型在定义共用体变量时,只按占用空间最大的成员来分配空间,在同一时刻共用体变量只能存放一个成员的值。

本章常见错误列表如表 10.2 所示。

表 10.2　本章常见错误列表

序号	错误程序示例	错误分析	正确代码

1	struct time
	{ int hour;
	　int minute;
	　int second;
	};
	time={2,4,13};
	time. hour=2;
		错误提示：[Error] 'time' undeclared (first use in this function)
		由于第一次自定义类型,而结构体类型名也是自己定义,不能把结构体名当成变量名使用
			struct time
			{ int hour;
			　int minute;
			　int second;
			} t1;
			t1. hour=2;
			t1. minute=4;
			t1. second=13;

2	struct time
	{ int hour;
	　int minute;
	　int second;
	};
	hour=18;
		错误提示：[Error] 'hour' undeclared (first use in this function)
		结构体变量的使用必须引用成员,但不可单独引用,前面必须冠以结构体变量
			struct time
			{ int hour;
			　int minute;
			　int second;
			} t2;
			t2. hour=18;

结构体和共用体

续表

序号	错误程序示例	错误分析	正确代码

3	struct time
	{ int hour=0;
	 int minute=0;
	 int second=0;
	};
		错误提示：［Error］expected ':', ',', ';', '}' or '_ _attribute_ _' before '=' token
		结构体变量的初始化不能放在结构体类型的定义中
			struct time
			{ int hour;
			 int minute;
			 int second;
			};
			struct time t2={0,0,0};

4	struct time { … int second; }t1, * pt2; pt2=&t1. second;	警告提示：［Warning］assignment from incompatible pointer type 指针类型赋值不匹配,结构体指针变量 pt2 只能指向整个结构体变量,指向某个成员则提示警告信息	struct time { … int second; }t1, * pt2; pt2=&t1;

实训 10　结构体程序设计

一、实训目的

（1）掌握结构体类型的定义、变量引用和结构体数组的应用。

（2）熟悉结构体在工程中的应用。

二、实训任务

测绘工程涉及大量的数据处理工作,包括坐标转换、角度计算、距离计算等。不同的测绘项目可能采用不同的坐标系,如大地坐标系、平面直角坐标系等,因此需要将一种坐标系下的坐标转换为另一种坐标系下的坐标。这些工作是确保测绘结果准确性和可靠性的关键,请编程实现以下几项内容。

（1）坐标变换。已知经度和纬度,求其在平面坐标系中的坐标。

（2）坐标计算。在平面坐标系中,已知点坐标、连接该点和未知点的方位角和距离,求未知点的坐标。

（3）角度和距离计算。在平面坐标系中,已知两点坐标求出连接两点的方位角和距离。

三、实训步骤

（1）将坐标、经纬度用结构体类型表示。

（2）定义函数实现坐标变换。

（3）定义函数实现距离计算和角度计算。

工程案例 10.1 参考代码如下。

```
# include< stdio. h>
# include< math. h>
# define PI 3.14159265358979323846
# define R 6378137.0                        //地球半径(米),不考虑地球扁率
//定义结构体类型 Point 存储坐标点
typedef struct
    {
        double x;
        double y;
    } Point;
```

```c
//定义结构体类型 Georp 存储经纬度
typedef struct
    {
        double lat;
        double lon;
    }Georp;
//将角度值转换为弧度值
double degressTOradians(double degrees)
{
    return degrees * PI/180.0;
}
//计算两点之间的距离
double calculateDistance(Point p1, Point p2)
{
    return sqrt(pow(p2.x − p1.x,2) + pow(p2.y − p1.y,2));
}
//计算方位角(从点 p1 到点 p2)
double calculateAzimuth(Point p1, Point p2)
{
    double deltaX,deltaY,azimuth;
    deltaX = p2.x − p1.x;
    deltaY = p2.y − p1.y;
    azimuth = atan2(deltaY,deltaX);
    return azimuth * 180.0/PI;          //转为角度值
}
//坐标正算：根据已知点坐标、方位角和距离计算未知点坐标
Point forwardCalculation(Point startPoint, double azimuth, double distance)
{
    Point endPoint;
    azimuth = degressTOradians(azimuth);
    endPoint.x = startPoint.x + distance * cos(azimuth);
    endPoint.y = startPoint.y + distance * sin(azimuth);
    return endPoint;
}
//坐标逆算：根据两点坐标计算方位角和距离
void inverseCalculation(Point p1, Point p2, double * azimuth, double * distance)
{
    * distance = calculateDistance(p1, p2);
    * azimuth = calculateAzimuth(p1, p2);
}
//墨卡托投影：地理坐标(经纬度)到平面坐标(x,y)的转换
Point geographicTOmercator(Georp LatALon)
{
    double lat,lon;
    Point xAy;
    lat = degressTOradians(LatALon.lat);
    lon = degressTOradians(LatALon.lon);
    xAy.x = R * lon;
    xAy.y = R * log(tan(PI/4.0 + lat/2.0));
    return xAy;
}
void main()
{
//坐标变换
```

第 10 章

结构体和共用体

```
Georp g1 = {39.27,118.46};              //理工大学经纬度
Georp g2 = {39.56,116.20};              //北京市经纬度
Point p1,p2;                            //平面坐标系的点
p1 = geographicTOmercator(g1);
p2 = geographicTOmercator(g2);
printf("地理坐标(%.6lf,%.6lf)转换为平面坐标(%.2lf,%.2lf)\n",g1.lat,g1.lon,p1.x,p1.y);
printf("地理坐标(%.6lf,%.6lf)转换为平面坐标(%.2lf,%.2lf)\n",g2.lat,g2.lon,p2.x,p2.y);

//坐标正算
double azimuth = 45.0;                  //方位角 45°
double distance = 10000.0;              //距离 10000m
Point p3 = forwardCalculation(p1,azimuth,distance);
printf("坐标正算：未知点 p3 的坐标(%.2f,%.2f)\n",p3.x,p3.y);

//坐标逆算
double az,dist;
inverseCalculation(p1,p2,&az,&dist);
printf("逆算结果：方位角 %.2f 度,距离 %.2f\n",az,dist);
}
```

习 题 10

一、选择题

1. 当说明一个结构体变量时系统分配给它的内存是(   )。

    A. 各成员所需内存量的总和

    B. 结构中第一个成员所需的内存量

    C. 成员中占内存量最大者所需的容量

    D. 结构中最后一个成员所需的内存量

2. 设有以下说明语句,则下面的叙述不正确的是(   )。

```
struct stu
{ int a;
 float b;
 } stutype;
```

    A. struct 是结构体类型的关键字

    B. struct stu 是用户定义的结构体型

    C. stutype 是用户定义的结构体类型名

    D. a 和 b 都是结构体成员名

3. C 语言结构体类型变量在程序执行期间(   )。

    A. 所有成员一直驻留在内存中   B. 只有一个成员驻留在内存中

    C. 部分成员驻留在内存中   D. 没有成员驻留在内存中

4. 当说明一个共用体变量时系统分配给它的内存是(   )。

    A. 各成员所需内存量的总和

    B. 结构中第一个成员所需的内存量

    C. 成员中占内存量最大者所需的容量

D. 结构中最后一个成员所需的内存量

5. 以下对 C 语言中共用体类型数据的叙述正确的是(　　)。

    A. 可以对共有体变量名直接赋值

    B. 一个共用体变量中可以同时存放其所有成员

    C. 一个共用体变量中不可以同时存放其所有成员

    D. 共用体类型定义中不能出现结构体类型的成员

6. 设有定义 enum date ｛year,month,day｝ d；则正确的表达式是(　　)。

    A. year＝1　　　　　B. d＝year　　　　　C. d＝"year"　　　　D. date＝"year"

7. 根据下面的定义,能打印出字母 M 的语句是(　　)。

```
struct person{char name[9];
int age;};
struct person class[10] =
{"John",17,"Paul",19,"Mary"18,"adam",16};
```

    A. printf("%c\n",class[3]. name);

    B. printf("%c\n",class[3]. name [1]);

    C. printf("%c\n",class[2]. name [1]);

    D. printf("%c\n",class[2]. name [0]);

8. 若有以下定义和语句：

```
struct student
{int num;
int age;};
struct student stu[3] = {{1001,20},{1002,19},{1003,21}};
main()
{struct student * p;
p = stu;…}
```

则以下不正确的引用是(　　)。

    A. (p++)->num　　　　　　　B. p++

    C. (* p). num　　　　　　　　D. p=&stu. age

9. 若有以下定义语句：

```
union data
{int l; char c; float f;}a;
int n;
```

则以下语句正确的是(　　)。

    A. a＝5;　　　　　　　　　　B. a. c='a';

    C. printf("%d\n"a);　　　　　D. n＝a;

10. 下面对 typedef 的叙述中不正确的是(　　)。

    A. 用 typedef 可以定义各种类型名,但不能用来定义变量

    B. 用 typedef 可以增加新类型

    C. 用 typedef 只是将已存在的类型用一个新的标识符来代表

    D. 使用 typedef 有利于程序的通用移植

二、填空题

1. 用_____运算符和_____运算符访问结构体类型的成员。

2. 设有定义语句：

enum team{my, your = 2, his, her = his + 5};

则 printf("%d", her)的输出结果是_____。

3. 若有如下定义语句：

union aa {int x; char c[2];}; struct bb {union aa m, float w[3]; double n;}w;

则变量 w 在内存中所占的字节数为_____。

4. 若有如下定义：struct sk{int a; float b;}data, * p=&data;,则用 p 表示对 data 中 a 成员的引用为_____。

5. 使用用户自定义类型的关键字是_____。

三、写出下列程序的运行结果

1.

```
void main()
{
    struct cmplx
    {
        int x;
        int y;
    }cnumn[2] = {1,3,2,7};
    printf(" % d\n",cnumn[0].y/cnumn[0].x * cnumn[1].x);
}
```

2.

```
union pw
{
    int i; char ch[2];
}a;
void main()
{
    a.ch[0] = 13;
    a.ch[1] = 0;
    printf(" % d\n",a.i);
}
```

3.

```
struct ks
{
    int a;
    int * b;
}s[4], * p;
void main()
{
    int i, n = 1;
    printf("\n");
    for(i = 0;i < 4;i++)
    {
```

```
        s[i].a = n;
        s[i].b = &s[i].a;
        n = n + 2;
    }
    p = &s[0];
    p++;
    printf("%d,%d\n",(++p)->a,(p++)->a);
}
```

四、完善程序题

结构数组中存有三人的姓名和年龄,以下程序输出三人中最年长者的姓名和年龄。请在_____内填入正确内容。

```
static struct man
{
    char name[20];
    int age;
}person[] = {{"li-ming",18},
             {"wang-hua",19},
             {"zhang-ping",20}
            };
void main()
{
    struct man * p, * q;
    int old = 0 ;
    p = person;
    for(;p_____;p++)
        if(old < p->age)
            {q = p;_____;}
    printf("%s %d",_____);
}
```

五、编程题

1. 定义一个学生结构体类型,包括学生学号、姓名、大学数学和大学计算机成绩,编写程序,输入三个学生的学号、姓名、两门课的成绩,求出总分最高的学生姓名并输出。

2. 将一个星期中 7 天的英文名定义为一个枚举类型,编写程序,将各枚举项的数值输出。

结构体和共用体

第 11 章　C++ 编程与 STL 模板应用

学习目标与要求

- 辨析面向对象程序设计与结构化程序设计特征。
- 理解类的封装和构造、类的析构。
- 识记类的继承和多态本质及应用。
- 认识 STL 模板与数据结构应用。
- 灵活应用 STL 的字符串。

思政目标和思政点

"沁园春·雪"是伟大领袖毛主席的不朽诗篇,形式上承传了古诗和辞赋的基因,是传统文化的传承与发展,与类的继承与多态如出一辙。本章通过讲好中国故事鼓励学生学习伟人的博大胸怀和政治抱负,进而激发学生为中华民族之复兴而努力奋斗的决心。

C++ 中最重要的概念是类和对象。类是 C++ 语言中的一种数据类型,对象是类的实例化,类和对象是面向对象编程(Object Oriented Programming, OOP)的核心。而 STL (Standard Template Library,标准模板库)是 C++ 标准库中的一个核心子集,提供丰富且高效的数据结构和算法,为提高程序开发的效率、可复用性和可维护性奠定了基础。

11.1　面向对象的程序设计

面向对象编程是一种计算机编程架构,基本原则是计算机程序是由单个能够起到子程序作用的单元或对象组合而成,达到了软件工程的三个主要目标:重用性、灵活性和扩展性。为了实现整体运算,每个对象都能够接收信息、处理数据和向其他对象发送信息。OOP 主要有以下概念和特征。

1. 抽象

抽象是指对具体问题或对象进行概括,总结出一类对象的公共性质并加以描述的过程,包括两方面:数据抽象和行为抽象。

例如,人作为一类对象,其共同属性有姓名、性别、年龄等,组成了数据抽象部分,C++ 语言用变量来表达,可以是:

```
char name[8]; char sex; int age;
```

共同行为有吃饭、工作、学习等,构成行为抽象部分,C++ 语言用函数表达:

```
eat(); work(); study();
```

2. 封装

将抽象得到的数据和行为相结合,形成一个有机整体,也就是将数据与操作数据的函数进行有机结合,形成"类",其中的数据和函数都是类的成员。

```
class person
{ private:
    char name[8];
    char sex;
    int age;
 public:
    void eat();
    void study();
}
```

3. 多态

多态是对人类思维方法的一种直接模拟。例如,"打"这个动作,"打篮球""打乒乓球""打羽毛球"是不同的运动,"打"的对象不同,规则和动作相差甚远,所以多种运动行为的抽象"打"是多态的,这种多态类似于函数重载。例如,计算面积函数 area(int a,int b)和 area(float r),参数不同,计算方法也就不一样。

在 C++语言中,数据类型的转换(隐式或显式)称为强制多态,虚函数实现包含多态,而模板实现参数多态。

4. 继承

继承是面向对象编程代码复用的重要手段,C++语言提供了类的继承机制,在保持父类特性基础上进行扩展,派生出新类,称为子类。

11.2 类 与 对 象

类实际上相当于用户自定义的数据类型,类似于结构体,不同的是结构体没有对数据的操作,类封装了数据的操作,类是数据和函数的封装体。定义为类的变量称为类的对象(实例),对象声明的过程称为类的实例化。

11.2.1 类定义和对象引用

类也遵从先定义后使用的原则。定义类的一般格式为

```
class 类名
{ public:
    公有成员,包含数据和函数
  protected:
    保护类型成员,包含数据和函数
  private:
    私有成员,包含数据和函数
}[类的对象定义];
```

说明:

(1) class 是类定义的关键字。

(2) 类名的命名规则与 C 标识符命名一致,为了区分,一般首字母大写。

C++编程与 STL 模板应用

（3）类中的数据和函数分为三种控制方式，定义时不分先后顺序，不要求都有，省略时默认为 private。

public 成员可以被类的外部（对象或者继承关系类）访问，通常作为外部接口；private 成员只能被类的内部成员函数（包括构造函数和析构函数）访问，保证了类的封装性；protected 成员与 private 类似，但是可以被派生类的成员函数访问。

【案例 11.1】 定义时间 Time 类。

```
# include < iostream >
using namespace std;
class Time                                    //定义 Time 类
{public :                                     //数据成员为公用的
    int hour;
    int minute;
    int sec;
};
int main()
{ Time t1;                                    //定义 t1 为 Time 类对象
    cout <<"please input h m s:";             //提示信息
    cin >> t1. hour;                          //输入设定的时间
    cin >> t1. minute;
    cin >> t1. sec;
    cout << t1. hour <<":"<< t1. minute <<":"<< t1. sec << endl;   //输出时间
    return 0;
}
```

程序运行结果：

```
please input h m s:12 34 45
12:34:45
```

几点注意：

（1）在引用数据成员 hour、minute、sec 时不要忘记在前面指定对象名。

（2）不要错写为类名，如写成 Time. hour、Time. minute、Time. sec 是不对的。因为类是一种抽象的数据类型，并不是一个实体，也不占存储空间，而对象是实际存在的实体，是占存储空间的，其数据成员是有值的，可以被引用的。

（3）如果删去主函数的输入语句，即不向这些数据成员赋值，则它们的值是不可预知的。

（4）可以在定义类的同时声明对象，此时主函数省略语句 Time t1；。

```
class Time                //定义 Time 类
{  public :               //数据成员为公用的
    int hour;
    int minute;
    int sec;
} t1;                     //声明对象
```

11.2.2　类成员的访问控制

类的成员包括数据成员和函数成员，分别描述问题对象的属性和行为，是不可分割的两部分。对类成员访问权限的控制通过成员的访问属性设置实现。成员的访问控制属性有公有类型、私有类型和保护类型三种。

(1) 公有类型成员定义了类的外部接口,关键字为 public。在类的外部只能访问类的公有成员,如对于 Time 类,只能使用 set_time()和 show_time()公有类型函数改变或查看时间信息。

(2) 类的私有成员关键字为 private,如果紧接类的名称,private 可以省略。私有成员只能被本类的成员函数访问,来自类外部的任何访问都是非法的,这就是类的隐藏性,保护了数据的安全。

(3) 保护类型成员的性质和私有成员的性质相似,区别是继承过程中派生子类作用不同。

【案例 11.2】 时间类的成员函数。

```cpp
# include < iostream >
using namespace std;
class Time
{ public :
    void set_time();          //公用成员函数
    void show_time();         //公用成员函数
  private :                   //数据成员为私有
    int hour;
    int minute;
    int sec;
};
int main()
{   Time t1;                  //定义对象 t1
    cout <<"The first time:"<< endl;
    t1.set_time();            //调用对象 t1 的成员函数 set_time,向 t1 的数据成员输入数据
    t1.show_time();           //调用对象 t1 的成员函数 show_time,输出 t1 的数据成员的值
    Time t2;                  //定义对象 t2
    cout <<"The second time:"<< endl;
    t2.set_time();            //调用对象 t2 的成员函数 set_time,向 t2 的数据成员输入数据
    t2.show_time();           //调用对象 t2 的成员函数 show_time,输出 t2 的数据成员的值
    return 0;
}
void Time::set_time()         //在类外定义 set_time 函数
{ cin >> hour;                //也可以通过类名访问数据成员 Time::hour
  cin >> minute;              //Time::minute
  cin >> sec;
}
void Time::show_time()   //在类外定义 show_time 函数
{   cout << hour <<":"<< minute <<":"<< sec << endl;
}
```

程序运行结果:

```
The first time:
08 50 00 ↙
8:50:0
The second time:
10 20 12 ↙
10:20:12
```

几点注意:

（1）在主函数中调用两个成员函数时，应指明对象名（t1，t2），表示调用的是哪一个对象的成员函数。

（2）在类外定义函数时，应指明函数的作用域（如 void Time∷set_time()）。在成员函数引用本对象的数据成员时，只需直接写数据成员名，这时 C++系统会把它默认为本对象的数据成员。

（3）应注意区分什么场合使用域运算符"∷"，什么场合使用成员运算符"."，不要搞混。通过类名访问成员使用域运算符"∷"，通过对象访问成员使用成员运算符"."。

11.3 类的构造与析构

创建一个对象时，常常需要做某些初始化工作，例如，对数据成员赋初值。在类中有两个特殊的函数：构造函数和析构函数，其中，构造函数用来进行对象初始化，而析构函数用于程序结束后对象的释放工作。

11.3.1 构造函数

在程序执行过程中，遇到对象声明语句时，会向操作系统申请一定的内存空间存放新创建的对象，希望就像对待普通变量那样，在分配内存单元的同时写入数据初始值。但是类的对象太复杂了，如果需要进行对象初始化，程序员要编写初始化程序，如果没有提供初始化程序，C++编译系统就提供一套自动的调用机制，即构造函数。

构造函数的作用就是在对象被创建时利用特定的值构造对象，将对象初始化为特定的状态。构造函数也是类的一个成员函数，但具有特殊性质。

- 构造函数名称与类名同名，且没有返回值。
- 构造函数为公有函数。
- 如果类有构造函数，创建对象时自动调用构造函数。

注意，类的数据成员是不能在声明类时初始化的。如果一个类中所有的成员都是公用的，则可以在定义对象时对数据成员进行初始化。例如：

```
class Time
{public :                    //声明为公用成员
    hour;
    minute;
    sec;
};
Time t1 = {14,56,30};        //将 t1 初始化为 14:56:30
```

这种情况和结构体变量的初始化是差不多的，在一个花括号内顺序列出各公用数据成员的值，两个值之间用逗号分隔。但是，如果数据成员是私有的，或者类中有 private 或 protected 的成员，就不能用这种方法初始化，必须通过构造函数实现。

【**案例 11.3**】 在案例 11-2 的基础上定义构造成员函数。

```
# include < iostream >
using namespace std;
class Time
{ public :
```

```
    Time()                    //构造函数
      {   hour = 0;
          minute = 0;
          sec = 0;    }
    void set_time();
    void show_time();
  private :
      int hour;
      int minute;
      int sec;
};
void Time::set_time()
{   cin >> hour;
    cin >> minute;
    cin >> sec;
}
void Time::show_time()
{   cout << hour <<":"<< minute <<":"<< sec << endl;
}
int main()
{   Time t1;
    t1.set_time();
    t1.show_time();
    Time t2;
    t2.show_time();
    return 0;
}
```

程序运行结果：

```
10 25 54✓   (从键盘输入新值赋给 t1 的数据成员)
10:25:54    (输出 t1 的时、分、秒值)
0:0:0   (输出 t2 的时、分、秒值)
```

对象 t2 没有调用函数 set_time()，所以输出结果为 0:0:0，保留定义对象 t2 时构造函数的初始值。而对象 t1 调用函数 set_time()改变了初始值。

在类中定义了构造函数 Time()，它和所在的类同名。在建立对象时自动执行构造函数，它的作用是对该对象中的数据成员赋初值 0。请不要误认为是在声明类时直接对程序数据成员赋初值(那是不允许的)，赋值语句是写在构造函数的函数体中的，只有在调用构造函数时才执行这些赋值语句，对当前对象中的数据成员赋值。

上面是在类内定义构造函数的，也可以只在类内对构造函数进行声明而在类外定义构造函数。将程序中的第 6～10 行改为下面一行。

```
Time();                    //对构造函数进行声明
```

在类外定义构造函数：

```
Time::Time()               //在类外定义构造成员函数,要加上类名 Time 和域限定符":"
{ hour = 0;
  minute = 0;
  sec = 0;
}
```

有关构造函数的使用，有以下说明。

（1）在类对象创建时调用构造函数。

（2）构造函数没有返回值，因此也不需要在定义构造函数时声明类型，这是它和一般函数的一个重要的不同之点。

（3）构造函数不需要用户调用，也不能被用户调用。

（4）在构造函数的函数体中不仅可以对数据成员赋初值，而且可以包含其他语句。但是一般不提倡在构造函数中加入与初始化无关的内容，以保持程序的清晰。

（5）如果用户自己没有定义构造函数，则 C++ 系统会自动生成一个构造函数，只是这个构造函数的函数体是空的，也没有参数，不执行初始化操作。

11.3.2 析构函数

析构函数也是一个特殊的成员函数，它的作用与构造函数相反，它的名字是在类名的前面加一个"～"符号。在 C++ 中，"～"是位取反运算符，从这一点也可以想到，析构函数是与构造函数作用相反的函数。当对象的生命期结束时，会自动执行析构函数。

具体地说，如果出现以下几种情况，程序就会执行析构函数。

（1）如果在一个函数中定义了一个对象（它是自动局部对象），当这个函数被调用结束时，对象应该释放，在对象释放前自动执行析构函数。

（2）static 局部对象在函数调用结束时对象并不释放，因此也不调用析构函数，只在 main 函数结束或调用 exit 函数结束程序时，才调用 static 局部对象的析构函数。

（3）如果定义了一个全局对象，则在程序的流程离开其作用域时（如 main 函数结束或调用 exit 函数）时，调用该全局对象的析构函数。

（4）如果用 new 运算符动态地建立了一个对象，当用 delete 运算符释放该对象时，先调用该对象的析构函数。

析构函数的作用并不是删除对象，而是在撤销对象占用的内存之前完成一些清理工作，使这部分内存可以被程序分配给新对象使用。程序设计者事先设计好析构函数，以完成所需的功能，只要对象的生命期结束，程序就自动执行析构函数来完成这些工作。

注意：析构函数不返回任何值，没有函数类型，也没有函数参数，因此它不能被重载。一个类可以有多个构造函数，但只能有一个析构函数。

实际上，析构函数的作用并不仅限于释放资源方面，它还可以被用来执行"用户希望在最后一次使用对象之后所执行的任何操作"，例如，输出有关的信息。这里说的用户是指类的设计者，想让析构函数完成任何工作，都必须在定义的析构函数中指定。

一般情况下，类的设计者应当在声明类的同时定义析构函数，以指定如何完成"清理"的工作。如果用户没有定义析构函数，C++ 编译系统会自动生成一个析构函数，但它实际上什么操作都不进行。

【案例 11.4】 包含构造函数和析构函数的 Student 类程序。

```cpp
# include < string >
# include < iostream >
using namespace std;
class Student                              //声明 Student 类
{ public :
    Student( int n, string nam, char s )    //定义构造函数
```

```
        {   num = n;
            name = nam;
            sex = s;
            cout <<"Constructor called."<< endl;   //输出有关信息
        }
        ~Student()                              //定义析构函数
        {   cout <<"Destructor called. The num is "<< num <<"."<< endl;
        }                                       //输出有关信息
        void display()                          //定义成员函数
        {   cout <<"num: "<< num << endl;
            cout <<"name: "<< name << endl;
            cout <<"sex: "<< sex << endl << endl;
        }
        private :
         int num;
         string name;
         char sex;
};
int main()
{   Student stud1(10010,"Wang_li",'f');     //建立对象 stud1
    stud1.display();                        //输出学生 1 的数据
    Student stud2(10011,"Zhang_fun",'m');   //定义对象 stud2
    stud2.display();                        //输出学生 2 的数据
    return 0;
}
```

程序运行结果：

```
Constructor called.     （执行 stud1 的构造函数）
num: 10010      （执行 stud1 的 display 函数）
name:Wang_li
sex: f
Constructor called.     （执行 stud2 的构造函数）
num: 10011       （执行 stud2 的 display 函数）
name:Zhang_fun
sex:m
Destructor called. The num is 10011.    （执行 stud2 的析构函数）
Destructor called. The num is 10010.    （执行 stud1 的析构函数）
```

注意：最先创建的对象最后“清理”。

11.4 类的继承与派生

原有类产生新类，即新类继承原有类的特征，派生出新类。引入继承的目的如下。

(1) 代码重用。

类的继承和派生机制，使程序员无须修改已有类，只需在已有类约基础上，通过增加少量代码或修改少量代码的方法得到新的类，从而较好地解决了代码重用的问题。

(2) 代码的扩充。

只有在派生类中通过添加新的成员，加入新的功能，类的派生才有实际意义。

11.4.1 继承机制

类的继承和派生具有层次结构，最高层是抽象程度最高、最具普遍性和一般意义的概念,称为父类或超类。下层继承上层的特性,同时加入自己的新特征,称为子类。最下层是最为具体的。上下层之间的关系可以看作基类与派生类的关系。学生的派生类层次结构如图 11.1 所示。

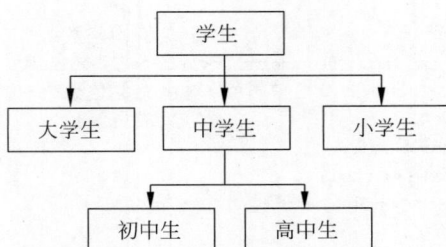

图 11.1　学生的派生类层次结构

11.4.2　派生类定义和引用

在 C++中,派生类(只讨论单继承)的一般定义语法为

```
class <派生类名>: <继承方式>　<基类名>
{
    //派生类新增的数据成员和成员函数
};
```

说明:

(1)"派生类名"是新定义的一个类的名字,从基类中派生。

(2)"继承方式"有 public 公有基类、private 私有基类和 protected 保护基类三种。

(3)如果不显式地给出继承方式关键字,系统默认为私有继承(private)。

【案例 11.5】　学生类的公有继承。

```
# include < iostream >
# include < string >
using namespace std;
class Student                          //基类的声明
{ public:
    Student()
    {   num = 1;
        name = "Zhang";
        sex = 'm';
    }
    void show()
    {
        cout <<"num:"<< num << endl <<"name:"<< name << endl <<"sex:"<< sex << endl;
    }
private:
    int num;
    string name;
    char sex;
};
class College: public Student          //派生类的声明
{ public:
        College()                      //子类构造函数
        {
```

```
            age = 19;
            department = "computer";
        }
    void myshow()                         //子类成员函数
    {
        show();
        cout <<"age:"<< age << endl <<"department:"<< department << endl;
    }
  private:                                //子类新增成员数据
    int age;
    string department;
};
int main()
{
  Student stu;
  cout <<"Base class:"<< endl;
  stu.show();
  College stu1;
  cout << endl <<"Sub class:"<< endl;
  stu1.myshow();
  getchar();
  return 0;
}
```

程序运行结果：

```
Base class:
num:1
name:Zhang
sex:m

Sub class:
num:1
name:Zhang
sex:m
age:19
department:computer
```

11.4.3　基类成员在派生类中的访问属性

1. 从基类成员属性看

（1）当基类成员在基类中的访问属性为 private 时,在三种继承方式的派生类中的访问属性都不可直接访问。

（2）当基类成员在基类中的访问属性为 public 时,继承方式为 public,在派生类中的访问属性为 public；继承方式为 private,在派生类中的访问属性为 private；继承方式为 protected,在派生类中的访问属性为 protected。

（3）当基类成员在基类中的访问属性为 protected 时,继承方式为 public,在派生类中的访问属性为 protected；继承方式为 private,在派生类中的访问属性为 private；继承方式为 protected,在派生类中的访问属性为 protected。

从基类属性看基类成员在派生类的访问属性如表 11.1 所示。

表 11.1 从基类属性看基类成员在派生类的访问属性

基类成员在基类中访问属性	基类成员在派生类中访问属性		
	public	**private**	**protected**
public	public	private	protected
private	不可直接访问	不可直接访问	不可直接访问
protected	protected	private	protected

2. 从继承方式看

（1）当继承方式为 private 时，基类成员属性为 public 和 protected，则在派生类中的访问属性为 private；基类成员属性为 private，则在派生类中的访问属性为不可直接访问。

（2）当继承方式为 public 时，基类成员属性为 public 和 protected，则在派生类中的访问属性为不变；基类成员属性为 private，则在派生类中的访问属性为不可直接访问。

（3）当继承方式为 protected 时，基类成员属性为 public 和 protected，则在派生类中的访问属性为 protected；基类成员属性为 private，则在派生类中的访问属性为不可直接访问。

在案例 11.5 中，如果私有继承 class College：private Student，则子类不能访问基类的三个私有成员变量：

```
int num;
char name;
char sex;
```

不同访问权限的变化见表 11.2。

表 11.2 从继承方式看基类成员在派生类的访问属性

派生类的继承方式	基类成员在基类中访问属性		
	public	**private**	**protected**
public	public	不可直接访问	protected
private	private	不可直接访问	private
protected	protected	不可直接访问	protected

11.4.4 派生类的构造函数和析构函数

1. 说明

（1）基类的构造函数和析构函数不能被继承。

（2）在派生类中，若对派生类中新增的成员进行初始化，就需要加入派生类的构造函数。

（3）对所有从基类继承下来的成员的初始化工作，由基类的构造函数完成。

（4）当基类含有带参数的构造函数时，派生类必须定义构造函数，以对基类的构造函数所需要的参数进行设置。

（5）当基类的构造函数没有参数，或没有显式定义构造函数时（即使用默认构造函数），派生类可以不向基类传递参数，甚至可不定义构造函数。

（6）若派生类的基类也是一个派生类，则每个派生类只需负责其直接基类的构造，一次上溯。

（7）派生类与基类的析构函数是独立的（因为析构函数不带参数，故基类的析构函数不会因为派生类没有析构函数而得不到执行）。

2．构造函数和析构函数的执行顺序

（1）当创建派生类对象时，首先执行基类的构造函数，随后再执行派生类的构造函数。

（2）当撤销派生类对象时，则先执行派生类的析构函数，随后再执行基类的析构函数。

【**案例 11.6**】　派生类的构造和析构。

```cpp
#include <iostream>
using namespace std;
class Base
{ public:Base(int i);                    //基类构造函数
    ~Base();
    void print();
    private:
        int a;
};
class Derive : public Base
{ public:
    Derive(int i, int j);                //派生类构造函数
    ~Derive();
    void print();
  private:
    int b;
};
Base::Base(int i)
{   a = i;
    cout << "Base constructor" << endl;
}
Base::~Base()
{ cout << "Base destructor" << endl;
}
void Base::print()
{ cout << a << endl;
}
Derive::Derive(int i, int j) : Base(i)    //先调用基类构造函数
{   b = j;
    cout << "Derive constructor" << endl;
}
Derive::~Derive()
{cout << "Derive destructor" << endl;
}
void Derive::print()
{   Base::print();
    cout << b << endl;
}
void main()
{ Derive der(2,5);
  der.print();
}
```

程序运行结果：

Base constructor

```
Derive constructor
2
5
Derive destructor
Base destructor
```

11.5 类的多态性

在程序中同一个符号或名字在不同情况下具有不同的解释的现象就称为多态。同一操作作用于不同的对象,可以有不同的解释,产生不同的执行结果,这就是多态性。C++多态性通过派生类覆写基类中的虚函数方法来实现。

C++多态性分为两种,一种是编译时的多态性,另一种是运行时的多态性。

- 编译时的多态性:编译时的多态性是通过函数重载来实现的。对于非虚的成员来说,系统在编译时,根据传递的参数、返回的类型等信息决定实现何种操作。
- 运行时的多态性:运行时的多态性就是指直到系统运行时,才根据实际情况决定实现何种操作。C++中运行时的多态性是通过派生类覆写虚函数实现的。

这里通过函数重载案例介绍类的多态性。

【案例 11.7】 诗词里的中国——类的继承与多态,通过计算多边形面积展示函数重载功能。

在定义类 Polygon 中,定义方法 area(),通过方法函数的参数类型和数量不同,实现函数的重载功能。

大家熟知的"沁园春·雪"是伟大领袖毛主席的不朽诗篇,形式上承传了古诗和辞赋的基因,采用宋词长调词牌。誉为"古代第一全才"的苏轼,是使用该词牌的豪放派代表。这是传统文化的传承与发展,与类的继承与多态如出一辙。流传千年的诗词文化,蕴含着中华上下五千年的人民智慧,它们的共性就是:反映生活、抒发情怀、想象丰富、语言优美,同时具有各自的特性。之所以在历史的长河中生生不息,历久弥新,是因为它搭建了情感的桥梁,凝聚着民族精神,表达了社会主义核心价值观。我们要学习伟人的博大胸怀,学习三苏的家教传承,心怀天下,造福于民。

源程序代码:

```cpp
# include < iostream >
using namespace std;
class Polygon
{ public:
    void area( int a, int b)
    { cout << "矩形面积为: " << a * b << endl;
    }
    void area(float r)
     { cout << "圆的面积为: " << 3.14 * r * r << endl;
    }
    void area( int a, int b, int c)
    { cout << "长方体面积为: " << (a * b + a * c + b * c) * 2 << endl;
    }
};
```

```
int main()
{Polygon shape;
 shape.area(2,3);    //输出矩形面积
 shape.area(2.5);    //输出圆的面积
 shape.area(2,3,4);  //长方体面积
   return 0;
}
```

Polygon 类的成员函数名称为 area(),但是参数不同代表长方形、圆和长方体不同的形状,因而计算面积的方法不同,这就是函数重载实现类的多态性。程序执行时根据参数类型、数量或者顺序来断定调用哪个 area()函数。

程序运行结果:

```
矩形面积为: 6
圆的面积为: 19.625
长方体面积为: 52
```

11.6 STL 标准库

STL 标准模板库主要包括容器、迭代器和算法三大类内容,不仅是可以复用的组件库,更是包罗数据结构和算法的软件框架,其 6 大组件如图 11.2 所示。其中,容器和算法通过迭代器进行关联,容器是用来管理某一类对象的集合;迭代器用于遍历对象集合的元素,所有容器都提供获得迭代器的函数;算法作用于容器,包括对容器内容的初始化、排序、搜索和转换等操作。

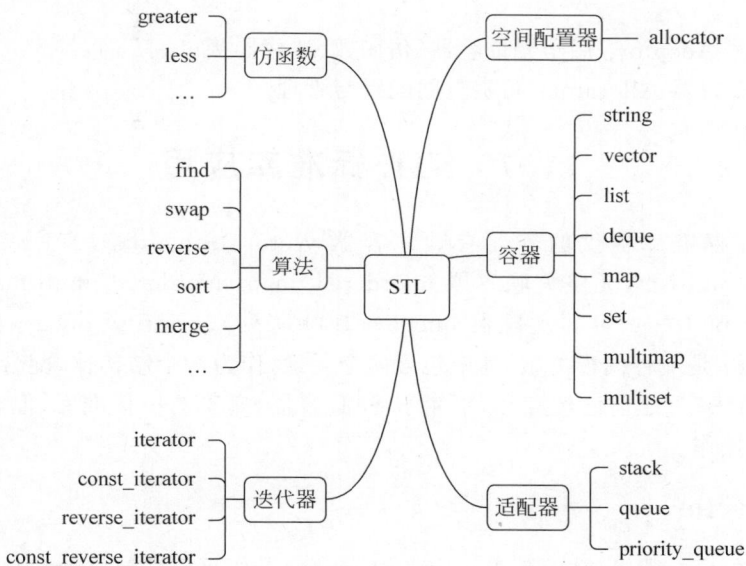

图 11.2 STL 的 6 大组件

STL 标准模板库头文件有以下 13 个。

(1)<algorithm>:STL 容器的一系列算法,如排序算法、查找算法等。

(2)<deque>:双端队列,可以在队列头部和队列尾部进行插入和删除操作。

（3）＜functional＞：仿函数，本质是函数对象，可以作为参数进行传递。

（4）＜iterator＞：迭代器，用于遍历 STL 容器中的元素。

（5）＜vector＞：向量，本质是数组，内存空间连续。

（6）＜list＞：链表，是一个双向链表，内存不连续。

（7）＜map＞：映射，由键值对组成。

（8）＜set＞：集合，元素不可重复。

（9）＜queue＞：队列，先进先出 FIFO 的线性存储表，其元素的插入只能在队尾，而元素的删除只能在队首。

（10）＜stack＞：栈，后进先出 LIFO 的线性存储表，最后一个添加到栈中的元素将是第一个被移除的元素。

（11）＜memory＞：内存管理模块，提供动态内存分配和释放等功能。

（12）＜numeric＞：数学运算函数，如求和、乘积等运算。

（13）＜utility＞：实用函数和模板类，如交换两个值的函数、多重判断等功能。

STL 提供的 6 大组件如下。

（1）容器 Container：各种存放数据的数据结构，如向量 vector、列表 list、双端队列 deque、集合 set、映射 map 等。

（2）算法 Algorithm：各种应用于容器 Container 上的常用算法，如排序算法 sort、搜索算法 search、复制算法 copy、删除算法 erase 等。

（3）迭代器 Iterator：容器与算法之间通过迭代器进行关联，其本质是泛型指针。

（4）仿函数 Function Object：函数对象，可以作为参数进行传递，可以作为算法的某种策略。

（5）适配器 Adaptor：用于修饰容器、仿函数、迭代器接口。

（6）空间配置器 Allocator：负责空间配置与管理。

11.7　STL 标准库应用

C++ STL 标准库提供的容器有顺序容器 vector、deque、list，有序关联容器 map、multimap、set、multiset，无序关联容器 unordered_map、unordered_multimap、unordered_set、unordered_multiset，容器适配器 queue（FIFO 队列）、priority_queue（优先级队列）、stack（栈）。Pair 是一种模板类型，其中包含两个元素，作为一个结构体，配合关联容器 map 使用；string 在 STL 之前已经存在，不属于 STL 容器，属于 C++标准库，但它与 STL 容器有很多相似的操作。

11.7.1　vector

vector 为可变长数组（动态数组），定义的 vector 数组可以随时添加和删除元素。

1. 头文件

```
# include < vector >
```

2. 定义一维数组

```
vector < int > a;                    //定义一个名为 a 的一维数组,数组存储 int 类型数据
```

```
vector < double > b;                 //定义一个名为 b 的一维数组,数组存储 double 类型数据
vector < node > c;                   //定义一个名为 c 的一维数组,node 是结构体类型
vector < int > v(n);                 //定义长度为 n 的数组,下标范围为[0, n - 1]
vector < int > v(n, 1);              //定义长度为 n 的数组,所有元素初始值均为 1
vector < int > a{1, 2, 3, 4, 5};     //定义长度为 5 的数组,并初始化赋值
vector a(n, 0); vector b(a);         //拷贝初始化,a 和 b 均为长度为 n 初始值为 0 的数组
vector c = a;                        //拷贝初始化,c 和 a 是完全相同的数组
```

3. 定义二维数组

```
vector < int > v[5];                 //定义一个 5 行可变列的二维数组:
```

其中每个数组元素均为空,因为没有指定列的长度,可以进行下述操作:

```
v[1].push_back(2);                   //第二行尾添加一个元素值 2
v[2].push_back(3);                   //第三行尾添加一个元素值 3
vector < vector < int >> v;          //定义一个行和列均可变的二维数组:
```

可以在 v 数组里面装多个数组。

```
vector < int > t1{1, 2, 3, 4};       //定义一维数组 t1 并初始化
vector < int > t2{2, 3, 4, 5};       //定义一维数组 t2 并初始化
v.push_back(t1);                     //将向量 t1 添加到 v
v.push_back(t2);                     //将向量 t2 添加到 v
v.push_back({3, 4, 5, 6});           //{3, 4, 5, 6}作为 vector 的初始化,相当于一个无名 vector
vector < vector < int > a(n, vector < int > (m, 0)); //定义 n 行 m 列二维数组,初值为 0 的数组
```

4. 方法

定义好数组后,就可以实施添加、删除、修改的操作,通过方法实现,假定 v 为数组名,如表 11.3 所示。

表 11.3　vector 提供的方法

方 法 代 码	方 法 功 能
v. front()	返回数组中的第一个数据
v. back()	返回数组中的最后一个数据
v. pop_back()	删除最后一个数据
v. push_back(element)	在尾部添加一个数据
v. size()	返回实际数据个数(unsigned 类型)
v. clear()	清除元素
v. resize(n,v)	改变数组大小为 n,n 个空间数值赋为 v,如果没有默认赋值为 0
v. insert(it,x)	向任意迭代器 it 中插入一个元素 x,如 c. insert(c. begin()+2,−1)将−1 插入 c[2]的位置
v. erase(first,last)	删除[first,last)的所有元素
v. begin()	返回首元素的迭代器(即首地址)
v. end()	返回最后一个元素后一个位置的迭代器(地址)
v. empty()	判断是否为空,为空返回真,反之返回假

5. 访问

访问 vector 的每一个元素,可以使用下标法,与数组下标访问相同,不再赘述。这里介绍迭代器的访问方式。

迭代器法访问类似指针操作,首先需要声明迭代器变量,和声明指针变量一样,例如:

```
vector vi;                                    //定义一个 vi 数组
vector :iterator it = vi.begin();             //声明一个迭代器指向 vi 的初始位置
for(int i = 0; i < 5; i +)
    cout << * (it + i) << " ";
```

【案例 11.8】 一维数组的排序。

```cpp
# include < iostream >
# include < vector >
# include < algorithm >
# include < iterator >
using namespace std;
int main()
{vector < int > v{12,23,8,10,45,18};            //定义一维数组 v
 vector < int >::iterator it = v.begin();        //声明一个迭代器指向 v 的初始位置
 for(int i = 0; i < v.size(); i++)
   cout << * (it + i) << " ";                    //输出排序前数据
 cout <<"\n";
 sort(v.begin() , v.end());                      //对[0, n]区间进行从小到大排序
 for(int i = 0; i < v.size(); i++)
   cout << * (it + i) << " ";                    //输出排序后数据
 cout <<"\n";
}
```

运行结果：

```
12 23 8 10 45 18
8 10 12 18 23 45
```

【案例 11.9】 二维数组的定义、维护操作和迭代器访问。

```cpp
# include < iostream >
# include < vector >
# include < iterator >
using namespace std;
int main()
{vector < int > v1[5] ;                          //定义二维数组 v1,固定 5 行,列可变
 vector < vector < int > > v2;                   //定义一个行和列均可变的二维数组
 v1[1].push_back(20);                            //第二行尾添加一个元素值 2
 v1[2].push_back(3);                             //第三行尾添加一个元素值 3
 cout << v1[1][0]<<"   "<< v1[2][0]<< endl;
 vector < int > t1{1, 2, 3, 4};                  //定义一个一维数组,并初始化
 vector < int > t2{2, 3, 4, 5};                  //定义一个向量 t2
 v2.push_back(t1);                               //将向量 t1 添加到 v
 v2.push_back(t2);                               //将向量 t2 添加到 v
 v2.push_back({3, 4, 5, 6});
 vector < vector < int > > v(3, vector < int > (4));       //定义一个固定 3 行 4 列的二维数组
 for(int i = 0;i < 3;i++)                        //将数组 v2 元素一一赋值给数组 v
   for (int j = 0;j < 4;j++)
     v[i][j] = v2[i][j];
 vector < vector < int >>::iterator IE;  //二维数组的迭代器输出
 vector < int >::iterator it;
 for(IE = v2.begin(); IE < v2.end(); IE++){
   for(it = ( * IE).begin(); it < ( * IE).end();it++){
       cout << * it <<"   ";
     }
       cout <<"\n";
```

```
    }
  return 0;
}
```

运行结果:

```
20  3
1   2   3   4
2   3   4   5
3   4   5   6
```

11.7.2 deque

STL 中的 deque 容器是一个双端队列的实现,提供了在序列的前端和后端进行高效插入和删除操作的能力,支持随机访问,但没有 vector 性能好。

1. 头文件和定义

```
# include < deque >
deque < int > dq;                        //定义双端队列 dq
```

2. 方法函数

双端队列提供的方法如表 11.4 所示。

表 11.4 双端队列提供的方法

方 法 代 码	方 法 功 能
dq. push_back(x)/push_front(x)	把 x 插入队尾后/队首
dq. back()/front()	返回队尾/队首元素
dq. pop_back()/pop_front()	删除队尾/队首元素
dq. erase(iterator it)	删除双端队列中的某一个元素
dq. erase(iterator first,iterator last)	删除双端队列中[first,last)中的元素
dq. empty()	判断 deque 是否空
dq. size()	返回 deque 的元素数量
dq. clear()	清空 deque

11.7.3 list

STL 中的 list 是一种双向链表容器,它支持在常数时间内在任意位置进行插入和删除操作,但不支持随机访问。

1. 头文件和定义

```
# include < list >
list < int > myList(3, 100);              定义一个包含三个元素,每个元素的值为 100 的列表
```

2. 方法函数

列表提供的方法如表 11.5 所示。

表 11.5 列表提供的方法

方 法 代 码	方 法 功 能
myList. push_front()	在列表头部插入元素
myList. push_back()	在列表尾部插入元素

续表

方 法 代 码	方 法 功 能
myList. insert(it,5)	在 it 位置插入元素
myList. size()	返回列表中元素的个数
myList. empty()	判断列表是否为空
myList. clear()	清空列表中的所有元素
myList. begin()	迭代器：返回 list 首元素地址
myList. end()	迭代器：返回 list 尾元素后面地址
myList. pop_front()	删除列表头部的元素
myList. pop_back()	删除列表尾部的元素
myList. erase()	删除指定位置或指定范围的元素

11.7.4　stack

栈是 STL 中实现一个先进后出、后进先出的容器，插入和删除均在表的一端进行，称为栈顶，另一端称为栈底。数据插入称为入栈，数据删除称为出栈，是数据结构中非常重要的线性表。由于堆栈的底层是用双端队列 deque 实现的，所以称为适配器容器，不提供迭代器操作。

1. 头文件和定义

```
# include < stack >          //头文件
stack < int > s;            //定义一个整型栈结构
stack < string > s;         //定义一个字符串栈结构
stack < node > s;           //定义一个 node 结构体类型的栈结构
```

2. 方法函数

栈提供的方法如表 11.6 所示。

表 11.6　栈提供的方法

方 法 代 码	方 法 功 能
s. push(ele)	元素ele入栈，增加元素
s. pop()	移除栈顶元素
s. top()	取得栈顶元素（但不删除）
s. empty()	检测栈内是否为空，空为真
s. size()	返回栈内元素的个数

3. 栈的遍历

栈只能对栈顶元素进行操作，如果想要进行遍历，只能将栈中元素一个个取出来存在数组中。一般利用栈的特点实现表达式计算和递归调用。

【案例 11.10】　栈的遍历。

```
# include < iostream >
# include < stack >
using   namespace std;
int main()
{stack < int > st;
 cout <<"进栈: ";
 for ( int i = 0; i < 10; i++)
```

```
  {st.push(i);              //进栈顺序
   cout << i <<"    ";
   }
   cout << endl <<"出栈: ";
 while (!st.empty())
  { int tp = st.top();      //栈顶元素
    cout << tp <<"    ";     //出栈顺序
    st.pop();
   }
 }
```

运行结果：

```
进栈: 0   1   2   3   4   5   6   7   8   9
出栈: 9   8   7   6   5   4   3   2   1   0
```

11.7.5   queue

队列是一种先进先出的数据结构，队首删除元素称为出队，队尾插入元素称为入队。队列和栈一样，底层容器为 deque，实际上是一种适配器。

1. 头文件和定义

```
# include < queue >
queue < int > q;          //定义一个整型的队列
```

2. 方法函数

队列提供的方法如表 11.7 所示。

表 11.7   队列提供的方法

方 法 代 码	方 法 功 能
q. front()	返回队首元素
q. back()	返回队尾元素
q. push(element)	尾部添加一个元素，element 进队
q. pop()	删除第一个元素，出队
q. size()	返回队列中元素个数，返回值类型为 unsigned int
q. empty()	判断是否为空，若队列为空，返回 true

3. 队列的遍历

使用 q[]数组模拟队列，fr 表示队首元素的下标，初始值为 0；en 表示队尾元素的下标，初始值为 -1。刚开始队列为空。

【案例 11.11】 用数组模仿队列元素入队和出队过程。

```
# include < iostream >
# include < queue >
using namespace std;
const int N = 1e5 + 5;
int c[N];
queue < int > qq;
int main()
{int fr = 0, en = - 1;
 cout <<"进队列: ";
 for(int i = 1; i <= 10; i++)
```

C++编程与 STL 模板应用

```
    { q[++en] = i;              //数组模拟入队
        qq.push(i);             //入队
        cout << i <<"   ";
    }
cout << endl <<"出队列: ";
while(fr <= en)                 //数组模拟将所有元素出队
{ int t = q[fr++];
    cout << t <<"   ";
}
cout << endl <<"出队列: ";
while(!qq.empty())              //将所有元素出队
{ int t = qq.front();
    cout << t <<"   ";
    qq.pop();
}
return 0;
}
```

运行结果：

```
进队列: 1   2   3   4   5   6   7   8   9   10
出队列: 1   2   3   4   5   6   7   8   9   10
出队列: 1   2   3   4   5   6   7   8   9   10
```

11.7.6　priority_queue

优先队列是在正常队列的基础上加了优先级，保证每次的队首元素都是优先级最大的。可以实现每次从优先队列中取出的元素都是队列中优先级最大的一个，底层通过堆（heap）实现。

1. 头文件和定义

```
#include<deque>
priority_deque<int>dq;  //定义优先队列 dq
```

2. 方法函数

优先队列提供的方法如表 11.8 所示。

表 11.8　优先队列提供的方法

方法代码	方法功能
dq.top()	访问队首元素，优先队列只能通过 top()访问队首元素（优先级最高的元素）
dq.push(x)	数据 x 入队
dq.pop()	堆顶（队首）元素出队
dq.size()	队列元素个数
dq.empty()	是否为空，注意没有 clear()，不提供该方法

11.7.7　map

map 是 STL 的一个关联容器，提供一对一的数据处理能力，也就是内部存储有两部分：一个是固定的键值（从开始插入后就不会再改变的值），也可以称为关键字；另一个是记录该关键字的状态（值）。映射类似于函数的对应关系，每个 x 对应一个 y，而 map 是每个键对应一个值，map 会按照键的顺序从小到大自动排序，键的类型必须可以比较大小。

1. 头文件和定义

```
#include <map>
map <string,string> mp;
map <string,int> mp;
map <string,node> mp;        //node 是结构体类型
```

2. 方法函数

map 提供的方法如表 11.9 所示。

表 11.9   map 提供的方法

方　法　代　码	方　法　功　能
mp. find(key)	返回键为 key 的映射的迭代器。注意：用 find 函数来定位数据出现位置，它返回一个迭代器。当数据存在时,返回数据所在位置的迭代器;数据不存在时,返回 mp. erase(it)删除迭代器对应的键和值
mp. erase(key)	根据映射的键删除键和值
mp. erase(first,last)	删除左闭右开区间迭代器对应的键和值
mp. size()	返回映射的对数
mp. clear()	清空 map 中的所有元素
mp. insert()	插入元素,插入时要构造键值对
mp. empty()	如果 map 为空,返回 true,否则返回 false
mp. begin()	返回指向 map 第一个元素的迭代器（地址）
mp. end()	返回指向 map 尾部的迭代器(最后一个元素的下一个地址)
mp. rbegin()	返回指向 map 最后一个元素的迭代器（地址）
mp. rend()	返回指向 map 第一个元素前面(上一个)的逆向迭代器(地址)
mp. count(key)	查看元素是否存在,因为 map 中键是唯一的,所以存在返回 1,不存在返回 0
mp. lower_bound()	返回一个迭代器,指向键值≥key 的第一个元素
mp. upper_bound()	返回一个迭代器,指向键值＞key 的第一个元素

3. 遍历访问

【案例 11.12】   map 对象的正向和逆向遍历。

```
#include <iostream>
#include <map>
using namespace std;
int main()
{map <int,int> mp;              //定义映射 <int,int>
 //map <string,string> mp;       //定义映射 <string,string>
 //mp["学习"] = "看书";          //键值对赋值
 //mp["玩耍"] = "打游戏";
 mp[1] = 2;                     //键值对赋值
 mp[2] = 3;
 mp[3] = 4;
 cout <<"正向遍历: "<< endl;
  auto it = mp. begin();        //正向遍历,迭代器定义
while(it != mp. end())
{cout << it -> first << "   " << it -> second << "\n";
  it++;   }
cout <<"逆向遍历: "<< endl;
auto ip = mp. rbegin();
while(ip != mp. rend())
{cout << ip -> first << " " << ip -> second << "\n";
```

C++编程与 STL 模板应用

```
    ip ++;
  }
  return 0;
  }
```

运行结果：

正向遍历：
1   2
2   3
3   4
逆向遍历：
3 4
2 3
1 2

4. map 的应用——二分查找

【**案例 11.13**】 map 实现数据的二分查找。map 的二分查找以第一个元素（即键为准）对键进行二分查找，返回值为 map 迭代器类型。

```
# include < iostream >
# include < map >
using namespace std;
int main()
{map < char, int > m{{'a', 50}, {'b', 30}, {'c', 30}, {'d', 20}, {'e', 10}};    //有序
 map < char, int > ::iterator it1 = m.lower_bound('b');
 cout << it1 -> first <<"   "<< it1 -> second << "\n";
 map < char, int >::iterator it2 = m.upper_bound('d');                      //指向 e
 cout << it2 -> first <<"   "<< it2 -> second << "\n";
 getchar();
 return 0;
}
```

运行结果：

b   30
e   10

STL 关于二分查找的函数有三个：lower_bound(beg,end,val)、upper_bound(beg,end,val)和 binary_search(beg,end,val)。lower_bound()返回迭代器指向的第一个大于或等于 val 的元素，upper_bound()返回迭代器指向的第一个大于 val 的元素，而 binary_search()返回一个 bool 变量，以二分检索方式在[beg,end]区间查找 val，找到返回 true，否则返回 false。应用这三个函数实现二分查找的源程序代码如下。

```
# include < iostream >
# include < vector >
# include < algorithm >
using namespace std;
int main()
{int a[] = {4,10,12,75,32,25,100,55,65,15};
 int x;
 vector < int > v(a,a + 9) ;
 cout <<"数据排序: ";
 sort(v.begin() , v.end());              //从小到大排序
 vector < int >::iterator it = v.begin();
 for(int i = 0; i < v.size(); i++)
   cout << * (it + i) << " ";              //排序后数据
```

```
cout <<"\n";
cout <<"input find:";
cin >> x;
int f = binary_search(v.begin() , v.end(),x);
if (f)
  { int loc = (lower_bound(v.begin() , v.end(),x) - v.begin());
    cout <<"找到等于的数: "<< v[loc]<<", 位置: "<< loc << endl;
    loc = (upper_bound(v.begin() , v.end(),x) - v.begin());
    cout <<"找到大于的数: "<< v[loc]<<", 位置: "<< loc;
    }
  return 0;
}
```

运行结果：

```
数据排序: 4 10 12 25 32 55 65 75 100
input find:32
找到等于的数: 32, 位置: 4
找到大于的数: 55, 位置: 5
```

11.7.8　set

set 容器中的元素不会重复,当插入集合中已有的元素时,并不会插入,而且 set 容器里的元素自动从小到大排序。

1. 头文件和定义

```
# include < set >
set < int >  s;                               //定义 set 集合 s,每一个元素为整型
```

2. 方法函数

set 提供的方法如表 11.10 所示。

表 11.10　set 提供的方法

方 法 代 码	方 法 功 能
s. begin()	返回 set 容器的第一个元素的地址(迭代器)
s. end()	返回 set 容器的最后一个元素的下一个地址(迭代器)
s. rbegin()	返回逆序迭代器,指向容器元素最后一个位置
s. rend()	返回逆序迭代器,指向容器第一个元素前面的位置
s. clear()	删除 set 容器中的所有的元素,返回 unsigned int 类型
s. empty()	判断 set 容器是否为空
s. insert()	插入一个元素
s. size()	返回当前 set 容器中的元素个数
erase(iterator)	删除定位器 iterator 指向的值
erase(first,second)	删除定位器 first 和 second 之间的值
erase(key_value)	删除键值 key_value 的值查找
s. find(element)	查找 set 中的某一元素,有则返回该元素对应的迭代器,无则返回结束迭代器
s. count(element)	查找 set 中的元素出现的个数,由于 set 中元素唯一,此函数相当于查询 element 是否出现
s. lower_bound(k)	返回大于或等于 k 的第一个元素的迭代器
s. upper_bound(k)	返回大于 k 的第一个元素的迭代器

3. 集合遍历

【案例 11.14】 集合的遍历和查找。

```cpp
# include < iostream >
# include < set >
using namespace std;
int main()
{set < int > s;
 for (int i = 1;i <= 10;i++)
   s.insert(i);
 s.insert(11) ;
 s.insert(9);
 cout <<"集合 s 长度: " << s.size()<< endl;        //集合没有重复
 cout <<"集合最大值:"<< s.max_size()<< endl;      //集合能存放的最大值
 set < int >::iterator it = s.begin();            //定义迭代器
 for(; it != s.end(); it++)                        //遍历集合
    cout << * it << "   ";
 cout << endl;
 it = s.find(5);                                   //查找元素 5
 if (it != s.end())                                //查找成功
    cout << "查找成功:  "<< * it;
return 0;
}
```

运行结果:

```
集合 s 长度: 11
集合最大值:461168601842738790
1  2  3  4  5  6  7  8  9  10  11
 查找成功:  5
```

11.7.9 pair

pair 只含有两个元素,可以看作只有两个元素的结构体,成员为两个分量 first 和 second。当一个函数需要返回两个数据值时,可以使用 pair。

1. 头文件和定义

```cpp
# include < utility >
pair < string,int > p("wangyaqi",1);        //带初始值的
pair < string,int > p;                       //不带初始值的
p = make_pair("wang", 18);                    //赋值
```

2. 访问

```cpp
pair < int,int > p[20];           //定义结构体数组
for(int i = 0; i < 20; i ++)   //和 set 类似,first 代表第一个元素,second 代表第二个元素
  cout < p[i].first < "   " < p[i].second;
```

11.7.10 string

string 是 STL 的字符串类型,支持常见的比较操作符($>$、$>=$、$<$、$<=$、$==$、$!=$),支持拼接"+"运算,相似于 char * 字符串,但是二者有以下区别。

- string 是一个类,char * 是一个指向字符的指针。

- string 专门实现字符串的相关操作,具有丰富的操作方法,如查找 find、复制 copy、删除 erase、替换 replace、插入 insert 等。
- string 结尾没有 '\0'字符,string 封装了 char *,是一个 char * 型的容器。
- string 不用考虑内存释放和越界。string 管理 char * 所分配的内存。每一次 string 的复制,取值都由 string 类负责维护,不用担心复制越界和取值越界等。

1. 头文件和定义

```
# include < string >
string str1;                    //生成空字符串
string str3("12345", 0, 3);     //结果为"123",从 0 位置开始,长度为 3
string name(" mary ");          //生成" mary "的复制品
```

2. 读入详解

读入字符串,遇空格或回车时结束。

```
string s;
cin > s;
```

读入一行字符串(包括空格),遇回车时结束。

```
string s;
getline(cin, s);
```

getline(cin, s) 会获取前一个输入的换行符,需要在前面添加读取换行符的语句,如 getchar()或 cin. get()。cin 输入完后,回车,cin 遇到回车结束输入,但回车还在输入流中,cin 并不会清除,导致 getline()读取回车,结束。需要在 cin 后面加 cin. ignore()。

3. 函数方法

string 提供的常用方法如表 11.11 所示。

表 11.11　string 提供的常用方法

方 法 代 码	方 法 功 能
s. size()和 s. length()	返回 string 对象的字符个数,执行效果相同
s. max_size()	返回 string 对象最多包含的字符数,超出会抛出 length_error 异常
s. capacity()	重新分配内存之前,string 对象能包含的最大字符数
s. push_back()	末尾插入一个字符,如 s. push_back('a')
s. insert(pos,element)	在 pos 位置插入 element,如 s. insert(s. begin(),'1')
s. append(str)	在 s 字符串结尾添加 str 字符串,如 s. append("abc")
assign(str)	用 str 字符串重新给对象赋值,也可以用"="直接赋值
erase(iterator p)	删除字符串中 p 所指的字符
erase(iterator first, iterator last)	删除字符串中迭代器区间 [first,last) 上所有字符
erase(pos, len)	删除字符串中从索引位置 pos 开始的 len 个字符
clear()	删除字符串中所有字符
s. replace(pos,n,str)	把当前字符串从索引 pos 开始的 n 个字符替换为 str
s. replace(pos,n,n1,c)	把当前字符串从索引 pos 开始的 n 个字符替换为 n1 个字符 c
s. replace(it1,it2,str)	将字符串 s 中从 it1 到 it2(不包括 it2 指向的字符)之间的子串替换为 str,it1、it2 为迭代器
tolower(s[i])	转换为小写
toupper(s[i])	转换为大写
s. substr(pos,n)	截取从 pos 索引开始的 n 个字符

string 提供的查找函数如表 11.12 所示。

表 11.12　string 提供的查找函数

方 法 代 码	方 法 功 能
s. find(str, pos)	在当前字符串的 pos 索引位置（默认为 0）开始,查找子串 str,返回找到的位置索引,－1 表示查找不到子串
s. find(c, pos)	在当前字符串的 pos 索引位置（默认为 0）开始,查找字符 c,返回找到的位置索引,－1 表示查找不到字符
s. rfind(str, pos)	在当前字符串的 pos 索引位置开始,反向查找子串 s,返回找到的位置索引,－1 表示查找不到子串
s. rfind(c,pos)	在当前字符串的 pos 索引位置开始,反向查找字符 c,返回找到的位置索引,－1 表示查找不到字符
s. find_first_of(str, pos)	在当前字符串的 pos 索引位置（默认为 0）开始,查找子串 s 的字符,返回找到的位置索引,－1 表示查找不到字符
s. find_first_not_of(str,pos)	在当前字符串的 pos 索引位置（默认为 0）开始,查找第一个不位于子串 s 的字符,返回找到的位置索引,－1 表示查找不到字符 s. find_last_of (str, pos)
s. find_last_of(str, pos)	在当前字符串的 pos 索引位置开始,查找最后一个位于子串 s 的字符,返回找到的位置索引,－1 表示查找不到字符
s. find_last_not_of(str, pos)	在当前字符串的 pos 索引位置开始,查找最后一个不位于子串 s 的字符,返回找到的位置索引,－1 表示查找不到子串

4. 函数应用

【案例 11.15】　多种方法遍历字符串。

string 的遍历可以分为数组方式和使用迭代器两种方式。

使用数组下标遍历字符串,主要调用 operator[]运算符重载函数实现。在 C++的 std::string 类中,operator[]函数是一个成员函数,这是一个运算符重载函数,它用于访问字符串中的特定字符,这个函数接收一个整数参数 n,表示要访问的字符的位置。

在 C++语言中的 std::string 类中,定义了一个成员函数 at()函数,用于访问字符串中特定位置的字符;该函数接收一个整数参数 n,表示要访问的字符的位置。

at()函数原型:

const char& at(size_t pos) const;

at()函数返回一个常量字符引用,表示字符串中位置为 pos 的字符。

与 operator[]运算符重载函数不同,at()函数在访问超出字符串范围的索引时会抛出 std::out_of_range 异常。

使用迭代器遍历数组,首先要调用 string 类的 begin()函数,获取迭代器,可以理解为指向元素的指针。然后,对迭代器进行自增操作,即可访问下一个元素的地址。最后,调用 string 类的 end()函数,获取迭代器的最后一个元素地址,判断迭代器的指针地址是否是该地址。

参考代码:

```
#include <iostream>
#include <iterator>
```

```
# include < vector >
# include < algorithm >
# include < string >
using namespace std;
void play()
{    string s1("abcdefg");
   cout << "s1:" << s1 << endl;
   cout << "使用下标引用数组方式: " << endl;
   for ( int i = 0; i < s1.length(); i++)
     { cout << s1[i] << "\t";   }
   cout << endl;
   cout << "使用 at 成员函数的数组方式: " << endl;
   for (int i = 0; i < s1.length(); i++)
   { cout << s1.at(i) << "\t";
   }
   cout << endl;
   cout << "使用迭代器方式: " << endl;
   for (string::iterator index = s1.begin(); index != s1.end(); index++)
   {   cout << ( * index) << "\t";
   }
   cout << endl;
   try {
       cout << "使用 at 成员函数的数组方式,测试异常处理: " << endl;
       for ( int i = 0; i < s1.length() + 2; i++)   //超出字符串长度,造成越界
       { cout << s1.at(i) << "\t";                //如果不使用 at 函数就会出现编译错误
       }
       cout << endl;
   }
   catch ( … )
   {   cout << endl << "访问越界了" << endl;
   }
}
int main()
{   play();
    return 1;
}
```

运行结果:

```
s1:abcdefg
使用下标引用数组方式:
a      b      c      d      e      f      g
使用 at 成员函数的数组方式:
a      b      c      d      e      f      g
使用迭代器方式:
a      b      c      d      e      f      g
使用 at 成员函数的数组方式,测试异常处理:
a      b      c      d      e      f      g
访问越界了
```

【案例 11.16】 字符串查找和替换。

```
# include < iostream >
# include < iterator >
# include < vector >
# include < algorithm >
```

C++编程与 STL 模板应用

```
# include < string >
using namespace std;
void play()
{   string s1 = "lzj hello lzj 111   lzj 222   lzj 333 ";
    string s;
    cout << "替换前: " << s1 << endl;
    s = "lzj";
    int index = s1.find("lzj", 0);                /* 查找 lzj 在 s1 中第一次出现的位置 */
    cout << "lzj 出现 index:" << index << endl;
    /* 统计 lzj 在 s1 中总的出现次数 */
    int substr_count = 0;                          //出现次数
    while (index != string::npos)                  //常量,找不到指定值的情况下会返回 npos
    {   substr_count++;
        cout <<"第"<< substr_count << "次出现,位置 index:" << index << endl;
        index += s.size();                         //下一个查找起始位置
        index = s1.find("lzj", index);
    }
    cout << "lzj 出现总的次数: " << substr_count << endl;
    /* 将开头的 aaa 替换为 AAA */
    string s2 = "aaa   bbb ccc";
    cout <<"替换前"<< s2 << endl;
    s2.replace(0, 3, "AAA");                        //替换
    cout <<"替换后"<< s2 << endl;
    /* 将 s1 中所有的 lzj 替换为 LZJ */
    index = s1.find("lzj", 0);
    while (index != string::npos)
    {   cout << "出现 index:" << index << endl;
        s1.replace(index, 3, "LZJ");               //替换
        index += s.length();                       //下一个查找起始位置
        index = s1.find("lzj", index);
    }
    cout << "s1 替换后的结果: " << s1 << endl;
}
int main()
{   play();
    return 1;
}
```

运行结果:

替换前: lzj hello lzj 111   lzj 222   lzj 333
lzj 出现 index:0
第 1 次出现,位置 index:0
第 2 次出现,位置 index:10
第 3 次出现,位置 index:19
第 4 次出现,位置 index:28
lzj 出现总的次数: 4
替换前 aaa   bbb ccc
替换后 AAA   bbb ccc
出现 index:0
出现 index:10
出现 index:19
出现 index:28
s1 替换后的结果: LZJ hello LZJ 111   LZJ 222   LZJ 333

11.7.11 C++ STL 常用算法

STL 标准库定义了一组泛型算法,"泛型"是指这些算法可以操作在多种类型容器上,不仅可以用于标准库类型,也可以用于内置数组类型。STL 算法大致分为以下 4 类。

(1) 非可变序列算法:不直接修改其所操作容器内容的算法。

(2) 可变序列算法:可以修改它们所操作容器内容的算法。

(3) 排序算法:包括对序列进行排序和合并的算法、搜索算法以及有序序列的集合操作。

(4) 数值计算:对容器内容进行数值计算。

STL 中查找算法共 13 个,排序和通用算法共 14 个,删除和替换算法共 15 个,排列组合算法共 2 个,算术算法共 4 个,生成和异变算法共 6 个,关系算法共 8 个,集合算法共 4 个,堆算法共 4 个,共计 70 个算法。如表 11.13 所示为常见的排序算法。

表 11.13　STL 常见排序算法

sort(beg,end)	区间[beg,end]内元素按字典序排列
stable_sort(beg,end,func)	同上,不过保存相等元素之间的顺序关系
partial_sort(beg,mid,end)	将最小值顺序放在[beg,mid]内
random_shuffle(beg,end)	区间内元素随机排序
reverse(beg,end)	将区间内元素反转
rotate(beg,mid,end)	将区间[beg,mid]和[mid,end]旋转,使 mid 为新起点
merge(beg,end,beg2,end2,nbeg)	将有序区间[beg,end]和[beg2,end2]合并到一个新的序列 nbeg 中,并对其排序

【案例 11.17】　STL 综合案例:学校演讲比赛。

某校举办一场演讲比赛,共有 24 名选手参赛,分为三轮进行,前两轮为淘汰赛,第三轮为决赛。

比赛方式:分组比赛,每组 6 人,选手每次要随机分组,进行比赛。

第一轮分为 4 个小组,每组 6 人,编号为 100～123,整体抽签后顺序演讲。当小组演讲完后,淘汰组内排名最后的三个选手,继续下一个小组的比赛。

第二轮分为 2 个小组,每组 6 人。比赛完毕,淘汰组内排名最后的三个选手,然后继续下一个小组的比赛。

第三轮只剩下 1 组 6 个人,本轮为决赛,选出前 3 名。

比赛评分:10 个评委打分,去除最低、最高分,求平均分。每个选手演讲完由 10 个评委分别打分。该选手的最终得分是去掉一个最低分和一个最高分,求得剩下的 8 个成绩的平均分。选手的名次按得分降序排列,若得分一样,按照参赛号升序排名。

用 STL 编程,实现:

(1) 打印出所有选手的姓名与参赛号,并按参赛号升序排列。

(2) 打印每一轮比赛后,小组比赛成绩和小组晋级名单。

(3) 打印决赛前 3 名的选手名称、成绩。

问题分析:选手信息、选手得分信息、选手比赛抽签信息、选手晋级信息保存在容器中;选手用类 Speaker 表示,封装姓名和得分信息;所有选手的编号和选手信息放在容器 map

（map＜int Speaker＞）中；所有选手编号信息放在 vector 中，第 1 轮晋级名单使用容器 v1，第 2 轮晋级名单使用容器 v2，第 3 轮晋级名单使用容器 v3，最后前 3 名演讲比赛名单使用容器 v4；每个选手的得分放在容器 deque dscore 中，方便删除最低分和最高分。

参考代码：

```cpp
# include < iostream >
# include < vector >
# include < set >
# include < list >
# include < map >
# include < deque >
# include < algorithm >
# include < functional >
# include < numeric >
# include < cstring >
# include < iterator >
using namespace std;
class Speaker                              //参赛选手
{public:
    Speaker()                              //构造函数
    { m_name = "";
        memset(m_score, 0, 3 * sizeof(int));
    }
protected:
public:
    string m_name;                         //名字
    int m_score[3];                        //分数
};
int GenSpeaker(map < int, Speaker > &mapSpeaker, vector < int > &v)   //产生选手
{ string str = "ABCDEFGHIJKLMNOPQRSTUVWXYZ";
  random_shuffle(str.begin(), str.end());        //随机打乱名字顺序
  for (int i = 0; i < 24; i++)
    { Speaker tmp;
      tmp.m_name = "选手";
      tmp.m_name = tmp.m_name + str[i];
      mapSpeaker.insert(pair< int, Speaker >(100 + i, tmp));   //选手放进 map
    }
  for (int i = 0; i < 24; i++)
    { v.push_back(100 + i);                //存放键值
    }
  return 0;
}
int speech_contest_draw(vector < int > &v)    //选手抽签
{ random_shuffle(v.begin(), v.end());         //随机打乱键值顺序
  return 0;
}
int speech_contest(int index, vector < int > &v1, map < int, Speaker > &mapSpeaker, vector < int >
&v2)                               //选手比赛
{ //小组比赛得分记录下来,求出前三名、后三名
  multimap < int, int, greater < int > > multmapGroup;
  int tmpCount = 0;
  int tmpIndex = index - 1;
  for (vector < int >::iterator it = v1.begin(); it != v1.end(); it++)
    { tmpCount++;
      deque < int > dscore;                 //10 个评委打分
```

```
      for (int i = 0; i < 10; i++)
        { int score = 50 + rand() % 50;        //随机数打分
          dscore.push_back(score);             //存放分数
        }
        sort(dscore.begin(), dscore.end());    //排序
      //去除最高分和最低分,求平均值
      dscore.pop_back();                       //删除最后一个元素
      dscore.pop_front();                      //删除第一个元素
      int sum_score = accumulate(dscore.begin(), dscore.end(), 0);  //累加
      int average_score = sum_score / dscore.size();               //计算平均分数
      mapSpeaker[ * it].m_score[tmpIndex] = average_score;         //存放得分
         //平均分、编号放进容器
      multmapGroup.insert(pair< int, int >(average_score, * it));
      if(tmpCount % 6 == 0)              //处理分组,6人一个小组
       { cout << "小组的比赛成绩: " << endl;
         for (multimap< int, int >::iterator mit = multmapGroup.begin(); mit != multmapGroup.
end(); mit++)
            {                                  //编号 姓名 得分
              cout << mit - > second << '\t' << mapSpeaker[mit - > second].m_name << '\t' << mit -
> first << endl;
            }
         while (multmapGroup.size( ) > 3)      //前 3 名晋级,放在 v2
           { multimap< int, int >::iterator mit1 = multmapGroup.begin();
               //multimap 默认是从小到大顺序插入的
             v2.push_back(mit1 - > second);    //v2 存放前 3 名晋级名单、编号
              multmapGroup.erase(mit1);
           }
           multmapGroup.clear();              //删除,本小组比赛成绩
         }
       }
     return 0;
};
int speech_contest_print(int index, vector< int > &v, map< int, Speaker > &mapSpeaker)//比赛结果
{ printf(" ** 第 % d 轮比赛 晋级名单 ** :\n", index);
  for (vector< int >::iterator it = v.begin(); it != v.end(); it++)
    {//编号 姓名 分数
     cout << "编号: " << * it << '\t' << mapSpeaker[ * it].m_name << '\t' << mapSpeaker[ * it].m_
score[index - 1] << endl;
     }
     return 0;}
int main()
{   int contest_flag = 1;
    //定义数据结构,所有选手放到容器中
    map< int, Speaker > mapSpeaker;
    vector< int > v1;                  //第 1 轮演讲比赛名单
    vector< int > v2;                  //第 2 轮演讲比赛名单
    vector< int > v3;                  //第 3 轮演讲比赛名单
    vector< int > v4;                  //最后前 3 名演讲比赛名单
    GenSpeaker(mapSpeaker, v1);        //产生选手
    cout <<"\n\n ***** 输入 1,开始第 1 轮比赛 ***** "<< endl;
    int a = 0;
    while (contest_flag)
    {   char c = cin.get();           //输入的判断
        if ((c > = '0') && (c < = '9'))
        { cin.putback(c);
         cin >> a;
        }
```

C++编程与 STL 模板应用

```
        if ((a == 1) && (contest_flag == 1))          //第 1 轮比赛
          { contest_flag = 2;
            speech_contest_draw(v1);
            speech_contest(1, v1, mapSpeaker, v2);
            speech_contest_print(1, v2, mapSpeaker);
            cout << "\n\n***** 输入 2,开始第 2 轮比赛 *****" << endl;
          }
        if((a == 2) && (contest_flag == 2))          //第 2 轮比赛
          { contest_flag = 3;
            speech_contest_draw(v2);
            speech_contest(2, v2, mapSpeaker, v3);
            speech_contest_print(2, v3, mapSpeaker);
            cout << "\n\n***** 输入 3,开始第 3 轮比赛 *****" << endl;
          }
         if((a == 3) && (contest_flag == 3))          //第 3 轮比赛
          { contest_flag = 0;
            speech_contest_draw(v3);
            speech_contest(3, v3, mapSpeaker, v4);
            speech_contest_print(3, v4, mapSpeaker);
          }
    }
    cout << "\n\n 比赛结束" << endl;
    return 0;
}
```

运行结果：

```
***** 输入 1,开始第 1 轮比赛 *****
1
小组的比赛成绩:
106     选手 Z     83
111     选手 F     80
104     选手 A     77
121     选手 T     73
112     选手 O     73
108     选手 E     70
小组的比赛成绩:
102     选手 J     76
115     选手 Q     75
118     选手 U     73
123     选手 K     72
109     选手 P     68
101     选手 B     68
小组的比赛成绩:
120     选手 I     79
119     选手 R     76
113     选手 N     75
110     选手 S     74
107     选手 V     73
117     选手 D     64
小组的比赛成绩:
114     选手 X     80
100     选手 M     80
103     选手 Y     79
```

```
116      选手 G      72
105      选手 L      69
122      选手 W      67
** 第 1 轮比赛 晋级名单 **:
编号: 106        选手 Z      83
编号: 111        选手 F      80
编号: 104        选手 A      77
编号: 102        选手 J      76
编号: 115        选手 Q      75
编号: 118        选手 U      73
编号: 120        选手 I      79
编号: 119        选手 R      76
编号: 113        选手 N      75
编号: 114        选手 X      80
编号: 100        选手 M      80
编号: 103        选手 Y      79

***** 输入 2,开始第 2 轮比赛 *****
2
小组的比赛成绩:
106      选手 Z      87
119      选手 R      81
103      选手 Y      79
115      选手 Q      76
118      选手 U      70
104      选手 A      66
小组的比赛成绩:
100      选手 M      76
111      选手 F      75
102      选手 J      74
120      选手 I      72
114      选手 X      72
113      选手 N      68
** 第 2 轮比赛 晋级名单 **:
编号: 106        选手 Z      87
编号: 119        选手 R      81
编号: 103        选手 Y      79
编号: 100        选手 M      76
编号: 111        选手 F      75
编号: 102        选手 J      74

***** 输入 3,开始第 3 轮比赛 *****
3
小组的比赛成绩:
119      选手 R      82
111      选手 F      77
102      选手 J      74
103      选手 Y      71
106      选手 Z      67
100      选手 M      63
** 第 3 轮比赛 晋级名单 **:
```

编号：119　　　选手 R　82

编号：111　　　选手 F　77

编号：102　　　选手 J　74

比赛结束

11.8　知识要点和常见错误列表

类和对象是面向对象程序设计语言的基本要素。类的三大特征：封装、继承和多态。本章常见错误列表如表 11.14 所示。

表 11.14　本章常见错误列表

序号	错误程序示例	错 误 提 示	正 确 代 码
1	Class CDate { … 　Public：//构造函数 　　CDate(int m＝1,int d＝1); 　… }; void CDate::CDate(int m,int d) { … }	构造函数不能公有返回值 Error C2533：' CData:: CDate ' : constructors not allowed a return type	Class CDate { … 　Public：//构造函数 　　CDate(int m＝1,int d＝1); 　… }; CDate::CDate(int m,int d) 　{ … }

2	class A　//父类定义
	{　int a；
	　public：
	　　A(int i) //基类构造函数
	　　　{a＝i;}
	　…
	};
	Class B：public A //子类定义
	{ int b；
	　public：
	　　B(int i,int j) //构造函数
	{a＝i；b＝j;}
	　…
	};
		Error C2248：
		'a'：cannot access private member declared in class 'A'
		a 是父类的私有数据成员，在子类中不能访问，派生类构造函数只需对新增成员初始化，对基类成员初始化，自动调用基类构造函数完成，但需要传递参数
			class A　//父类定义
			{ int a；
			　public：
			　　A(int i) //基类构造函数
			　　　{a＝i;}
			　…
			}
			Class B：public A //子类定义
			{ int b；
			public：//构造函数
			　　B(int i,int j)：A(i)
			　　{ b＝j;}
			　…
			};

3	B::B(int i, int j) { A(i)； 　B＝j; }	Error c2082：redefinition of formal parameter 'i'，子类构造函数体内不能直接调用父类的构造函数	

实训 11-1　类和对象的综合应用

一、实训目的

(1) 掌握类的设计。

(2) 对比面向对象编程和普通结构编程的区别。

二、实训任务

找出一个整型数组中的元素的最大值。这个问题现在用类来处理,读者可以与以前解决方法比较不同特点。

```cpp
# include < iostream >
using namespace std;
class Array_max                    //声明类
{
  public :                         //以下三行为成员函数原型声明
    void set_value();              //对数组元素设置值
    void max_value();              //找出数组中的最大元素
    void show_value();             //输出最大值
  private :
    int array[10];                 //整型数组
    int max;                       //max 用来存放最大值
};
void Array_max::set_value()        //成员函数定义,向数组元素输入数值
{
    int i;
    for (i = 0;i < 10;i++)
    cin >> array[i];
}

void Array_max::max_value()        //成员函数定义,找出数组元素中的最大值
{
    int i;
    max = array[0];
    for (i = 1;i < 10;i++)
    if(array[i]> max) max = array[i];
}
void Array_max::show_value()       //成员函数定义,输出最大值
{
    cout << "max = "<< max < endl;
}
int main()
{
    Array_max arrmax;              //定义对象 arrmax
    arrmax.set_value();            //调用 arrmax 的 set_value 函数,向数组元素输入数值
    arrmax.max_value();            //调用 arrmax 的 max_value 函数,找出数组元素中的最大值
    arrmax.show_value();           //调用 arrmax 的 show_value 函数,输出数组元素中的最大值
    return 0;
}
```

运行结果:

12 12 39 − 34 17 134 045 − 91 76 56 ↙ (输入 10 个元素的值)
max = 134 (输出 10 个元素中的最大值)

请注意成员函数定义与调用成员函数的关系,定义成员函数只是设计了一组操作代码,并未实际执行,只有在被调用时才真正地执行这一组操作。

从程序中可以看出,主函数很简单,语句很少,只是调用有关对象的成员函数,去完

成相应的操作。在大多数情况下,主函数中甚至不出现控制结构(判断结构和循环结构),而在成员函数中使用控制结构。在面向对象的程序设计中,最关键的工作是类的设计。所有的数据和对数据的操作都体现在类中,只要把类定义好,编写程序的工作就显得很简单了。

实训 11-2　STL 标准库的综合应用

一、实训目的
(1) 理解 STL 标准库的容器、迭代器和算法以及它们之间的关系。
(2) 灵活应用各类容器,解决实际问题。
(3) 练习各类常用算法,灵活应用解决复杂问题。

二、实训任务
模拟电梯出入:获取进出电梯人数及姓名,打印输出。

解题分析:
(1) 首先定义人员类,抽象电梯,用 list 表示。
(2) 进电梯的人用 deque 表示。
(3) 把进电梯和出电梯的人复制一份放入 vector 中,待输出。
(4) 设计流程:电梯上升,创建人员,判断进电梯条件然后进电梯,判断出电梯条件然后出电梯,最后打印进电梯和出电梯人员名单。

参考代码:

```cpp
#include <iostream>
#include <stdlib.h>
#include <list>
#include <vector>
#include <queue>
#include <string>
#include <ctime>
using namespace std;
class Personnel                                    //定义人员类
{public:
    string name;                                   //名字
};
void printPersonnel(vector<Personnel> &vec)        //打印人员
{for (vector<Personnel>::iterator it = vec.begin(); it != vec.end(); ++it)
    {cout << (*it).name << endl;
    }
}
void CreatePersonnel(queue<Personnel> &que, int num)  //创建人员
{string setName = "ABCDEFGHIJKLMN";
  int sum = rand() % 10;                            //随机生成人员人数
  for (int i = 0; i < sum; i++)
  { Personnel stu;
    char buf[64] = {0};
    sprintf(buf, "%d", num);
    string s(buf);
    stu.name = "第";
```

```
        stu.name += s;
        stu.name += "层";
        stu.name += setName[i];
        que.push(stu);                              //每层的人员放入队列容器
    }
}
//进入电梯
int enterElevator(list < Personnel > &mylist, queue < Personnel > &que, vector < Personnel >
&pushV)
{int tmppush = 0;                                  //临时变量,记录出电梯人员数
  while (!que.empty())
    {if (mylist.size() >= 15)                       //电梯满了,mylist 记录进电梯人数
     {break;
     }
    Personnel s = que.front();
    pushV.push_back(s);                             //复制到 vector
    mylist.push_back(s);                            //进电梯
    que.pop();                                      //队列中队头元素出容器
    tmppush++;
  }
    return tmppush;
}


//出电梯
int exitElevator(list < Personnel > &mylist, vector < Personnel > &popV, int num)
{    int tmppop = 0;
     if (num == 17)                                 //到达 17 层时所有人出电梯
     { while (!mylist.empty())
         {Personnel s = mylist.front();
         popV.push_back(s);                         //把出电梯的人员复制到 popV 中
         mylist.pop_front();                        //移除电梯的人
          tmppop++;
         }
     }
     int n = rand() % 5;                            //随机出电梯人数
     if (n == 0)
     {    return tmppop;
     }

     //当电梯中有人,且人数大于或等于随机出电梯的人数时才让人出电梯
     if (mylist.size() > 0 && mylist.size() >= n)
     {    for (int i = 0; i < n; i++)
         {    Personnel s = mylist.front();
             popV.push_back(s);                     //把出电梯的人员复制到 popV 中
             mylist.pop_front();                    //移除电梯中的人
             tmppop++;
         }
     }
     return tmppop;
}

void test()
{ srand((unsigned int)time(NULL));                  //初始化随机种子
  list < Personnel > mylist;                         //创建电梯
```

```
    int Pushnum = 0;                      //记录进电梯的总人数
    int Popnum = 0;                       //记录出电梯的总人数
    vector < Personnel > pushV;           //记录进电梯的人员
    vector < Personnel > popV;            //记录出电梯的人员
    for (int i = 1; i < 18; i++)          //电梯上升
    {   queue < Personnel > que;
        CreatePersonnel(que, i);          //创建人员函数
        if (mylist.size() <= 15)          //判断是否能进电梯
        { if (i < 17)                     //17 层不要进人,到 17 层事件结束
          { Pushnum += enterElevator(mylist, que, pushV);    //进电梯
          }
        }
        if (mylist.size()> 0)             //判断出电梯条件,电梯中要有人才能出
          { if (i > 1)                    //1 层时,电梯是空的
              {   Popnum += exitElevator(mylist, popV, i);  //出电梯
              }
          }
    }

printPersonnel(pushV);                    //打印进电梯的人员
cout << "进电梯人数:" << Pushnum << endl;
    printPersonnel(popV);                 //打印出电梯的人员
    cout << "出电梯人数:" << Popnum << endl;
}

int main()
{ test();
 return 0;
}
```

习 题 11

一、选择题

1. 下列关键字中用以说明类中公有成员的是( )。
   A. public　　　　　　B. private　　　　　　C. protected　　　　　　D. friend

2. 下列的各类函数中,( )不是类的成员函数。
   A. 构造函数　　　　　　　　　　　　　　B. 析构函数
   C. 友员函数　　　　　　　　　　　　　　D. 拷贝初始化构造函数

3. 作用域运算符的功能是( )。
   A. 标识作用域的级别　　　　　　　　　　B. 指出作用域的范围
   C. 给出作用域的大小　　　　　　　　　　D. 标识某个成员是属于哪个类

4. ( )是不可以作为该类的成员的。
   A. 自身类对象的指针　　　　　　　　　　B. 自身类的对象
   C. 自身类对象的引用　　　　　　　　　　D. 另一个类的对象

5. ( )不是构造函数的特征。
   A. 构造函数的函数名与类名相同　　　　　B. 构造函数可以重载
   C. 构造函数可以重载设置默认参数　　　　D. 构造函数必须指定类型说明

6. ( )是析构函数的特征。
    A. 一个类中能定义一个析构函数　　　　B. 析构函数名与类名不同
    C. 析构函数的定义只能在类体内　　　　D. 析构函数可以有一个或多个参数

7. 通常的拷贝初始化构造的参数是( )。
    A. 某个对象名　　　　　　　　　　　B. 某个对象的成员名
    C. 某个对象的引用名　　　　　　　　D. 某个对象的指针名

8. 关于成员函数特征的下述描述中,( )是错误的。
    A. 成员函数一定是内联函数
    B. 成员函数可以重载
    C. 成员函数可以设置参数的默认值(只能一次)
    D. 成员函数可以是静态的

9. 已知类 A 中一个成员函数说明如下：void Set（A ＆a）;，其中，A ＆a 的含义是( )。
    A. 指向类 A 的指针为 a
    B. 将 a 的地址值赋给变量 Set
    C. a 是类 A 的对象引用,用来作函数 Set()的形参
    D. 变量 A 与 a 按位相与作为函数 Set()的参数

10. 下面对派生类的描述中,错误的是( )。
    A. 一个派生类可以作为另外一个派生类的基类
    B. 派生类至少有一个基类
    C. 派生类的成员除了它自己的成员外,还包含它的基类的成员
    D. 派生类中继承的基类成员的访问权限到派生类中保持不变

11. 当保护继承时,基类的( )在派生类中成为保护成员,不能通过派生类的对象来直接访问。
    A. 任何成员　　　　　　　　　　　　B. 公有成员和保护成员
    C. 公有成员和私有成员　　　　　　　D. 私有成员

12. 在公有派生情况下,有关派生类对象和基类对象的关系,不正确的叙述是( )。
    A. 派生类的对象可以赋给基类的对象
    B. 派生类的对象可以初始化基类的引用
    C. 派生类的对象可以直接访问基类中的成员
    D. 派生类的对象的地址可以赋给指向基类的指针

13. 有如下类定义：

```
class MyBASE{
      int k;
  public:
 void set(int n) {k = n;}
 int get() const {return k;}
};
class MyDERIVED: protected MyBASE{
  protected;
 int j;
```

```
public:
 void set(int m,int n){MyBASE::set(m);j=n;}
 int get() const{return MyBASE::get() + j;}
};
```

则类 MyDERIVED 中保护成员个数是（   ）。

    A. 4　　　　　　　　B. 3　　　　　　　　C. 2　　　　　　　　D. 1

14. 类 O 定义了私有函数 F1。P 和 Q 为 O 的派生类，定义为 class P：protected O{…}；class Q：public O{…}。（   ）可以访问 F1。

    A. O 的对象　　　　B. P 类内　　　　　C. O 类内　　　　　D. Q 类内

15. 有如下类定义：

```
class XA{
int x;
public:
        XA(int n) {x = n;}
};
class XB: public XA{
    int y;
  public:
    XB(int a,int b);
};
```

在构造函数 XB 的下列定义中，正确的是（   ）。

    A. XB∷XB(int a,int b)：x(a),y(b){}

    B. XB∷XB(int a,int b)：XA(a),y(b){}

    C. XB∷XB(int a,int b)：x(a),XB(b){}

    D. XB∷XB(int a,int b)：XA(a),XB(b){}

二、程序设计题

1. 设计一个建筑物类 Building，由它派生出教学楼类 TeachBuilding 和宿舍楼类 DormBuilding，前者包含教学楼编号、层数、教室数、总面积等基本信息，后者包括宿舍楼编号、层数、宿舍数、总面积和容纳学生总人数等基本信息。

2. 声明一个 Circle 类，有数据成员 Radius(半径)，成员函数 GetArea() 计算圆的面积，应用构造函数构造一个 Circle 的对象，应用析构函数清理对象进行测试。

3. 在 C++ 中，STL(标准模板库)提供了多种容器和算法，其中，std∷string 是用于处理字符串的主要类，请使用 string 类实现字符串的加密效果，可以通过多种方法，包括简单的字符替换、异或操作或者更复杂的加密算法如 AES 等。

第 12 章　　　　　　　文　件

学习目的和要求
- 理解并解析 C 语言文件的概念与类型。
- 辨析文本文件和随机文件的本质区别。
- 区分文件打开操作时文件的处理方式描述及其意义。
- 列出 4 组文件读写函数的功能和使用方法。

思政目标和思政点

思政案例"中国 IT 名人信息管理——文件操作",利用文件对数据的持久化存储和处理特点,让学生收集我国对 IT 和计算机技术领域做出突出贡献的人物事迹资料,编写程序,将这些资料存储到文件中,并实现文件维护。通过资料梳理和文件读写操作,让学生思考技术背后的社会价值和责任担当。

在程序运行时,程序本身和数据一般都存放在内存中,当程序运行结束后,存放在内存中的数据随即被释放。如果需要长期保存程序运行所需的原始数据,或程序运行产生的结果,就必须以文件形式存储到外部存储介质上,等到再次使用时再调入内存。

12.1　文件和流

"文件"是指存放在外部存储介质上的一组相关数据的有序集合。通过文件名实现文件操作,文件名称结构为

主文件名[.扩展名]

文件的命名要遵循操作系统的约定,一般以字母开头,尽量见名知义。文件扩展名体现了文件类型,如文本文件为 .txt、Word 文档为 .docx、可执行文件为 .exe 等。

C/C++ 中的 I/O(Input/Output,输入/输出)是以流(Stream)的形式出现的,cin、cout 就是通过标准输入/输出流进行输入/输出的,文件的输入/输出也以"流"的形式进行。

1. 文件分类

从不同的角度可以对文件进行不同的分类,从编程的角度关注的是文件的编码方式。依据文件编码方式对文件进行分类,可以分为文本文件和二进制文件。文本文件也就是无格式的文字内容文件,文件中实际存储的是字符对应的编码(如 ASCII 编码或 Unicode 编码),可以在屏幕上按字符方式显示,可以使用通用的文本编辑器编辑。例如,C 源程序文件即是文本文件。二进制文件按一定的二进制编码方式来存放数据,其内容不是可读字符,需要特定的应用程序来处理存储的信息。C 语言处理二进制文件时,不关心文件的类型,将其

都看作字节流,按字节进行处理,因此二进制文件也被称为字节流文件或流式文件。

2. 文件指针

C 语言中使用一个指针变量指向文件结构,这个指针称为文件指针。通过文件指针可以对所关联的文件进行各种操作。

定义文件指针的语法格式为

FILE * **文件指针变量名;**

其中,FILE 是 stdio.h 中定义的一个结构名,该结构中定义的成员表示了对文件进行操作所需要的相关信息,包括文件名、文件状态和文件当前位置等。在编写文件读写程序时,并不需要关心 FILE 结构的具体细节。

例如,下面的语句定义了一个名为 fp 的文件指针变量:

FILE * fp;

定义的指针变量指向一个具体的 FILE 结构,通过该指针变量可找到对应文件的结构,从而可以实施对该文件的读/写操作。

在 C 语言中,对文件的读写操作严格遵照以下步骤:打开文件→文件读/写→关闭文件。

后续章节将详细阐述对文件的各种操作。

12.2　文件的打开与关闭

对文件进行读写之前,必须将文件打开,建立被操作文件的各种有关信息,并使文件指针指向包含这些信息的结构,从而将文件关联到应用程序,之后对文件进行读/写操作。

对文件读/写操作完成后必须关闭文件,取消程序与该文件的关联,因为程序和文件之间的关联是消耗系统资源的,如果不及时关闭,资源就会一直被占用。

在 C 语言中,打开文件使用 fopen()函数,关闭文件使用 fclose()函数。

12.2.1　文件打开

使用 fopen()函数可以以指定的处理方式打开一个文件,语法格式为

文件指针变量名 = fopen(文件名,文件处理方式);

其中,"文件指针变量名"必须是 FILE 类型的指针变量。"文件名"是指被打开的文件名,为字符串常量或字符数组,包括文件对应的路径信息。例如,当前目录下文件 ITData.data 对应的文件名字符串为"ITData.data"。"文件处理方式"是指被操作文件的具体类型和相关的操作类型,如打开文件是文本文件还是二进制文件,是对文件"读"还是"写"。具体处理方式如表 12.1 所示。

表 12.1　文件处理方式

文件处理方式	含　义	如果指定文件不存在
"r"(只读)	打开一个文本文件,读取数据	出错
"w"(只写)	打开一个文本文件,向其中写入数据	建立新文件

文件处理方式	含　　义	如果指定文件不存在
"a"（追加）	向文本文件尾部追加数据	出错
"rb"（只读）	打开一个二进制文件，读取数据	出错
"wb"（只写）	打开一个二进制文件，向其中写入数据	建立新文件
"ab"（追加）	向二进制文件末尾追加数据	出错
"r+"（读写）	打开一个文本文件，文件首部读写数据	出错
"w+"（读写）	建立一个新的文本文件，文件首部读写数据	建立新文件
"a+"（读写）	打开一个文本文件，文件首部读数据、尾部写数据	出错
"rb+"（读写）	打开一个二进制文件，读写数据	出错
"wb+"（读写）	建立一个新的二进制文件，读写数据	建立新文件
"ab+"（读写）	打开一个二进制文件，读写数据	出错

以"w+"的方式打开一个文件，会清空文件的原始内容，重新写入数据。

如果文件正常打开，函数返回一个指向被打开文件的指针，否则函数返回 NULL，表示打开操作不成功。

说明：C 语言将计算机的输入/输出设备都看作文件，例如，键盘文件、屏幕文件等。ANSI C 标准规定，在执行程序时系统先自动打开键盘、屏幕、错误三个文件。这三个文件的文件指针分别是标准输入 stdin、标准输出 stdout 和标准出错 stderr。

12.2.2　文件关闭

使用 fclose() 函数可以关闭一个指定的文件，语法格式为

fclose(文件指针变量名);

其中，"文件指针变量名"为指向已经打开并即将被关闭的文件的指针变量的名字。如果文件正常关闭，函数返回值为 0；否则函数返回 EOF，表示文件关闭发生错误。

12.3　文件的读写

使用函数 fopen() 打开一个文件后，该文件就与程序建立了联系，通过指向文件的文件指针变量就能实现对文件的各种操作。对文件的读和写是最常用的文件操作。

在文件内部还有一个位置指针，用来表示当前读/写的位置，当以读方式（r、r+、rb 或 rb+方式）或者写方式（w、w+、wb 或 wb+方式）打开文件时，文件的位置指针指向文件的起始位置（文件首）；如果以追加的方式（a、a+、ab 或 ab+方式）打开文件时，位置指针指向文件末尾。每对文件进行一次读/写，该指针就自动后移一个字节，位置指针指向的数据称为当前数据，此种读/写方式称为文件的顺序读写。

C 语言提供 4 组文件读/写函数。

(1) 字符读/写函数：fgetc() 和 fputc()。

(2) 字符串读/写函数：fgets() 和 fputs()。

(3) 数据块读/写函数：fread() 和 fwrite()。

(4) 格式化读/写函数：fscanf() 和 fprintf()。

12.3.1 字符读写函数 fgetc()和 fputc()

fgetc()函数的功能是从指定的文件中读取一个字符,作为返回值返回,函数调用格式为

[字符变量 =]fgetc(文件指针变量);

其中,"文件指针变量"为指向指定文件的文件指针变量的名字;调用 fgetc()函数时,读取的文件必须以读或读写的方式打开;函数返回值可以赋值给一个字符变量,但不是必须的。

fputc()函数的功能是向指定的文件中写入一个字符,函数调用格式为

fputc(字符表达式,文件指针变量);

其中,"字符表达式"的值为待写入的字符,"文件指针变量"为被写入的文件;被写入的文件可以用写、读写或追加的方式打开,用读或读写方式打开一个已存在的文件时,原文件内容将被清除,写入的字符从文件首开始。以追加方式打开时,原文件内容将被保留,写入的字符从文件末开始写入。

fputc()函数调用后如成功写入则返回写入的字符,否则返回一个 EOF。

【案例 12.1】 从键盘输入一串字符"Hello world!",写入文件 f12-1.txt,再把该文件内容读出来显示在屏幕上。

```c
#include < stdio.h >
void main()
{   FILE * fp;
    char ch;
    //以读写方式打开文本文件 f12-1.txt,如文件不存在则创建新文件
    if((fp = fopen("f12-1.txt","w+")) == NULL){
        printf("文件不存在或打开错误!\n");
        return 0;                //返回结束
    }
    printf("一个字符一个字符输入字符串: \n");
    ch = getchar();
    while(ch!= '\n'){
        fputc(ch,fp);            //ch写入文件中当前位置指针指向的位置
        ch = getchar();          //读取下一个字符
    }
    rewind(fp);                  //将文件指针移动到文件首
    ch = fgetc(fp);              //读取一个字符(首字符)
    while(ch!= EOF){
        putchar(ch);
        ch = fgetc(fp);
    }
    printf("\n");
    fclose(fp);
}
```

程序中如果将 fp=fopen("f12-1.txt","w+")改为 fp=fopen("f12-1.txt","r+"),首次运行时由于 f12-1.txt 文件不存在,则会显示如图 12.1 所示提示信息。

程序正常运行,结果如下。其中,rewind(fp)将文件指针移动到文件首部。

图 12.1　文件打开错误提示

一个字符一个字符输入字符串：

```
Hello world!
Hello world!
```

12.3.2　字符串读写函数 fgets() 和 fputs()

fgets() 函数的功能是从指定的文件中读取一个字符串,作为返回值返回,函数调用格式为

fgets(字符数组,n,文件指针变量);

其中,n 是一个正整数,表示从文件中读出的字符串不超过 n−1 个字符。在读入的最后一个字符后加上字符串结束标志'\0'。

函数调用后如成功读取数据,则返回字符串的内存首地址,即"字符数组"的值,否则返回返回一个 NULL 值,feof() 用来判别是否读取到文件尾,ferror() 函数用来判别是否发生错误。

fputs() 函数的功能是向指定的文件写入一个字符串,函数调用格式为

fputs(字符串表达式,文件指针变量);

函数调用后如成功写入数据,函数返回写入到的文件的字符个数,即字符串的长度,否则返回一个 NULL 值。

【案例 12.2】　创建文件 ITdata.txt,存放中国 IT 或计算机发展领域做出突出贡献的人和事,并且实现信息的追加和显示。信息格式如下。

```
王选,北京大学计算机研究所所长,汉字激光照排系统创始人
丁磊,网易公司创始人,推出网络游戏《大话西游》
马云,阿里巴巴创始人,开创并发展电子商务
# include < stdio. h>
int main()
{   FILE * fp;
  char ch,str[100];
  char yes = 'y';                          //是否继续添加
  if((fp = fopen("ITdata.txt","a + ")) == NULL)   //以追加方式打开 ITdata.txt
  { printf("文件不存在,打开错误!\n");
    return 0;
  }
  while(yes == 'y')
  { printf("请输入一个 IT 领军人物和突出贡献: \n");
   gets(str);
   fputs(str,fp);                          //向文本文件写入字符串
   fputc('\n',fp);                         //写入换行符
   printf("继续添加人物信息吗?(y or n)");
   yes = getchar();                        //输入'y'继续追加,'n'结束追加
```

```
    }
    rewind(fp);                          //将文件指针指向文件首部
  while(!feof(fp))                       //判断文件是否结束 feof(fp)
  { fgets(str,100,fp);                   //从 fp 指向的文件读取一行字符串
    puts(str);                           //输出字符串
  }
  printf("\n");
  fclose(fp);
}
```

运行程序,文件保存信息如图 12.2 所示。同学们可以搜集整理信息,继续添加内容,引导学生学习这些人和事背后的励志故事,可激发学习兴趣和奋斗意识,知晓科技强国道理。

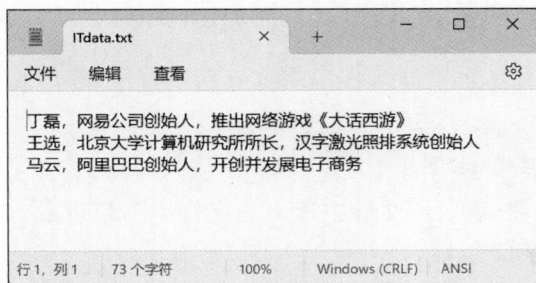

图 12.2　IT 领军人物和突出贡献

12.3.3　数据块读写函数 fread()和 fwrite()

在二进制文件中,数据都是以二进制形式存储的,优点就是结构紧凑,有利于节省磁盘空间。fread()和 fwrite()函数用于二进制文件的数据块读写,可以实现随机读写。

fread()函数的功能是按二进制形式将连续的数据块读到内存中,函数调用格式如下。

fread(buffer,size,count,fp);

fwrite()函数的功能是按二进制形式将连续的数据块写入文件中,函数调用格式如下。

fwrite(buffer,size,count,fp);

其中,指针变量 buffer 是读入数据的存放地址;整数变量 size 是要读写的数据块字节数;整数变量 count 是要读写数据项的数据块块数;文件指针变量 fp 指出读写位置。

fread()函数调用如正常读入数据,函数返回实际读取数据块的个数;否则,如果文件中剩下的数据块个数少于参数中指出的个数,或者发生了错误,返回 0 值。fwrite()函数调用后如正常写入,函数返回实际输出数据块的个数;否则返回 0 值,表示输出结束或发生了错误。

在很多情况下,要求只读/写文件中某一指定的部分,此时就要求能够把位置指针直接定位到所需的读/写位置上,再进行读/写,此种读/写方式称为文件的随机读写。

所谓文件定位就是指直接确定文件内部文件指针的位置。C 语言中用于文件定位的指针有两个:rewind()函数和 fseek()函数。

rewind()函数的功能为定位指定文件的位置指针到文件首,其调用格式为

rewind(文件指针变量);

rewind()函数调用成功后将"文件指针变量"指向的文件中的位置指针定位到文件首。

fseek()函数的功能是定位指定文件中位置指针到指定位置,其调用格式为

fseek(文件指针变量,偏移量,起始点);

其中,"文件指针变量"是指向文件对象的指针;"偏移量"是相对起始点的偏移量,以字节为单位;"起始点"是表示开始添加偏移的位置,一般指定为下列常量之一,如表 12.2 所示。

表 12.2　文件起始常量表示

常　量　名　称	描　　　述
SEEK_SET	文件首,也可以表示为 0
SEEK_CUR	文件指针的当前位置,也可以表示为 1
SEEK_END	文件尾,也可以表示为 2

fseek()函数调用后如果成功,则该函数返回零,否则返回非零值。

在使用文件定位函数定位位置指针位置后,可以用 fread()和 fwrite()函数(也可以用其他读/写函数)进行读/写,实现文件的随机读/写。

【案例 12.3】　键盘输入工人的记录数据存入 f12-3.dat 文件中,并完成数据显示和随机检索输出。

```c
# include < stdio.h >
struct worker
{ int num;
  char name[20];
  float salary;
};
int main()
{ struct worker wk, * p;
  FILE * in, * out;
  if((in = fopen("f12 - 3.dat","wb")) == NULL)        //打开二进制文件
  { printf("文件打开失败!\n");
    return 0;
  }
  printf("请输入 3 位工人的工号姓名和薪水: \n");
  for(int i = 0;i < 3;i++)
  { scanf("%d %s %f",&wk.num,wk.name,&wk.salary);
    p = &wk;
    fwrite(p,sizeof(wk),1,in);
}
fclose(in);
printf("输出 3 位工人的工号姓名和薪水: \n");
 if((out = fopen("f12 - 3.dat","rb")) == NULL)
 { printf("文件打开失败!\n");
   return 0;
 }
while(!feof(out))                              //二进制文件结束
{ if (fread(p,sizeof(struct worker),1,out))     //判断是否成功读取 struct worker 数据
   printf("%d\t%s\t%f\n",p -> num,p -> name,p -> salary);
 else
   break;
}
```

```
     fclose(out);
     return 0;
}
```

运行结果：

请输入 3 位工人的工号姓名和薪水：
10 李明 4678.65
21 张强 5200.67
31 马莉 4890.5
输出 3 位工人的工号姓名和薪水：
10   李明   4678.65
21   张强   5200.67
31   马莉   4890.50
随机读取文件，输入读取记录号：
2
No.   Name   Salary
21   张强   5200.67

本例定义了一个结构 worker 和结构体变量 wk，输入三条记录数据存放在 f12-3.dat 文件中，然后以只读方式打开，依次从文件中读取每个工人的数据（一个数据块）显示。最后通过记录号实现随机检索输出，第一条记录数据的记录号为 0，本案例输出第二条工人数据。

注意：feof()函数在遇到文件结束符 EOF 位置时，返回值 0，而到下一个位置才返回 1，这时 while 循环才结束。因而采用下面的 while 循环读取文件方式，会造成最后一行输出两遍的现象。

```
while(!feof(out))        //二进制文件结束
{ fread(p,sizeof(struct worker),1,out);
 printf("%d\t%s\t%.2f\n",p->num,p->name,p->salary);
}
```

解决方法：先判断是否读出数据，fread()函数读出文件里存储的数据，fread(buffer, size, count, fp)函数如果调用成功，返回的值为 count，调用不成功返回 0，源代码做如下修改即可。

```
while(!feof(out))
    { if(fread(p,sizeof(struct worker),1,out))   //判断是否成功读取 struct worker 数据
       printf("%d\t%s\t%.2f\n",p->num,p->name,p->salary);
     else
        break;
    }
```

文本文件也可以实现随机读写，如下面的程序。

```
# include < stdio.h >
int main ()
{   FILE * fp;
    fp = fopen("f12-4.txt","w+");
    fputs("This is Tangshan", fp);
    fseek( fp, 7, SEEK_SET );                    //定位到距文件首偏移量为 7 的位置
    fputs(" C Programming Language", fp);
```

```
    fclose(fp);
    return(0);
}
```

程序执行后,文本文件 f12-3.txt 的内容为"This is C Programming Language"。

12.3.4 格式化读写函数 fscanf() 和 fprintf()

fscanf()函数和 fprintf()函数是格式化读写函数,与之前的 scanf()函数和 printf()函数相似,都可以实现格式化读/写,不过 scanf()函数和 printf()函数的读/写对象是键盘和显示器,而 fscanf()函数和 fprintf()函数的读/写对象是文件。

fscanf()函数和 fprintf()函数的调用格式如下。

```
fscanf(文件指针变量,格式字符串,输入列表);
fprintf(文件指针变量,格式字符串,输出列表);
```

【案例 12.4】 在计算机编程自动阅卷系统中,经常将测试用例放在一个文件中(in.dat),程序运行时,阅卷系统自动读取测试用例完成结果检测(函数 wwjt()自动完成),并将运行结果存放在另一个文件中(out.dat)。如果所有测试用例均正确运行,即得满分,否则按照要求扣除部分分数。下面的程序就是一个典型的应用文件存储测试用例和运行结果的案例。

```
/* ------------------------------------------
功能:将两个两位数的正整数 a、b 合并形成一个整数放在 c 中。合并的方式是:将 a 数的十位数和
个位数依次放在 c 数的千位和十位上,b 数的十位数和个位数依次放在 c 数的个位和百位上。例如,
当 a = 45,b = 12。调用该函数后,c = 4251。
-------------------------------------------- */
# include < stdio.h >
void  wwjt();
void fun( int a,  int b,  long * c)
{ /********** Program **********/
  int a1,a2,b1,b2;
  a1 = a % 10;
  a2 = a/10;
  b1 = b % 10;
  b2 = b/10;
  * c = a2 * 1000 + b1 * 100 + a1 * 10 + b2;
 /**********  End  **********/
}
main()
{ int a,b;
  long c;
  printf("input a, b:");
  scanf("% d % d", &a, &b);
  fun(a, b, &c);
  printf("The result is: % ld\n", c);
  wwjt();
}
void wwjt ()
{ FILE * rf, * wf ;
  int i, a,b ;
  long c ;
```

```
rf = fopen("in.dat", "r") ;
wf = fopen("out.dat","w") ;
for(i = 0 ; i < 10 ; i++)
{ fscanf(rf, "%d,%d", &a, &b) ;
  fun(a, b, &c) ;
  fprintf(wf, "a = %d,b = %d,c = %ld\n", a, b, c) ;
}
fclose(rf) ;
fclose(wf) ;
}
```

wwjt()函数应用fscanf()读取in.dat中的10组数据,分别调用fun(a,b,&c),应用fprintf()将运行结果写进文件out.dat中,运行后结果如图12.3所示。

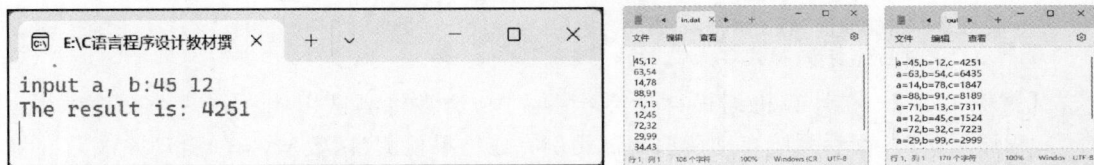

图 12.3　案例 12.4 的运行结果及文件存储

fprintf()和fscanf()函数对磁盘文件读写,使用方便,但由于在输入时要将ASCII码转换为二进制形式,在输出时又要将二进制形式转换为字符,花费时间比较多。因此,在内存与磁盘频繁交换数据的情况下,最好不用fprintf()和fscanf()函数,而用fread()和fwrite()函数。

12.4　知识要点和常见错误

C语言把文件看作"流",按字节来进行处理。文件按编码方式分为二进制文件和ASCII文件。文件使用前必须要先打开,文件打开后用文件指针标识该文件,对文件读/写完成后必须关闭文件。

文件可以按只读、只写、读写、追加等操作方式打开,同时要指明打开的文件是文本文件还是二进制文件。

文件可以按字符、字符串或者数据块为单位进行读/写,也可以实现格式化读/写。对文件可以进行顺序读写,也可以进行随机读写。

常见错误:

(1) 文件读写操作完成后,忘记关闭文件。

文件的编程要记住固定步骤,每个文件都要打开-操作-关闭。

(2) 文件的读写操作与打开的方式不符。

如欲读一个文件,却以写的方式打开。

(3) 打开文件时,指定的文件名找不到。

写文件时,可以直接创建一个文件备写,但读文件时,必须确保能找到文件。若文件不在当前目录下,应当在指出文件名时加上文件所在路径,如"d:\shuju\test.dat"。

(4) 文件的读写格式未控制好,导致读出不正确。

实训 12　文件读写的综合应用

一、实训目的
(1) 灵活应用文件的创建、打开、关闭和读写操作。
(2) 实现文件的追加数据和随机查找。
(3) 应用 while(true)设计主菜单，实现子功能的循环操作。
(4) 通过梳理中国 IT 领域人物事迹，体悟"知识就是力量"。

二、实训任务
　　收集整理我国 IT 领域领军人物或者做出突出贡献人物故事背景，学习优秀事迹，将整理信息按照结构体形式存储，并实现数据的增加、显示和查找。

三、参考代码

```
# include < stdio. h>
# include < string. h>
# include < stdlib. h>                      //包含函数 system("cls");
# include < conio. h>                       //包含函数 clrscr();
struct IT_talents
{ char name[20];                            //姓名
  char sex[6];                              //性别
  int birth_year;                           //出生年
  char work[100];                           //工作单位
  char profile[100];                        //突出贡献
 } ;
int Add_data()                              //追击 IT 人物和事迹
{
  FILE * fp;
  struct IT_talents person, * p;
  if((fp = fopen("ITdata.dat","ab + ")) == NULL)  //以追加方式打开 ITdata.txt
  { printf("文件打开错误!\n");
    return 0;
  }
  printf("请输入一个 IT 领军人物姓名:");
  gets(person. name);
  printf("请输入一个 IT 领军人物性别: ");
  gets(person. sex);
  printf("请输入一个 IT 领军人物出生年: ");
  scanf(" % d",&person. birth_year);
  getchar();
  printf("请输入一个 IT 领军人物工作单位:");
  gets(person. work);
  printf("请输入一个 IT 领军人物突出贡献:");
  gets(person. profile);
  p = &person;
  fwrite(p, sizeof(person),1,fp);            //写入文件
  fclose(fp) ;
}
int Print_data()                            //打印输出 IT 人物和事迹
{ FILE * fp;
  struct IT_talents person, * p;
```

```c
    if((fp = fopen("ITdata.dat","rb")) == NULL)      //读二进制方式打开 ITdata.txt
    { printf("文件打开错误!\n");
      return 0;
    }
    while(!feof(fp))                                 //二进制文件结束
    { if(fread(p,sizeof(person),1,fp))               //判断是否成功读取 IT_talents 数据
        printf("%s\t%s\t%d\t%s\t%s\n",p->name,p->sex,p->birth_year,p->work,p->
profile);
      else
        break;
    }
    fclose(fp);
    return 0;
}
int  Find_person()                                   //查找特定人
{ FILE * fp;
  struct IT_talents person, * p;
  int i;
  if((fp = fopen("ITdata.dat","rb")) == NULL)        //读二进制方式打开 ITdata.txt
  { printf("文件打开错误!\n");
    return 0;
  }
  printf("请输入查找的人物序号: ");                    //记录号
  scanf("%d",&i) ;
  fseek(fp, (i-1) * sizeof(person), SEEK_SET) ;       //定位到第 i 条记录
  if(fread(p,sizeof(person),1,fp))                    //判断是否成功读取 IT_talents 数据
   { printf("找到此人:\n") ;
     printf("%s\t%s\t%d\t%s\t%s\n",p->name,p->sex,p->birth_year,p->work,p->
profile);
   }
  else
    printf("没有此人:\n") ;
  fclose(fp);
  return 0;
 }

int main()                                            //通过 while(true)实现主菜单
{char ch;
 system("cls");
 while(1)
{ printf("\n\n");
  printf("      ===========================\n");
  printf("    1.IT 领军人物信息录入\n");
  printf("    2.IT 领军人物信息输出\n");
  printf("    3.IT 领军人物信息检索\n");
  printf("    0.退出\n");
  printf("      ===========================\n\n\n");
  printf("please choice(0-3): ");
  scanf("%c",&ch);  /* 输入选择的序号 */
  getchar();
 switch(ch)
 { case '1':Add_data();break;
   case '2':Print_data();break;
   case '3':Find_person();break;
```

```
      case '0':exit(0);
   }
 }
getchar();
return 0;
}
```

文件中的数据信息如下。

王选　男　1937　北京大学计算机研究所所长　汉字激光照排系统创始人
丁磊　男　1971　网易公司创始人　推出网络游戏《大话西游》
马云　男　1964　阿里巴巴创始人　开创并发展电子商务
印娟　女　1982　中国科学技术大学教授 墨子号量子科学实验卫星量子纠缠源载荷设计师

运行主菜单如图 12.4 所示。

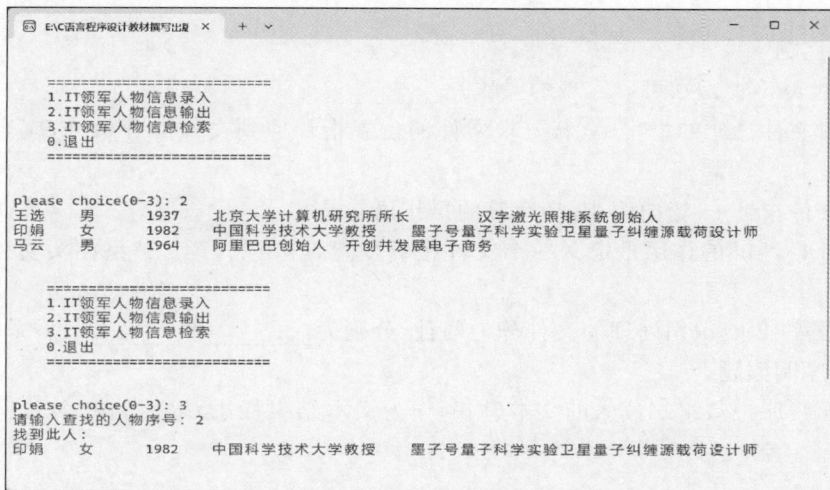

图 12.4　主菜单选项

习　题　12

一、选择题

1. 系统的标准输入文件是指(　　)。

    A. 键盘　　　　　　　　B. 显示器　　　　　　　C. 软盘　　　　　　　D. 硬盘

2. 若执行 fopen 函数时发生错误,则函数的返回值是(　　)。

    A. 地址值　　　　　　　B. 0　　　　　　　　　　C. 1　　　　　　　　　D. EOF

3. 若要用 fopen 函数打开一个新的二进制文件,该文件要既能读也能写,则文件处理方式字符串应是(　　)。

    A. "ab+"　　　　　　　B. "wb+"　　　　　　　C. "rb+"　　　　　　　D. "ab"

4. fscanf 函数的正确调用形式是(　　)。

    A. fscanf(fp,格式字符串,输出表列)

    B. fscanf(格式字符串,输出表列,fp)

    C. fscanf(格式字符串,文件指针,输出表列)

D. fscanf(文件指针,格式字符串,输入表列)

5. fgetc 函数的作用是从指定文件读入一个字符,该文件的打开方式必须是(　　)。

    A. 只写
                B. 追加

    C. 读或读写
          D. B 和 C 都正确

6. 函数调用语句 fseek(fp,-20L,SEEK_END);的含义是(　　)。

    A. 将文件位置指针移到距离文件头 20 字节处

    B. 将文件位置指针从当前位置向后移动 20 字节

    C. 将文件位置指针从文件末尾处后退 20 字节

    D. 将文件位置指针移到离当前位置 20 字节处

7. 在执行 fopen 函数时,ferror 函数的初值是(　　)。

    A. TURE
          B. -1
          C. 1
          D. 0

二、填空题

1. 利用 feof() 函数可以实现的操作是_____。

2. 在对文件操作的过程中,若要求文件的位置指针回到文件的开始处,应当调用的函数是_____。

3. 使文件指针 fp 指向第 10 个字符的操作语句是_____。

4. "FILE * p"的作用是定义一个文件指针变量,其中的"FILE"是在头文件_____中定义的。

5. C 语言中,能识别处理的文件分为两种,分别为_____和_____。

三、程序阅读题

1. 下面程序把从终端读入的文本(用@作为文本结束标志)输出到一个名为 bi. dat 的新文件中,请填空。

```c
# include "stdio.h"
int main()
{ FILE * fp;
 char ch;
  if ((fp = fopen(【1】)) == NULL)   exit(0);
 while((ch = getchar())!= '@')
   fputc(ch,fp);
  fclose(fp);
}
```

2. 以下程序将数组 a 的 4 个元素和数组 b 的 6 个元素写到名为 lett. dat 的二进制文件中,请填空。

```c
# include < stdio.h>
int main()
{ FILE * fp;
  char a[4] = "1234",b[6] = "abcedf";
  if ((fp = fopen("【2】","wb")) == NULL)   exit(0);
  fwrite(a,sizeof(char),4,fp);
  fwrite(b,【3】,1,fp);
  fclose(fp);
}
```

3. 以下程序段打开文件后,先利用 fseek 函数将文件位置指针定位在文件末尾,然后调用 ftell 函数返回当前文件位置指针的具体位置,从而确定文件长度,请填空。

```
FILE * myf; long f1;
myf = 【4】("test.t","rb");
fseek(myf,0,SEEK_END);
f1 = ftell(myf);
fclose(myf);
printf(" % d\n",f1);
```

4. 阅读下面程序,程序实现的功能是【5】,假定文件 a123. txt 在当前盘符下已经存在。

```
# include < stdio. h >
void main()
{ FILE * fp;
  int a[10], * p = a;
  fp = fopen("a123. txt","w");
  while (strlen(gets(fp))> 0)
    { fputs(a,fp);
    Fputs("\n",fp);
    }
  Fclose(fp);
}
```

附录 A 　C 语言关键字

由 ANSI 标准推荐的 C 语言关键字共有 32 个,根据关键字的作用,可分为数据类型关键字、控制语句关键字、存储类型关键字和其他关键字 4 类,如表 A.1 所示。

表 A.1　C 语言关键字

类　　别	序号	关　键　字	说　　　明
数据类型关键字(12)	1	char	声明字符型变量或函数
	2	double	声明双精度变量或函数
	3	enum	声明枚举类型
	4	float	声明浮点型变量或函数
	5	int	声明整型变量或函数
	6	long	声明长整型变量或函数
	7	short	声明短整型变量或函数
	8	signed	声明有符号类型变量或函数
	9	struct	声明结构体变量或函数
	10	union	声明共用体(联合)数据类型
	11	unsigned	声明无符号类型变量或函数
	12	void	声明函数无返回值或无参数,声明无类型指针
控制语句关键字(12)	13	for	一种循环语句
	14	do	循环语句的循环体
	15	while	循环语句的循环条件
	16	break	跳出当前循环
	17	continue	结束当前循环,开始下一轮循环
	18	if	条件语句
	19	else	条件语句否定分支(与 if 连用)
	20	goto	无条件跳转语句
	21	switch	开关语句
	22	case	开关语句分支
	23	default	开关语句中的"其他"分支
	24	return	函数返回语句
存储类型关键字(4)	25	auto	声明自动变量(一般省略)
	26	extern	声明变量是在其他文件中声明(也可以看作引用变量)
	27	register	声明寄存器变量
	28	static	声明静态变量
其他关键字(4)	29	const	声明只读变量
	30	sizeof	计算数据类型长度
	31	typedef	用以给数据类型取别名
	32	volatile	说明变量在程序执行中可被隐含地改变

附录 B ASCII 码对照表

ASCII 码对照表如表 B.1 所示。

表 B.1 ASCII 码对照表

ASCII 值	控制字符	ASCII 值	控制字符	ASCII 值	控制字符	ASCII 值	控制字符
0	NUT	32	(space)	64	@	96	、
1	SOH	33	!	65	A	97	a
2	STX	34	"	66	B	98	b
3	ETX	35	#	67	C	99	c
4	EOT	36	$	68	D	100	d
5	ENQ	37	%	69	E	101	e
6	ACK	38	&	70	F	102	f
7	BEL	39	,	71	G	103	g
8	BS	40	(	72	H	104	h
9	HL	41	)	73	I	105	i
10	LF	42	*	74	G	106	j
11	VT	43	+	75	K	107	k
12	FF	44	,	76	L	108	l
13	CR	45	—	77	M	109	m
14	SO	46	.	78	N	110	n
15	SI	47	/	79	O	111	o
16	DLE	48	0	80	P	112	p
17	DCI	49	1	81	Q	113	q
18	DC2	50	2	82	R	114	r
19	DC3	51	3	83	S	115	s
20	DC4	52	4	84	T	116	t
21	NAK	53	5	85	U	117	u
22	SYN	54	6	86	V	118	v
23	TB	55	7	87	W	119	w
24	CAN	56	8	88	X	120	x
25	EM	57	9	89	Y	121	y
26	SUB	58	:	90	Z	122	z
27	ESC	59	;	91	[	123	{
28	FS	60	<	92	\	124		
29	GS	61	=	93	]	125	}
30	RS	62	>	94	^	126	~
31	US	63	?	95	—	127	DEL

附录 C　运算符的优先级和结合方向

C 语言中运算符的优先级和结合方向如表 C.1 所示。

表 C.1　运算符的优先级和结合方向

优先级	运算符	结合方向	含　义	使用形式	说　明
1 (最高)	( )	自左 至右	圆括号运算符	(表达式) 或 函数名(参数表)	
	[ ]		数组下标运算符	数组名[常量表达式]	
	·		结构体成员运算符	结构体变量.成员名	
	−>		指向结构体成员运算符	结构体指针变量−>成员名	
2	!	自右 至左	逻辑非运算符	!表达式	单目 运算
	~		按位取反运算符	~表达式	
	+		求正运算符	+表达式	
	−		负号运算符	−表达式	
	++		自增运算符	++变量名 或 变量名++	
	−−		自减运算符	−−变量名 或 变量名−−	
	(类型)		强制类型转换运算符	(数据类型)表达式	
	*		间接(取值)运算符	*指针变量	
	&		取地址运算符	& 变量名	
	sizeof		求所占字节数运算符	sizeof(表达式)或 sizeof(类型)	
3	*	自左 至右	乘法运算符	表达式 * 表达式	双目 运算
	/		除法运算符	表达式/表达式	
	%		求余运算符	整型表达式%整型表达式	
4	+		加法运算符	表达式+表达式	
	−		减法运算符	表达式−表达式	
5	<<		左移位运算符	变量名<<表达式	
	>>		右移位运算符	变量名>>表达式	
6	>		大于运算符	表达式>表达式	
	>=		大于或等于运算符	表达式>=表达式	
	<		小于运算符	表达式<表达式	
	<=		小于或等于运算符	表达式<=表达式	
7	==		等于运算符	表达式==表达式	
	!=		不等于运算符	表达式!=表达式	
8	&		按位与运算符	表达式 & 表达式	
9	^		按位异或运算符	表达式^表达式	
10	|		按位或运算符	表达式|表达式	
11	&&		逻辑与运算符	表达式 && 表达式	
12	||		逻辑或运算符	表达式||表达式	

优先级	运算符	结合方向	含　义	使　用　形　式	说　明
13	?:	自右至左	条件运算符	表达式1?表达式2:表达式3	三目运算
14	=	自右至左	赋值运算符	变量名＝表达式	
	+=		加后赋值运算符	变量名＋＝表达式	
	−=		减后赋值运算符	变量名－＝表达式	
	*=		乘后赋值运算符	变量名＊＝表达式	
	/=		除后赋值运算符	变量名/＝表达式	
	%=		求余后赋值运算符	变量名％＝表达式	
	&=		按位与后赋值运算符	变量名＆＝表达式	
	^=		按位异或后赋值运算符	变量名^＝表达式	
	|=		按位或后赋值运算符	变量名|＝表达式	
	<<=		左移后赋值运算符	变量名＜＜＝表达式	
	>>=		右移后赋值运算符	变量名＞＞＝表达式	
15（最低）	,	自左至右	逗号运算符（从左向右顺序计算各表达式的值）	表达式1,表达式2,…,表达式n	

说明：对于同优先级的各运算符,运算次序按它们的结合方向进行。

运算符的优先级和结合方向

附录 D   C 语言常用库函数

(1) 输入/输出函数（♯include < stdio. h >）如表 D. 1 所示。

表 D. 1   输入/输出函数

函数名	函 数 原 型	函 数 功 能	返 回 值
fclose	int fclose(FILE * fp);	关闭 fp 所指的文件	出错返回非零值,否则返回 0
feof	int feof(FILE * fp);	判断文件是否结束	文件结束返回非零值,否则返回 0
fgetc	int fegtc(FILE * fp);	从 fp 所指文件中获取一个字符	出错返回 EOF,否则返回所读的字符
fgets	char * fgets(char * str, int n, FILE * fp);	从 fp 所指的文件中读取一个长度为 n－1 的字符串,存储到 str 所指的存储区	返回 str 所指存储区的首地址。若读取时遇文件结束或读取出错,则返回 NULL
fopen	FILE * fopen(char * filename, char * mode);	以 mode 指定方式打开名为 filename 的文件	打开成功,返回文件信息区的起始地址。否则返回 NULL
fprintf	int fprintf (FILE * fp, char * format, args,…);	把参数表 args,…的值以 format 指定的格式输出到 fp 所指的文件中	返回实际输出的字符数
fputc	int fputc (char ch, FILE * fp);	将字符 ch 输出到 fp 所指的文件中	成功返回 ch,否则返回 0
fputs	int fputs (char * str, FILE * fp);	将 str 所指的字符串输出到 fp 所指的文件中	成功返回非零值(写入的字符数),否则返回 0
fread	int fread (char * str, unsigned size, unsigned n, FILE * fp);	从 fp 所指的文件中读取长度为 size 的 n 个数据块存储到 str 所指的存储区中	成功,返回读取的数据块的个数,若遇文件结束或出错,则返回 0
fscanf	int fscanf (FILE * fp, char * format, args, …);	从 fp 所指的文件中按 format 指定的格式读取数据,并将各数据存储到 args 所指的内存空间中	成功,返回读取到的数据个数,遇文件结束或出错,则返回 0
fseek	int fseek(FILE * fp, long offer , int base);	将 fp 所指文件的位置指针从 base 位置移动 offer 个字节	成功,返回移动后的位置,否则返回 EOF
ftell	long ftell(FILE * fp);	计算出 fp 所指文件当前的读写位置	返回当前位置

函数名	函 数 原 型	函 数 功 能	返 回 值
fwrite	int fwrite (char * str, unsigned size, unsigned n, FILE * fp);	将 str 所指的 n×size 字节的内容输出到 fp 所指的文件中	输出的数据块的个数
getchar	int getchar(void)	从键盘上读取一个字符	成功,返回所读字符,否则返回 EOF
gets	char * gets(char * str);	从键盘读取个字符串,并存储到 str 所指的存储区中	成功,返回 str,否则返回 NULL
printf	int printf(char * format, args, …);	将参数表 args,…的值以 format 指定的格式输出到屏幕上	输出字符的个数
putchar	int putchar(char ch);	将字符 ch 输出到屏幕上	戉功返回 ch,否则返回 EOF
puts	int puts(char * str);	将 str 所指的字符串输出到屏幕上,并将'\0'转换为回车换行符输出	成功返回换行符,否则返回 EOF
rename	int rename(char * sourcename, char * targetname);	将 sourcename 所指的文件名改为 targetname 所指的文件名	成功返回 0,否则返回 EOF
rewind	void rewind(FILE * fp);	将 fp 所指文件的位置指针复位到文件头	无
scanf	int scanf(char * format, args, …);	从键盘上按 format 指定的格式输入数据,并将各数据存储到 args,…指定的存储区中	成功,返回输入的数据个数,否则返回 0

（2）数学函数（#include < math. h >）如表 D. 2 所示。

表 D. 2　数学函数

函数名	函 数 原 型	函数功能	返回值	参 数 说 明
abs	int abs(int x);	计算 $|x|$	计算结果	$-32\,768 \leqslant x \leqslant 32\,767$
acos	double acos(double x);	计算 arccos(x)	计算结果	$-1 \leqslant x \leqslant 1$
asin	double asin(double x);	计算 arcsin(x)	计算结果	$-1 \leqslant x \leqslant 1$
atan	double atan(double x);	计算 arctg(x)	计算结果	
cos	double cos(double x);	计算 cos(x)	计算结果	x 的单位为弧度
exp	double exp(double x);	计算 e^x	计算结果	
fabs	double fabs(double x);	计算 $|x|$	计算结果	
log	double log(double x);	计算 ln(x)	计算结果	x 必须为正数
log10	double log10(double x);	计算 lg(x)	计算结果	x 必须为正数
pow	double pow(double x, double y);	计算 x^y	计算结果	
sin	double sin(double x);	计算 sin(x)	计算结果	x 的单位为弧度
sqrt	double sqrt(double x);	计算 $\sqrt{x}$	计算结果	$x \geqslant 0$
tan	double tan(double x);	计算 tg(x)	计算结果	x 的单位为弧度

（3）字符串函数（♯include＜string.h＞）如表 D.3 所示。

表 D.3　字符串函数

函数名	函数原型	函数功能	返 回 值
strcat	char * strcat(char * str1, char * str2);	将 str2 所指字符串连接到 str1 后面	str1 所指字符串的首地址
strchr	char * strchr(char * str, int ch);	在 str 所指字符串中找出第一次出现字符 ch 的位置	找到,返回该位置的地址,否则返回 NULL
strcmp	int strcmp(char * str1, char * str2);	比较 str1 及 str2 所指的字符串的关系	str1＜str2,返回负数 str1＝＝str2,返回 0 str1＞str2,返回正数
strcpy	char * strcpy(char * str1, char * str2);	将 str2 所指字符串复制到 str1 所指的内存空间中	str1 所指内存空间的首地址
strlen	unsigned strlen(char * str);	计算 str 所指字符串的长度	返回有效字符个数(不包括'\0'内)
strlwr	char * strlwr(char * str);	将 str 所指字符串中的大写英文字母全部转换为小写英文字母	str 所指字符串的首地址
strstr	char * strstr(char * str1, char * str2);	在 str1 所指字符串中查找 str2 所指字符串第一次出现的位置	找到,返回该位置的地址,否则返回 NULL
strupr	char * strupr(char * str);	将 str 所指字符串中的小写英文字母全部转换为大写英文字母	str 所指字符串的首地址

（4）类型判断函数（♯include＜ctype.h＞）如表 D.4 所示。

表 D.4　类型判断函数

函数名	函数原型	函数功能	返 回 值
isalnum	int isalnum(int ch);	判断 ch 是否为字母或数字	是,返回 1;否则,返回 0
isalpha	int isalpha(int ch);	判断 ch 是否为字母	是,返回 1;否则,返回 0
iscntrl	int iscntrl(int ch);	判断 ch 是否为控制字符	是,返回 1;否则,返回 0
isdigit	int isdigit(int ch);	判断 ch 是否为数字	是,返回 1;否则,返回 0
islower	int islower(int ch);	判断 ch 是否为小写字母	是,返回 1;否则,返回 0
isspace	int isspace(int ch);	判断 ch 是否为空格、制表符或换行符	是,返回 1;否则,返回 0
isupper	int isupper(int ch);	判断 ch 是否为大写字母	是,返回 1;否则,返回 0
isxdigit	int isxdigit(int ch);	判断 ch 是否为十六进制数字	是,返回 1;否则,返回 0
toascii	int toascii(int ch);	将 ch 转换为 ASCII 码	返回对应的 ASCII 码
tolower	int tolower(int ch);	将 ch 转换成小写字母	返回对应的小写字母
toupper	int toupper(int ch);	将 ch 转换成小写字母	返回对应的大写字母

（5）动态分配函数和随机函数（♯include＜stdlib.h＞）如表 D.5 所示。

表 D.5　动态分配函数和随机函数

函数名	函数原型	函数功能	返 回 值
atof	double atof(char * str);	将 str 所指字符串转换为 double 类型数据	成功,返回转换后的值;不成功,返回 0
atoi	int atoi(char * str);	将 str 所指字符转换为 int 类型数据	成功,返回转换后的值;不成功,返回 0

函数名	函数原型	函数功能	返回值
atoll	long atoll(char * str);	将 str 所指字符转换为 long 类型数据	成功,返回转换后的值;不成功,返回 0
calloc	void * calloc (unsigned ntimes, unsigned size);	分配 ntimes 个数据项的内存空间,每个数据项占 size 个字节	成功,返回分配到的首地址;否则,返回 0
exit	void exit(int status);	根据 status 状态来终止程序	无
free	void free(void * ptr);	释放已分配的 ptr 所指的内存块	无
malloc	void * malloc (unsigned size);	申请分配 size 字节的内存	成功,返回分配到的首地址;否则,返回 NULL
rand	int rand(void);	产生 0～32 767 的随机数	返回所产生的整数
srand	void srand(unsigned seed);	建立随机数序列的起点,即种随机种子	无
system	void system(char * command);	执行 command 所指的 DOS 命令	命令合法,执行;否则,输出错误提示

说明:使用 srand 函数时,其参数通常使用 time(NULL),因此还需要包含头文件 time. h。在 VC++ 6.0 中,exit 和 system 函数声明在 stdlib. h 中。

(6) 图形处理函数(# include < graphics. h >)如表 D. 6 所示。

表 D. 6 图形处理函数

函数名	函数原型	函数功能	返回值
circle	void circle(int x, int y, int radius);	以(x, y)为圆心,画半径为 radius 的圆	无
cleardevice	void cleardevice(void);	清除图形屏幕	无
closegraph	void closegraph(void);	关闭图形系统	无
detectgraph	void detectgraph(int * graphdriver, int * graphmode);	通过检测硬件,确定图形驱动程序和模式	无
initgraph	void initgraph(int * graphdriver, int * graphmode, char * pathtodriver);	初始化图形系统	无
getbkcolor	int getbkcolor(void);	返回现行背景颜色值	颜色值
getcolor	int getcolor(void);	返回现行前景颜色值	颜色值
getmaxcolor	int getmaxcolor(void);	返回最高可用的颜色值	颜色值
line	void line(int x0, int y0, int x1, int y1);	从(x0,y0)画直线到(x1,y1)	无
lineto	void lineto(int x, int y);	从当前点画直线到(x,y)	无
rectangle	void rectangle(int x1, int y1, int x2, inty2);	以(x1, y1)为左上角,(x2, y2)为右下角画一个矩形框	无
setlinestyle	void setlinestyle(int linestyle, unsigned upattern, int thickness);	设定作图时的线型	无
setfillstyle	void setfillstyle(int pattern, int color);	设定图时填充图形内部使用的模式和颜色	无

（7）时间函数（♯include＜time.h＞）如表 D.7 所示。

表 D.7 时间函数

函数名	函 数 原 型	函 数 功 能	返 回 值
asctime	char * asctime(struct tm * tblock);	将 tblock 所指结构体中的日期和时间转换为字符串	转换后的字符串的首地址
ctime	char * ctime(time_t * time);	把 time 所指的整数转换为时间字符串	转换后的字符串的首地址
difftime	double difftime(time_t time2, time_t time1);	计算两个时间之差	时间的差值
gmtime	struct tm * gmtime(time_t * clock);	把 clock 所指的整数日期和时间转换为格林尼治时间	转换后的时间（存储在结构体中）
localtime	struct tm * localtime(time_t * clock);	把 clock 所指的整数日期和时间转换为当地时间	转换后的时间（存储在结构体中）
time	time_t time(time_t * timer);	将现在的时间转换为从 1970 年 1 月 1 日 0 时起的秒数	转换后的秒数
clock	clock_t clock(void);	确定处理器时间	返回处理所耗时间

（8）printf 函数常用格式说明及其功能如表 D.8 所示。

表 D.8 printf 函数常用格式说明及其功能

格 式 说 明	功 能
%d	以带符号的十进制形式输出整数（只输出负数的符号，正数不输出符号）
%f(%lf)	以小数形式输出单、双精度实型数，默认为 6 位小数
%c	以字符形式输出
%s	以字符串形式输出（只能用于输出字符串）
%u	以无符号的十进制形式输出整数
%o	以无符号八进制形式输出整数
%x	以无符号十六进制形式输出整数
%p	以十六进制形式输出变量的地址
%%	输出一个百分号（即%）
%e	以指数形式输出单、双精度实型数

附录 E   C 语言常用转义字符

C 语言常用的转义字符如表 E.1 所示。

表 E.1   常用转义字符

转义字符常量形式	转义字符功能	十进制 ASCII 码值
'\b'	退格	8
'\t'	横向跳格(跳到下一输出区)	9
'\n'	换行	10
'\v'	竖向跳格	11
'\f'	走纸换页	12
'\r'	回车	13
'\"'	双引号字符	34
'\''	单引号字符	39
'\\'	反斜杠字符	92
'\ddd'	1~3 位八进制数所代表的字符,如'\012'代表'\n'	
'\xhh'	1~2 位十六进制数所代表的字符,如'\x0D'代表字符'\r'	

参 考 文 献

[1]　杨明莉,刘磊.C/C++程序设计基础与实践教程[M].北京:清华大学出版社,2020.

[2]　张正明,卢晶琦.C/C++程序设计[M].2版.北京:清华大学出版社,2017.

[3]　谭浩强.C程序设计[M].5版.北京:清华大学出版社,2019.

[4]　吴文虎,徐明星,邬晓钧.程序设计基础[M].4版.北京:清华大学出版社,2020.

[5]　吴乃陵,况迎辉.C++程序设计[M].2版(新形态).北京:高等教育出版社,2025.

[6]　戴仕明,赵传申.C++程序设计[M].2版.北京:清华大学出版社,2009.

[7]　谢昕,刘觉夫,王更生.C++程序设计[M].2版.北京:北京邮电大学出版社,2010.

[8]　王珊珊,臧洌,张志航.C++程序设计教程[M].2版.北京:机械工业出版社,2011.

[9]　姚琳,李小燕,汪红兵.C++程序设计[M].北京:人民邮电出版社,2011.

[10]　恰汗合孜尔.C语言程序设计[M].5版.北京:中国铁道出版社,2023.

[11]　辛士光,贾丽娟,王乾.C/C++程序设计案例教程——基于计算思维[M].北京:高等教育出版社,2014.

[12]　谭浩强.C语言程序设计[M].5版.北京:清华大学出版社,2024.

[13]　阎红灿,谷建涛,等.C/C++程序设计与实训[M].北京:清华大学出版社,2019.

[14]　(美)布莱恩 W.克尼汉(Brian W. Kernighan),(美)丹尼斯 M.里奇(Dennis M. Ritchie).C程序设计语言(典藏版)[M].北京:机械工业出版社,2019.

[15]　施文英,谷萧君,等.C语言程序设计(新形态版)[M].北京:清华大学出版社,2024.

[16]　谭浩强.C语言程序设计(第5版)学习辅导[M].北京:清华大学出版社,2024.

[17]　[美]K. N.金(K. N. King).C语言程序设计现代方法[M].2版修订版.北京:人民邮电出版社,2021.

[18]　钱雪忠,吕莹楠,高婷婷.新编C语言程序设计教程[M].2版.北京:机械工业出版社,2020.

[19]　黄文生.C语言程序设计基础[M].2版.重庆:重庆大学出版社,2023.

图书资源支持

感谢您一直以来对清华版图书的支持和爱护。为了配合本书的使用，本书提供配套的资源，有需求的读者请扫描下方的"书圈"微信公众号二维码，在图书专区下载，也可以拨打电话或发送电子邮件咨询。

如果您在使用本书的过程中遇到了什么问题，或者有相关图书出版计划，也请您发邮件告诉我们，以便我们更好地为您服务。

我们的联系方式：

清华大学出版社计算机与信息分社网站：https://www.shuimushuhui.com/

地　　址：北京市海淀区双清路学研大厦 A 座 714

邮　　编：100084

电　　话：010-83470236　010-83470237

客服邮箱：2301891038@qq.com

QQ：2301891038（请写明您的单位和姓名）

资源下载：关注公众号"书圈"下载配套资源。

资源下载、样书申请　　图书案例

书 圈　　　清华计算机学堂　　　观看课程直播